段小手 著

用ChatGPT轻松玩转机器学习与深度学习

内容简介

随着机器学习和深度学习技术的不断发展和进步，它们的复杂性也在不断增强。对于初学者来说，学习这两个领域可能会遇到许多难题和挑战，如理论知识的缺乏、数据处理的困难、算法选择的不确定性等。此时，ChatGPT可以提供强有力的帮助。利用ChatGPT，读者可以更轻松地理解机器学习和深度学习的概念和技术，并解决学习过程中遇到的各种问题和疑惑。此外，ChatGPT还可以为读者提供更多的实用经验和技巧，帮助他们更好地掌握机器学习和深度学习的基本原理和方法。本书主要内容包括探索性数据分析、有监督学习（线性回归、SVM、决策树等）、无监督学习（降维、聚类等），以及深度学习的基础原理和应用等。

本书旨在为广大读者提供一个系统全面、易于理解的机器学习和深度学习入门教程。不需要过多的数学背景，只需掌握基本的编程知识即可轻松上手。

图书在版编目(CIP)数据

用ChatGPT轻松玩转机器学习与深度学习 / 段小手著. — 北京：北京大学出版社，2023.9
ISBN 978-7-301-34264-0

Ⅰ. ①用… Ⅱ. ①段… Ⅲ. ①人工智能 – 研究②机器学习 – 研究 Ⅳ. ①TP18

中国国家版本馆CIP数据核字（2023）第140804号

书　　名　用ChatGPT轻松玩转机器学习与深度学习
YONG ChatGPT QINGSONG WANZHUAN JIQI XUEXI YU SHENDU XUEXI
著作责任者　段小手　著
责任编辑　王继伟　刘羽昭
标准书号　ISBN 978-7-301-34264-0
出版发行　北京大学出版社
地　　址　北京市海淀区成府路205 号　100871
网　　址　http://www. pup. cn　　新浪微博: @ 北京大学出版社
电子信箱　编辑部 pup7@pup.cn　总编室 zpup@pup.cn
电　　话　邮购部 010-62752015　发行部 010-62750672　编辑部 010-62570390
印 刷 者　天津中印联印务有限公司
经 销 者　新华书店
787毫米×1092毫米　16开本　19.5印张　469千字
2023年9月第1版　2023年9月第1次印刷
印　　数　1-4000册
定　　价　89.00元

前言

INTRODUCTION

机器学习和深度学习是当今科技领域中两个最为火热的话题，也是未来职业市场上最具发展潜力的领域。随着人工智能技术的不断发展和进步，越来越多的企业和组织开始将机器学习和深度学习应用于各种实际场景中，以提高效率、降低成本、创造更大的价值。

那么，什么是机器学习和深度学习呢？简单地说，机器学习是一种通过算法自动识别模式并从数据中学习的技术，而深度学习则是机器学习的一个分支，它使用神经网络模型进行训练和预测。在过去几年中，机器学习和深度学习得到了非常广泛的关注和应用，许多公司和组织都开始重视它们的发展，增加相关的投资和培训。

为什么要学习机器学习和深度学习呢？一方面，机器学习和深度学习可以用于解决各种实际问题，如图像和语音识别、自然语言处理、医疗诊断等，在这些领域中，机器学习和深度学习技术已经取得了非常显著的成果，并且将在未来继续发挥重要作用。另一方面，由于广泛的应用和不断扩大的市场需求，机器学习和深度学习变得越来越重要，成为未来职业发展的一个重要方向。

然而，随着机器学习和深度学习技术的不断发展和进步，它们的复杂性也在不断增强。对于初学者来说，学习这两个领域可能会遇到许多难题和挑战，如理论知识的缺乏、数据处理的困难、算法选择的不确定性等。此时，ChatGPT可以提供强有力的帮助。ChatGPT是OpenAI公司开发的一个自然语言处理模型，具有出色的智能问答和文本生成能力，可以根据用户提供的问题或关键词，从海量数据中快速定位相关信息并给出准确的答案或解释。

本书适合以下读者群体。

（1）想要了解机器学习和深度学习基础理论的初学者。

（2）拥有一定编程经验，但缺乏机器学习和深度学习知识的开发者。

（3）从事数据分析、人工智能相关工作的研究人员。

（4）希望应用机器学习和深度学习技术解决实际问题的工程师和科研人员。

（5）对人工智能和机器学习等新兴技术感兴趣的人。

衷心感谢您选择阅读本书。如果您在学习过程中遇到任何问题或困难，欢迎随时向我们反馈。我们将致力于为您提供最优质的学习体验和服务，帮助您在机器学习和深度学习领域获得更好的成就。

温馨提示：本书案例的相关代码，请扫描下方二维码关注微信公众号，输入本书 77 页的资源下载码，获取下载地址及密码。

目录

Contents

第1章 让ChatGPT告诉我们什么是机器学习

1.1 问问 ChatGPT 什么是机器学习……1
1.1.1 机器学习的定义……1
1.1.2 通俗解释机器学习……2
1.1.3 举个例子解释机器学习……2
1.2 问问 ChatGPT 机器学习有什么用……3
1.2.1 机器学习的常见用途……3
1.2.2 机器学习可以预测彩票吗……4
1.2.3 机器学习能帮我赚钱吗……4
1.3 机器学习有什么应用案例……5
1.3.1 机器学习的应用案例……5
1.3.2 普通人可以使用机器学习做些什么……5
1.3.3 初创企业如何使用机器学习……6
1.4 机器学习系统有哪些类型……7
1.4.1 机器学习系统的大致分类……7
1.4.2 什么是监督学习……8
1.4.3 什么是无监督学习……9
1.5 机器学习面临哪些挑战……10
1.5.1 机器学习面临的总体挑战有哪些……10
1.5.2 什么是欠拟合……11
1.5.3 什么是过拟合……12
1.5.4 什么是早停……12
1.6 机器学习模型该如何测试和验证……13
1.6.1 测试与验证模型的整体思路……13
1.6.2 分类模型的评估指标……14
1.6.3 回归模型的评估指标……14
1.7 习题……15

第2章 让ChatGPT告诉我们机器学习的基本流程

2.1 让 ChatGPT 帮我们找数据……16
2.1.1 有哪些适合机器学习任务的数据集……16
2.1.2 适合新手的简单数据集……17
2.1.3 该去哪里下载数据集……18
2.1.4 如何打开数据文件……19
2.2 让 ChatGPT 帮我们安装 Anaconda……20
2.2.1 为什么选择Anaconda……20
2.2.2 Anaconda的下载与安装……21
2.2.3 在Anaconda中使用Jupyter Notebook……22
2.2.4 在Jupyter Notebook中读取数据……23
2.3 让 ChatGPT 教我们进行探索性数据分析……23
2.3.1 什么是探索性数据分析……24
2.3.2 如何进行探索性数据分析……24
2.3.3 查看数据基本信息和格式……26
2.3.4 检查重复值与缺失值……28
2.3.5 数据预处理……29
2.3.6 数据可视化……30
2.3.7 查看数据的统计信息……32
2.4 试试训练一下模型……34
2.4.1 让ChatGPT给出示例代码……35
2.4.2 特征工程与数据集拆分……36
2.4.3 模型的训练与验证……36
2.5 习题……37

第3章 让ChatGPT带我们玩转线性模型

3.1 让 ChatGPT 告诉我们什么是线性模型……38
3.1.1 用简单的例子理解线性回归……39
3.1.2 简单介绍线性回归的原理……41
3.1.3 什么是梯度下降……43
3.2 线性模型也可以用于分类……47
3.2.1 简要介绍逻辑回归……47
3.2.2 用一个例子演示逻辑回归的用法……49
3.2.3 逻辑回归预测的概率……52

3.3 什么是正则化……54
3.3.1 什么是正则化……54
3.3.2 使用L2正则化的线性模型……55
3.3.3 使用L1正则化的线性模型……57
3.4 习题……60

第4章 让ChatGPT带我们玩转支持向量机

4.1 让ChatGPT解释非线性问题的基本概念……61
4.1.1 非线性问题的示例数据……62
4.1.2 用支持向量机解决非线性问题……63
4.1.3 支持向量机的原理……64
4.2 支持向量机的核函数……66
4.2.1 什么是径向基函数核函数……67
4.2.2 什么是多项式核函数……69
4.2.3 不同核函数的对比……71
4.3 支持向量机用于回归任务……73
4.3.1 支持向量机回归的原理……73
4.3.2 不同核函数的支持向量机回归模型……75
4.4 支持向量机的超参数……77
4.4.1 支持向量机的C值……77
4.4.2 支持向量机的gamma值……79
4.4.3 支持向量机的epsilon值……80
4.5 习题……82

第5章 让ChatGPT带我们玩转决策树

5.1 让ChatGPT介绍一下决策树算法……83
5.1.1 决策树算法的简要介绍……83
5.1.2 决策树算法的应用案例……84
5.2 决策树算法基础知识……85
5.2.1 树结构基本概念……85
5.2.2 决策树的构建过程……88
5.2.3 决策树中的参数……91
5.3 决策树算法的实现……93
5.3.1 决策树的特征选择……93
5.3.2 决策树的剪枝……95
5.3.3 决策树用于回归问题……98
5.4 决策树算法的不足与改进……100
5.4.1 决策树算法的局限性……100
5.4.2 决策树算法的改进……101
5.5 习题……102

第6章 让ChatGPT带我们玩转集成学习

6.1 让ChatGPT介绍一下集成学习算法……103
6.1.1 集成学习算法有哪些类型……104
6.1.2 集成学习算法有哪些实现方式……105
6.1.3 集成学习算法的优势和劣势……106
6.2 基本的集成学习算法……107
6.2.1 Stacking算法……108
6.2.2 随机森林算法……109
6.2.3 AdaBoost算法……113
6.3 高级的集成学习算法……115
6.3.1 GBDT算法……116
6.3.2 XGBoost算法……119
6.3.3 LightGBM算法……120
6.4 习题……123

第7章 让ChatGPT带我们玩转模型优化

7.1 让ChatGPT介绍模型优化的基本概念……124
7.1.1 模型优化的重要性和基本概念……125
7.1.2 模型优化的目标和指标……125
7.1.3 模型优化方法的分类……126
7.2 让ChatGPT介绍损失函数……127
7.2.1 损失函数的基本概念……127
7.2.2 损失函数的种类……128
7.2.3 如何选择损失函数……129
7.3 让ChatGPT介绍学习率……130
7.3.1 学习率的基本概念……130
7.3.2 学习率对模型的影响……131
7.3.3 使用随机搜索找到最优学习率……133

7.4 让 ChatGPT 介绍模型的超参数 ………… 134
7.4.1 一些常见的超参数及其概念 ……… 134
7.4.2 使用交叉验证法调整超参数 ……… 136
7.5 习题 ……………………………………… 138

第 8 章 让ChatGPT带我们玩转数据降维

8.1 让 ChatGPT 介绍数据降维的基本概念 … 140
8.1.1 数据降维的定义和背景 ……………… 141
8.1.2 数据降维在数据分析中的重要性 … 142
8.1.3 常见的数据降维方法 ……………… 143
8.2 让 ChatGPT 带我们玩转 PCA ………… 144
8.2.1 PCA的定义和基本思想 …………… 145
8.2.2 PCA的数学原理和算法 …………… 146
8.2.3 PCA算法的实现 …………………… 147
8.3 让 ChatGPT 带我们玩转 ICA ………… 148
8.3.1 ICA的定义和基本思想 …………… 149
8.3.2 ICA的数学原理和算法 …………… 150
8.3.3 ICA算法的实现 …………………… 151
8.4 让 ChatGPT 带我们玩转 t-SNE ……… 153
8.4.1 t-SNE的定义和基本思想 ………… 154
8.4.2 t-SNE的数学原理和算法 ………… 154
8.4.3 t-SNE算法的实现 ………………… 155
8.5 习题 ……………………………………… 157

第 9 章 让ChatGPT带我们玩转聚类算法

9.1 让 ChatGPT 介绍聚类算法的基本概念 … 158
9.1.1 聚类算法的定义和背景 …………… 159
9.1.2 介绍聚类算法的应用领域 ………… 159
9.1.3 聚类算法和分类算法的区别 ……… 161
9.2 让 ChatGPT 带我们玩转 K-Means …… 162
9.2.1 K-Means 算法的基本思想 ………… 162
9.2.2 K-Means 算法的步骤和流程 …… 163
9.2.3 K-Means 算法的优缺点 …………… 164
9.3 让 ChatGPT 带我们玩转层次聚类 ……… 165
9.3.1 层次聚类算法的基本思想 ………… 165
9.3.2 凝聚层次聚类算法的原理与实现 … 166
9.3.3 分裂层次聚类算法的原理与实现 … 169
9.3.4 层次聚类算法的优缺点 …………… 171
9.4 让 ChatGPT 带我们玩转密度聚类 ……… 172
9.4.1 密度聚类算法的数学原理 ………… 173
9.4.2 DBSCAN 算法的原理与实现 …… 174
9.4.3 密度聚类算法的优缺点 …………… 176
9.5 习题 ……………………………………… 177

第 10 章 让ChatGPT带我们玩转神经网络

10.1 让 ChatGPT 介绍神经网络的基本概念 … 178
10.1.1 神经网络的起源 …………………… 179
10.1.2 神经网络的发展历史 ……………… 180
10.1.3 神经网络的应用 …………………… 181
10.2 神经网络的结构 ………………………… 182
10.2.1 神经元的定义和结构 ……………… 183
10.2.2 神经网络的输入层 ………………… 184
10.2.3 神经网络的隐藏层 ………………… 185
10.2.4 神经网络的输出层 ………………… 185
10.2.5 神经网络的激活函数 ……………… 186
10.3 神经网络中的传播算法 ………………… 188
10.3.1 神经网络的前向传播 ……………… 189
10.3.2 神经网络的反向传播 ……………… 191
10.4 神经网络的局限性和未来发展 ………… 194
10.5 习题 ……………………………………… 195

第 11 章 让ChatGPT带我们玩转Keras

11.1 让 ChatGPT 介绍一下 Keras ………… 197
11.1.1 Keras简介 ………………………… 197
11.1.2 Keras有什么优点 ………………… 199
11.1.3 Keras的安装和配置 ……………… 200
11.2 用 Keras 搭建简单的神经网络 ………… 201
11.2.1 Keras中内置的数据集 …………… 201
11.2.2 Keras中的Sequential模型 ……… 203
11.2.3 Sequential模型中的输入层、隐藏层和输出层 ……………………… 205
11.2.4 Sequential模型中的隐藏层 ……… 206

11.2.5 Sequential模型中的输出层 …… 208
11.3 模型的训练参数 …… 209
11.3.1 模型的优化器 …… 210
11.3.2 模型的损失函数 …… 211
11.3.3 模型的评估指标 …… 213
11.4 神经网络的超参数 …… 215
11.4.1 神经网络的学习率 …… 216
11.4.2 模型的神经元数量 …… 218
11.4.3 模型的正则化系数 …… 222
11.5 习题 …… 224

第12章 让ChatGPT带我们玩转图像分类

12.1 让ChatGPT介绍一下计算机视觉 …… 226
12.1.1 计算机视觉的基本概念 …… 227
12.1.2 数字图像的表示 …… 228
12.2 让ChatGPT介绍卷积神经网络 …… 229
12.2.1 卷积神经网络的原理 …… 230
12.2.2 模型中的卷积层和池化层 …… 232
12.2.3 计算机视觉模型的激活函数 …… 234
12.3 图像分类任务实战 …… 235
12.3.1 没数据？找Kaggle …… 235
12.3.2 对图像数据进行预处理 …… 239
12.3.3 搭建模型并训练 …… 243
12.3.4 模型的评估与调用 …… 245
12.4 习题 …… 248

第13章 让ChatGPT带我们玩转自然语言处理

13.1 让ChatGPT介绍一下自然语言处理 …… 250
13.1.1 自然语言处理的概念与历史 …… 251
13.1.2 自然语言处理中的神经网络 …… 252
13.2 让ChatGPT带我们认识RNN与LSTM …… 252
13.2.1 RNN的概念和原理 …… 253
13.2.2 LSTM的概念和原理 …… 254
13.2.3 文本生成应用——让ChatGPT写首诗 …… 255
13.3 让ChatGPT带我们认识文本表示 …… 257
13.3.1 什么是独热编码 …… 257
13.3.2 什么是词袋模型 …… 258
13.3.3 什么是TF-IDF …… 260
13.4 来个项目实战吧 …… 262
13.4.1 数据准备与预处理 …… 263
13.4.2 对台词内容进行分词处理 …… 266
13.4.3 模型训练与评估 …… 267
13.5 习题 …… 269

第14章 让ChatGPT带我们玩转迁移学习

14.1 让ChatGPT介绍一下迁移学习 …… 270
14.1.1 迁移学习的概念 …… 271
14.1.2 迁移学习的研究历程 …… 272
14.2 让ChatGPT介绍迁移学习的实现 …… 273
14.2.1 预训练模型的选择 …… 274
14.2.2 使用BERT进行文本分类的简单示例 …… 275
14.2.3 Python中的Transformer库 …… 277
14.3 让ChatGPT介绍Transformer架构 …… 277
14.3.1 什么是Transformer架构 …… 277
14.3.2 什么是自注意力机制 …… 278
14.3.3 什么是残差连接 …… 280
14.4 实战迁移学习 …… 281
14.4.1 工具准备和数据读取 …… 281
14.4.2 数据处理与加载 …… 283
14.4.3 模型的创建与自定义 …… 285
14.4.4 模型的训练 …… 288
14.4.5 模型的验证 …… 292
14.4.6 使用模型进行推理 …… 292
14.4.7 上传结果并评分 …… 295
14.5 习题 …… 295

附录 ChatGPT使用指南

第1章 让ChatGPT告诉我们什么是机器学习

本章导读

ChatGPT上线后，其强大的生成能力令广大用户叹为观止。它能够根据用户的提问和训练数据自动生成对应的答案。本章将借助ChatGPT的功能，帮助读者梳理机器学习领域的基本概念和相关知识，并学会与ChatGPT交互的方法，以便大家独立自主地解决学习过程中遇到的问题。

知识要点

通过对本章内容的学习，您将掌握以下知识：

- 机器学习的基本概念。
- 机器学习的用途与应用案例。
- 机器学习的主要类型。
- 机器学习面临的挑战。
- 测试与验证模型的方法。

1.1 问问ChatGPT什么是机器学习

1.1.1 机器学习的定义

现在我们就让ChatGPT讲解一下机器学习的基本概念吧。在ChatGPT对话框中输入“什么是机器学习”，稍等几秒，ChatGPT就会给我们如下答复。

ChatGPT 机器学习是一种人工智能的分支，其目的是通过计算机算法和数学模型让计算机从数据中学习规律和知识，从而不断优化自己的性能。机器学习的关键在于算法和模型的训练，使计算机能够从样本数据中识别出规律和特征，并使用这些知识做出准确的预测和决策。机器学习应用广泛，包括自然语言处理、计算机视觉、语音识别、推荐系统、金融预测等领域。

温馨提示

ChatGPT是一个基于海量数据训练的语言模型，其生成的内容会有一定的随机性。因此，如果读者在和ChatGPT交互过程中得到与本书不同的答复，是非常正常的现象。

如果读者并不从事机器学习相关领域的工作，看到这段答复可能会觉得有一些抽象。不要担心，我们可以试着让ChatGPT用更通俗的语言进一步进行解释。

1.1.2 通俗解释机器学习

例如，在ChatGPT对话框中输入“能不能讲得通俗一点”，稍等片刻，就可以看到ChatGPT生成了新的答复。

ChatGPT 当我们在面对大量数据时，如果我们想要从中找到有用的信息并做出有意义的预测和决策，我们可以使用机器学习技术帮助我们完成这个任务。机器学习就像是让计算机去学习一些人类无法或很难直接编程实现的规律，如自然语言处理、图像识别、人脸识别等。简单来说，机器学习就是让计算机从数据中学习，并能够自主地对新的数据进行分类、预测和决策。

从ChatGPT给出的这段答复中，我们可以看到，机器学习可以让计算机学习一些人类无法或很难直接编程实现的规律。这一点在如今这个数据大爆发的时代尤其常见。如果让人类在数以亿计的样本中快速找到规律，并做出决策，确实是“难于上青天”。但在强大算力的加持下，计算机可以轻松做到。

1.1.3 举个例子解释机器学习

我们还可以让ChatGPT用一个例子来解释机器学习。在ChatGPT对话框中输入“请举一个例子来说明”，ChatGPT就会给出下面的答复。

ChatGPT 好的，一个例子是手写数字识别。

假设我们有一个大型的手写数字数据集，其中包含许多人手写的数字图片。我们想要让计算机能够自动地对这些数字进行分类和识别。这时，我们可以使用机器学习技术帮助我们实现这个任务。

具体来说，我们可以使用一个基于深度学习的神经网络模型训练计算机，让计算机从这些手写数字图片中学习一些特征和规律。我们将这些手写数字图片作为模型的输入，让模型通过多层神经网络的计算，最终输出一个分类结果，表示该图片所代表的数字是几。

我们可以将手写数字图片分为训练集和测试集，先让模型使用训练集进行学习和优化，然后使用测试集评估模型的准确性和泛化能力。如果模型在测试集上的表现良好，我们就可以将其应用到实际场景中，如自动识别手写数字的应用场景。

可以看到，ChatGPT 使用一个手写数字识别的例子解释了机器学习的概念。有趣的是，解决手写数字识别任务正好也是很多机器学习初学者的必经之路，甚至有人把它比喻成机器学习的“Hello World”。而且，手写数字识别在很多年前就已经应用在实际场景当中了。关于这一点，我们也可以问问 ChatGPT。在 ChatGPT 对话框中输入“手写数字识别最早应用在哪里”，ChatGPT 就会给出下面的答复。

ChatGPT 手写数字识别最早应用在邮政编码识别上。

20 世纪 60 年代，美国邮政部门需要处理大量的邮件和信件，而手工识别邮政编码非常耗时耗力。于是，美国邮政部门开始尝试使用计算机技术自动识别邮政编码，这就是手写数字识别技术的最早应用之一。

邮政编码识别需要将邮件的邮政编码从信封上提取出来，然后与邮政部门的数据库进行匹配，以便快速准确地进行邮件分拣和派送。通过使用手写数字识别技术，邮政部门可以大大提高邮件处理的速度和准确性，同时也减轻了工作人员的工作量。随着技术的不断发展，手写数字识别技术也被应用到了许多其他领域，如银行支票识别、身份证号码识别、手写输入识别等。

从上面的答复中可以看到，ChatGPT 告诉我们手写数字识别最早应用在邮政编码识别当中，而且应用的时间是 20 世纪 60 年代，距今已有五六十年。也就是说，机器学习相关的技术并不是最近才被发明出来的。

1.2 问问ChatGPT机器学习有什么用

1.2.1 机器学习的常见用途

在了解了机器学习的基本概念后，大家是否想知道这项技术究竟有什么用呢？当然，也可以让 ChatGPT 给我们解答。在 ChatGPT 对话框中输入“机器学习有什么用呢”，ChatGPT 就会给出如下答复。

ChatGPT 机器学习有许多用途，以下是一些常见的用途。

1. 预测和分类：机器学习可以帮助我们预测和分类各种数据，如销售预测、疾病预测、图像分类、自然语言处理等。

2. 优化和决策：机器学习可以帮助我们优化和决策各种业务流程和系统，如交通调度、金融风控、工业自动化等。

3. 个性化推荐：机器学习可以帮助我们为用户提供个性化的推荐服务，如电商推荐、音乐推荐、新闻推荐等。

4. 自动化和智能化：机器学习可以帮助我们实现各种自动化和智能化的应用，如自动驾驶、智能家居、智能客服等。

总之，机器学习可以帮助我们更好地理解和处理各种数据，从而实现更高效、更准确和更智能的业务流程和应用场景。

从上面的答复中可以看到，ChatGPT 介绍了 4 种不同的机器学习技术的用途，包括预测和分类、优化和决策、个性化推荐、自动化和智能化，并且给出了相关的应用场景。

1.2.2 机器学习可以预测彩票吗

不知道看到这里，读者会不会有这样的问题——机器学习可以预测彩票吗？如果真的可以，我们是不是就找到了“一夜暴富”的途径呢？让我们看看 ChatGPT 怎么说。在 ChatGPT 对话框中输入“机器学习可以预测彩票吗”，就会得到下面的答复。

ChatGPT 虽然机器学习可以用于预测各种数据，但是彩票的随机性很强，其结果是无法通过模型进行精确预测的。因此，即使使用机器学习技术，也不可能准确地预测彩票的结果。

尽管如此，有些人可能会使用机器学习分析彩票历史数据，以从中找到一些规律或趋势，并根据这些规律或趋势制定投注策略。但是需要注意的是，彩票的结果仍然是完全随机的，历史数据分析只能帮助我们了解历史趋势，而不能保证在未来买彩票时中奖。因此，我们应该对彩票抱有理性的态度，不要将其视为一种稳定的投资方式。

该答复可能给想要“一夜暴富”的读者浇了一盆冷水——ChatGPT 告诉我们，用机器学习预测彩票是否能够中奖是一个不可能完成的任务。它也给出了原因——彩票的随机性很强，其结果是无法通过模型进行精确预测的。

1.2.3 机器学习能帮我赚钱吗

不过读者也不必灰心，我们还可以问问 ChatGPT 有没有其他使用机器学习赚钱的方式。在 ChatGPT 对话框中输入“机器学习可以帮我赚钱吗”，可以得到如下答复。

ChatGPT 机器学习是一种强大的工具，可以帮助我们处理和分析各种数据，并从中挖掘出有用的信息。如果您能够找到适合使用机器学习的场景，并将其应用到实际业务中，那么机器学习可能会对您的收入产生积极的影响。

例如，机器学习可以帮助金融机构进行风险评估和预测，从而更好地管理投资组合和降低风险。机器学习还可以用于分析市场趋势、预测商品价格等，从而帮助投资者做出更明智的决策。

但是需要注意的是，机器学习并不是万能的，其应用场景和效果都受到各种因素的影响。因此，在使用机器学习的过程中，我们需要对其进行深入的研究和分析，以确保其能够真正帮助我们实现商业目标和增加收入。

这一次，ChatGPT 给出的答复让我们又燃起了希望。它给出了使用机器学习技术增加收入的参考方式。不过它也指出，我们需要找到适合使用机器学习的场景。同时，它也提醒我们机器学习的应用场景和效果受到各种因素的影响。

1.3 机器学习有什么应用案例

1.3.1 机器学习的应用案例

既然我们要考虑应用场景，就需要多了解一些机器学习技术的应用案例，看看有没有成功的模式可以借鉴。这一点不妨也问问 ChatGPT 吧。在 ChatGPT 对话框中输入“机器学习有什么应用案例”，可以得到下面的答复。

ChatGPT 机器学习在各个领域都有广泛的应用，以下是一些常见的应用案例。

1. 自然语言处理：机器学习可以用于语音识别、文本分类、情感分析、机器翻译等各种自然语言处理任务。
2. 图像识别：机器学习可以用于图像分类、目标检测、人脸识别、图像分割等各种图像识别任务。
3. 推荐系统：机器学习可以用于为用户提供个性化的推荐服务，如电商推荐、音乐推荐、新闻推荐等。
4. 金融风控：机器学习可以用于风险评估、信用评级、反欺诈等各种金融风控任务。
5. 医疗健康：机器学习可以用于疾病诊断、药物研发、医疗影像分析等各种医疗健康任务。
6. 智能交通：机器学习可以用于交通流量预测、路况分析、自动驾驶等各种智能交通任务。
7. 工业制造：机器学习可以用于生产调度、缺陷检测、质量控制等各种工业制造任务。

除此之外，机器学习还可以应用于自然资源管理、环境保护、物联网、航空航天等各个领域。

总之，机器学习的应用非常广泛，可以帮助我们更好地理解和处理各种数据，从而实现更高效、更准确和更智能的业务流程和应用场景。

从上面的答复中可以看到，ChatGPT 给出了 7 种不同的应用案例：自然语言处理、图像识别、推荐系统、金融风控、医疗健康、智能交通、工业制造，最后还补充了自然资源管理、环境保护、物联网、航空航天等领域。不知道读者看了会有什么样的想法，会不会像笔者一样，觉得这些领域的应用开发都需要投入极多的资金和人力，根本不是我们普通人可以完成的。

1.3.2 普通人可以使用机器学习做些什么

我们再问问 ChatGPT，普通人可以使用机器学习做些什么。在 ChatGPT 对话框中输入“普通人可以用机器学习做些什么”，会得到以下答复。

ChatGPT 虽然机器学习是一门高级技术，但是普通人也可以通过一些简单的方法，利用机器学习技术实现一些有趣或实用的应用。

以下是一些普通人可以用机器学习实现的应用。

1. 图片分类：普通人可以使用一些开源的机器学习库和框架训练自己的图像分类器，如使用TensorFlow或PyTorch训练一个猫狗分类器。

2. 智能音箱：普通人可以使用一些开源的语音识别和语音合成库实现自己的智能音箱，如使用Raspberry Pi和Snowboy实现一个简单的语音助手。

3. 网络安全：普通人可以使用一些机器学习技术检测网络攻击和异常行为，如使用scikit-learn训练一个恶意软件检测器。

4. 自然语言处理：普通人可以使用一些开源的自然语言处理库和 API 实现自己的文本分类器或聊天机器人，如使用NLTK或Dialogflow实现一个简单的聊天机器人。

5. 数据可视化：普通人可以使用一些开源的数据可视化库和工具展示自己的数据分析结果，如使用Matplotlib或Tableau可视化自己的数据。

总之，虽然机器学习是一门高级技术，但是普通人也可以通过一些开源的库和工具实现自己的机器学习应用。这些应用不仅有趣，而且可以帮助普通人更好地理解和应用机器学习技术。

当我们限定了“普通人”这个条件时，ChatGPT给出的答复会偏向于小型项目。答复中的第 5 条“数据可视化”非常实用，已经走入职场的读者可能深有体会——日常工作中，经常要向领导汇报工作，而汇报过程中，对业务发展的数据进行分析并找出优化方案必不可少。掌握这项技术，可以大大提高汇报工作的效率和质量。

1.3.3 初创企业如何使用机器学习

那么对于那些正在创业的读者来说，又该如何使用机器学习技术呢？我们也可以问问ChatGPT。在ChatGPT对话框中输入“初创企业如何使用机器学习”，会得到如下答复。

ChatGPT 初创企业可以使用机器学习提高其业务流程效率、改进客户体验、增加营收等。以下是一些初创企业使用机器学习的应用。

1. 客户行为分析：通过分析客户的交易历史、用户行为和偏好，使用机器学习算法预测客户行为并提供更好的个性化服务。

2. 营销优化：使用机器学习算法分析和预测市场趋势和客户需求，以便优化营销策略和投资组合。

3. 产品优化：通过收集和分析客户反馈，使用机器学习算法改进产品功能和用户体验，提高用户满意度。

4. 风险管理：使用机器学习算法评估客户信用风险、欺诈风险和投资风险，以便优化业务流程和减少损失。

5. 操作优化：使用机器学习算法优化企业的内部运营流程，如预测库存需求、优化供应链和预测设备维护需求等。

6. 智能客服：使用机器学习算法构建智能客户服务系统，以便提高客户服务水平，降低客户服务成本。

总之，机器学习可以帮助初创企业更好地理解和应用数据，提高业务效率和客户满意度。初创企业可以尝试使用一些开源的机器学习库和框架，如scikit-learn、TensorFlow和PyTorch等。

ChatGPT给出的答复对于初创企业来说确实有一定的参考价值。例如，第 2 条“营销优化”确实是很多初创企业的痛点——有好的产品，但不知道如何卖出去，或是营销成本太高、转化率太低。如果机器学习可以帮助初创企业预测市场趋势、优化营销策略，不仅能够让初创企业发展得更好，还能对整个社会的经济发展起到至关重要的作用。

1.4 机器学习系统有哪些类型

1.4.1 机器学习系统的大致分类

既然机器学习在很多领域都有出色的表现，接下来我们就进一步了解机器学习都有哪些类型。当然，这个问题还是让ChatGPT帮我们找到答案。在ChatGPT对话框中输入“机器学习系统有哪些类型”，ChatGPT就会给出如下答复。

ChatGPT 机器学习系统可以分为以下几个类型。

1. 监督学习系统：监督学习系统使用标记数据集训练算法。标记数据集是一组已知输出值的输入和输出对。监督学习系统用这些数据训练模型，以便对新的未知数据进行预测。常见的监督学习算法包括决策树、逻辑回归、支持向量机和神经网络等。

2. 无监督学习系统：无监督学习系统不使用标记数据集，而是从无标记数据中提取有用的信息。无监督学习可以用于聚类、异常检测、降维和关联规则挖掘等任务。常见的无监督学习算法包括聚类算法（如K-Means和层次聚类）和关联规则挖掘算法（如Apriori算法）等。

3. 强化学习系统：强化学习系统通过与环境交互学习最优行动策略。强化学习系统会根据它的行动和环境的反馈调整自己的策略，以便最大化某个奖励信号。强化学习系统广泛应用于游戏、机器人控制和自然语言处理等领域。

4. 半监督学习系统：半监督学习系统使用一部分标记数据和大量未标记数据进行训练。半监督学习系统旨在利用未标记数据提高模型的准确性和泛化能力。常见的半监督学习算法包括半监督聚类、图半监督学习和半监督降维等。

5. 深度学习系统：深度学习系统是一种特殊的神经网络，它可以通过多层非线性变换学习输入数据的高层次表示。深度学习系统在语音识别、图像分类、自然语言处理等领域表现出色。

总之，不同类型的机器学习系统在不同的场景下都有其应用价值。选择正确的机器学习算法和系统类型，是建立一个高效和准确的机器学习系统的重要一步。

从上面的答复中可以看到，ChatGPT对于机器学习系统的类型概括得比较全面。它列举了监督学习系统、无监督学习系统、强化学习系统、半监督学习系统、深度学习系统，并在最后强调，我们应该针对不同的场景选择合适的算法和系统类型。那在这么多不同种类的机器学习系统中，哪种是最常用的呢？让我们再问问ChatGPT。在ChatGPT对话框中输入“现在最常用的是哪个”，会得到如下答复。

ChatGPT 现在最常用的机器学习系统是监督学习系统，因为它可以使用标记好的数据进行训练，并且在很多实际问题中都能够拥有很好的预测性能。在很多领域中，如金融、医疗、营销等，监督学习算法已经得到了广泛应用。另外，深度学习也成为近年来非常流行的一种机器学习系统，因为它在处理大规模、高维度数据时表现出色，特别是在图像和语音识别等领域取得了很大的成功。不过，不同的机器学习系统和算法各有优劣，需要根据问题的特点和数据集的不同进行选择。

从ChatGPT的答复中可以看到，它认为现在最常用的机器学习系统是监督学习系统。此外，监督学习系统需要有标记好的数据进行模型训练。现在我们想多了解一些监督学习的相关知识，但又不希望ChatGPT给出的答复过于抽象，可以让它举个例子进行说明。

1.4.2 什么是监督学习

在ChatGPT对话框中输入“用一个例子解释监督学习”，可以得到下面的答复。

ChatGPT 假设你正在开发一个房价预测的应用，你想要根据房屋的面积、房间数量、所在位置等因素预测房屋的售价。那么你可以使用监督学习训练一个模型，这个模型会使用一些已知的房屋数据（包括面积、房间数量、位置和对应的售价），并且根据这些数据学习预测房价的模式。

在监督学习中，我们通常将输入数据和输出数据一起作为模型的训练数据。在上述房价预测的例子中，输入数据包括房屋的面积、房间数量、所在位置等因素，而输出数据则是对应的房屋售价。我们可以将这些数据组成一组训练数据，每一组训练数据都包括一个输入值和一个对应的输出值。

当我们使用监督学习算法训练一个模型时，我们会将这些训练数据输入模型中，并且让模型根据输入数据学习如何预测输出数据。在学习过程中，模型会调整其内部的参数，以最小化预测值和真实值之间的误差。一旦训练完成，我们就可以使用这个模型来预测新的房屋售价，只需要输入房屋的面积、房间数量、所在位置等因素，模型就可以输出对应的房屋售价。

从上面的答复中可以看到，ChatGPT结合一个房价预测的例子说明了监督学习的原理。如果把这个例子用贴近生活的语言再通俗说明一下，可以这样理解：假设你有一套四室两厅的房屋想要出售，但你不知道报价多少合适。那么你就要去收集若干套周边在售房屋的价格，把这些房屋的地段、户型、面积等数据采集下来，作为影响房价的“特征”，然后在大脑中训练一个模型，推测出每个特征对售价的影响。最后再根据自己要出售的房屋的特征，预测出合适的报价。这就是监督学习系统的基本工作原理。

1.4.3　什么是无监督学习

同样，我们也可以让ChatGPT帮我们理解一下无监督学习的概念。在ChatGPT对话框中输入“用通俗易懂的语言解释一下什么是无监督学习”，会得到如下答复。

ChatGPT 无监督学习是一种机器学习方法，与监督学习不同，它没有预先定义的目标变量或标签。无监督学习的目标是在数据中找到潜在的模式和结构，这些模式和结构可以帮助我们理解数据并做出有用的预测。

举个例子，假设我们有一组没有标签的照片，我们想要根据它们的相似性将它们分组。我们可以使用聚类算法，该算法可以将相似的图像分到一组，并将不同的图像分配到不同的组中。聚类算法并不知道每个图像的标签，而是自动发现每个组内部的相似性，并将不同的组区分开来。

还有一个例子是降维，它是一种无监督学习方法，用于将高维数据映射到低维空间。降维可以帮助我们更好地理解数据，发现潜在的结构和模式。例如，我们可以使用主成分分析（PCA）算法将高维数据降维到二维或三维空间中，并在图表中显示数据的分布，帮助我们更好地理解数据。

总的来说，无监督学习是一种发现数据内在结构和模式的方法，它对于理解和分析复杂的数据非常有用，如图像、文本、音频等。

从上面的答复中可以看到，ChatGPT给出的无监督学习的概念解释中最需要我们关注的一点是，无监督学习使用的是没有标签的数据，这也是它与监督学习最明显的区别之一。ChatGPT还以图像聚类和降维为例进行说明。接下来，我们可以再问问ChatGPT“在什么情况下需要用到无监督学习”，得到的答复如下。

ChatGPT 无监督学习通常用于以下情况。

1. 数据没有标签或类别：如果我们没有任何关于数据的信息，那么无监督学习可以帮助我们了解数据的结构和特征。

2. 发现数据中的模式：无监督学习可以帮助我们发现数据中的潜在模式和结构，从而更好地理解数据。例如，聚类算法可以将相似的数据点分到一组。

3. 降低数据维度：当我们有大量的特征或变量时，无监督学习可以帮助我们降低数据的维度，以便更好地理解数据和进行可视化。例如，主成分分析（PCA）算法可以用于将高维数据降低到二维或三维空间，以便于可视化。

4. 数据预处理：无监督学习算法可以用于数据预处理，如特征提取、特征缩放和数据清洗等。它可以帮助我们准备数据以用于监督学习任务。

总之，无监督学习可以帮助我们在没有预先定义的标签或目标的情况下理解数据，发现数据中的模式和结构，并为监督学习任务提供数据预处理的支持。

ChatGPT给出了无监督学习的适用场景。在笔者的实际工作中，以上场景基本都有涉及。例如，某机关单位要对下属部门进行业绩考核，并评出最优秀的部门，但考核的维度非常多，有些部门在某个维度表现良好，而有些部门在其他维度表现良好，给考核带来很大难度。在这样的情况下，我们使用无监督学习中的数据降维，帮助该机关将多个维度降低到一维，这样各部门的综合表现就一目了然了。

无监督学习还有什么成功的应用呢？我们再来咨询一下ChatGPT。在ChatGPT对话框中输入“无监督学习的成功应用案例”，会得到如下答复。

ChatGPT 无监督学习已经在各种领域得到了广泛应用。以下是一些成功的应用案例。

1. 图像和视频分析：无监督学习可以帮助计算机自动识别图像和视频中的内容，如人脸、场景、动作等。这种技术已经应用于许多领域，如安防、医疗、广告等。

2. 自然语言处理：无监督学习可以帮助计算机学习语言的结构和语义，可以用于文本分类、情感分析、机器翻译等任务。

3. 生物信息学：无监督学习可以帮助研究人类和其他生物的基因、蛋白质和代谢通路等。它可以帮助科学家发现新的生物标记物和药物目标，并加速药物研发过程。

4. 网络安全：无监督学习可以帮助检测网络中的异常行为和攻击。它可以自动识别流量模式和威胁，从而帮助安全专家采取适当的措施保护网络安全。

5. 推荐系统：无监督学习可以帮助推荐系统自动发现用户的兴趣和偏好，从而提供更好的推荐结果。

总之，无监督学习已经在各种领域得到了成功的应用，并且有望在未来继续发挥重要作用。

在上面的答复中，ChatGPT介绍了5种不同的无监督学习应用案例，涵盖了从图像和视频分析到推荐系统等方方面面。笔者曾经为客户做过类似推荐系统的项目，只不过推荐的不是商品或服务，而是犯罪嫌疑人——通过无监督学习算法，将行为可疑的人员推荐给有关部门，供他们研判是否是重点嫌疑人。因此，笔者非常认同无监督学习在真实世界中能够发挥很大作用的观点。

除了监督学习和无监督学习，ChatGPT还列出了其他类型的机器学习，如强化学习和半监督学习等。这些概念，希望读者能自己与ChatGPT交互并获得答案。

1.5 机器学习面临哪些挑战

1.5.1 机器学习面临的总体挑战有哪些

前面ChatGPT曾经提到，机器学习并不是万能的，该项技术的应用也受到各种因素的制约。下面我们问问ChatGPT机器学习面临哪些挑战。在ChatGPT对话框中输入“机器学习面临哪些挑战”，ChatGPT会给出如下答复。

ChatGPT 机器学习面临的挑战包括以下几个方面。

1. 数据质量和数量问题：机器学习的准确性和效果很大程度上依赖于训练数据的质量和数量。如果训练数据有缺陷、偏差或数量不足，那么模型可能会出现欠拟合或过拟合等问题。

2. 算法选择和优化问题：不同的机器学习算法在不同问题上的表现可能会有很大的差异。而且一些算法可能会很复杂，需要耗费大量的计算资源训练和优化。因此，对于不同的问题，需要选择合适的算法，并对算法进行优化和调整，以达到最佳的性能。

3. 解释和可解释性问题：很多机器学习算法，特别是深度学习算法，由于其内部结构过于复杂，很难解释其决策和预测结果。这可能会导致一些问题，如缺乏可解释性、公平性和透明性等。

4. 数据隐私和安全问题：许多机器学习应用需要处理涉及个人隐私的数据，因此需要采取一系列的安全和隐私保护措施，以保护数据的安全性和隐私性。

5. 模型部署和实时性问题：对于一些需要快速处理和实时响应的应用，需要考虑将训练好的模型有效地部署到实时系统中，并且保证其响应速度和性能。这需要对模型进行优化和压缩，以适应实时应用的需求。

从上面的答复中可以看到，ChatGPT 列举了 5 类机器学习面临的挑战，从数据质量到安全隐私都有涉及，回答得比较全面。当然，答复中也包含了一些专业术语，如“欠拟合”和“过拟合”等。对于这些术语，我们还可以要求 ChatGPT 给出更加通俗易懂的解释。

1.5.2　什么是欠拟合

我们想更好地理解“欠拟合”这个术语，可以在 ChatGPT 对话框中输入“通俗解释欠拟合”，ChatGPT 会给出它的见解，如下所示。

ChatGPT 欠拟合（Underfitting）指的是机器学习模型无法充分地拟合训练数据的现象。通俗地说，就是模型学习得不够好，无法很好地拟合已有的数据，也无法准确预测新数据。

当模型欠拟合时，通常会出现训练集误差和测试集误差都很大的情况，这意味着模型无法捕捉数据中的关键特征或规律，导致其在训练数据上表现不佳，同时也不能很好地泛化到新的数据上。

欠拟合的原因可能是模型过于简单，无法捕捉数据中的复杂关系；也可能是训练数据过少或不具有代表性，导致模型无法充分学习数据的特征和规律。

为了解决欠拟合问题，可以采取以下几个策略：增加训练数据量、增加模型复杂度、改变模型架构、调整超参数等。

从上面的答复中可以看到，ChatGPT 用比较易于理解的语言解释了“欠拟合”。从实际应用的角度来说，判断模型是否出现了欠拟合现象，最简单的办法就是看模型在训练数据集上的准确率。如果准确率很低，说明模型对训练数据拟合得不够好，也就是出现了欠拟合的问题。

1.5.3 什么是过拟合

同样，我们也可以让ChatGPT解释一下什么是“过拟合”。在ChatGPT对话框中输入“通俗解释过拟合”，会得到如下答复。

ChatGPT 过拟合（Overfitting）是指机器学习模型在训练数据上表现很好，但在新数据上表现很差的现象。通俗地说，就是模型过于复杂，过于关注训练数据的细节和噪声，导致其无法很好地泛化到新数据上。

当模型过拟合时，通常会出现训练集误差很小但测试集误差很大的情况。这意味着模型在训练数据上表现得很好，但对新数据的预测效果很差。

过拟合的原因可能是模型过于复杂，过度拟合了训练数据中的细节和噪声，而无法很好地捕捉数据的本质特征和规律；也可能是训练数据过少，导致模型无法学习数据的真实分布。

为了解决过拟合问题，可以采取以下几个策略：增加训练数据量、减少模型复杂度、使用正则化技术、增加数据噪声、使用早停等。

从上面的答复中可以看到，ChatGPT给出的对于“过拟合”的解释也是比较通俗易懂的。从实际应用的角度来说，如果我们训练的模型在训练数据集上表现较好，但是在测试集上的准确率却很低，就说明模型出现了“过拟合”的问题。产生这种问题的原因和解决的方法ChatGPT也一并给出了。

1.5.4 什么是早停

不知道读者有没有发现，ChatGPT给出的解决方案中出现了多个专业术语，如“正则化”“早停”等。如果读者不理解这些术语，可以追问ChatGPT。例如，我们追问ChatGPT“什么是早停”，会得到如下答复。

ChatGPT 早停（Early Stopping）是一种用于防止机器学习模型过拟合的技术。早停的基本思想是，在模型训练过程中监测模型的测试误差，一旦测试误差开始上升，就停止训练，避免模型过拟合训练数据。

具体来说，早停通常包括以下几个步骤。

1. 将数据集划分为训练集和验证集。
2. 在训练集上训练模型，并在验证集上计算模型的测试误差。
3. 每次训练迭代后，监测模型在验证集上的测试误差。
4. 如果测试误差开始上升，说明模型开始过拟合训练数据，此时停止训练，避免继续过拟合。
5. 最终选择测试误差最小的模型作为最终模型。

通过使用早停技术，可以避免模型过拟合训练数据，并提高模型的泛化能力，从而在实际应用中获得更好的效果。

从上面的答复中可以看到，ChatGPT对于“早停”的解释是非常准确的。它给出了详细的实施步骤，简单来说，就是我们原本计划在训练模型的过程中迭代 100 次，每迭代一次模型，就在验证集上检验一下模型的准确率。如果发现模型在迭代第 51 次时，在验证集上的误差比上一次大，那么就不等模型迭代到第 100 次，而是在第 51 次时就停止训练，这样就能有效防止模型过拟合现象发生。

读者也可以使用相同的方式，对自己不理解的问题向 ChatGPT 展开追问，看看是否能够得到令自己满意的答复。

1.6 机器学习模型该如何测试和验证

1.6.1 测试与验证模型的整体思路

前文中我们咨询了 ChatGPT 关于模型“欠拟合”和“过拟合”的问题。可能有些读者会产生这样的疑问——我们如何对模型进行测试或验证，才知道模型是否出现了上述问题呢？这个问题我们也让 ChatGPT 给出答案。在 ChatGPT 对话框中输入“机器学习模型该如何测试和验证”，会得到如下答复。

ChatGPT 机器学习模型在设计和训练过程中，需要进行测试和验证来评估其性能和泛化能力，避免出现过拟合或欠拟合等问题。以下是机器学习模型的测试和验证方法。

1. 留出法(Hold-out Method)：将数据集分成训练集和测试集两部分，训练集用于训练模型，测试集用于评估模型的性能。通常将数据集的 70% ~ 80% 作为训练集，20% ~ 30% 作为测试集。

2. 交叉验证(Cross-validation)：将数据集分成 k 个子集，每次选择其中 k-1 个子集作为训练集，剩余的 1 个子集作为测试集，进行 k 次训练和测试，最终计算平均测试误差。交叉验证可以更充分地利用数据集，减少随机性对模型性能评估的影响。

3. 自助法(Bootstrapping)：通过有放回的抽样，从原始数据集中随机选择一定数量的样本组成训练集，未被选择的样本组成测试集，多次重复上述过程，最终计算平均测试误差。自助法适用于数据集较小的情况，可以有效地利用数据集，但可能会引入更多的噪声。

在对模型进行测试和验证时，需要注意以下几个方面。

1. 数据集划分：需要合理划分训练集和测试集，避免过拟合和欠拟合。

2. 评估指标：需要选择合适的评估指标。例如，分类问题可以使用准确率、精确率、召回率等指标，回归问题可以使用均方误差、平均绝对误差等指标。

3. 重复实验：需要进行多次重复实验，统计平均测试误差，避免因随机性使模型性能评估产生误差。

4. 超参数调优：需要对模型的超参数进行调优，如学习率、正则化系数等参数，以提高模型的性能。

通过合理的测试和验证方法，可以评估模型的性能和泛化能力，为模型的应用和改进提供参考。

从上面的答复中可以看到，ChatGPT 给出了测试和验证模型的方法，这里我们稍微归纳一下。我们需要将现有的数据集拆分成训练集和测试集，使用训练集训练模型，再用测试集检验模型的性能。这里 ChatGPT 给出了 3 种不同的拆分方式，分别是“留出法”“交叉验证”和“自助法”。从笔者的实际工作经验来说，“留出法”和“交叉验证”是用得比较多的方法。

1.6.2 分类模型的评估指标

除了拆分数据集，ChatGPT 还建议我们选择合适的评估指标，如分类问题中的“准确率”“精确率”和“召回率”。下面我们让 ChatGPT 再详细对这些指标进行解释。在 ChatGPT 对话框中输入“什么是准确率、精确率、召回率”，会得到如下答复。

ChatGPT 准确率、精确率和召回率是评估机器学习模型性能的 3 个重要指标。

准确率（Accuracy）是指分类器正确预测的样本数占总样本数的比例。准确率越高，分类器预测正确的概率就越大。

精确率（Precision）是指分类器预测为正类的样本中，真正为正类的样本数占预测为正类的样本数的比例。精确率越高，分类器预测为正类的样本中真正为正类的概率就越大。

召回率（Recall）是指分类器正确预测为正类的样本数占实际正类样本数的比例。召回率越高，分类器正确预测为正类的样本数占实际正类样本数的比例就越大。

这 3 个指标在不同的情况下具有不同的重要性。例如，对于一个肿瘤检测系统，召回率可能是最重要的指标，因为漏诊（将患者误判为正常）的代价更高。又如，对于垃圾邮件过滤器，精确率可能是最重要的指标，因为将合法邮件错误地归类为垃圾邮件会给用户带来很大的困扰。

因此，在选择适当的评估指标时，需要根据具体问题的特点和需求进行选择。

ChatGPT 对上述 3 个指标的解释是简洁易懂的，而且它还结合实际应用进行了讲解——肿瘤检测和垃圾邮件过滤。这两个例子生动地说明了在不同的应用场景中选择不同指标的重要性。

1.6.3 回归模型的评估指标

我们还可以让 ChatGPT 对回归模型中的“均方误差”和“平均绝对误差”进行详细的介绍。在 ChatGPT 对话框中输入“什么是均方误差和平均绝对误差”，会得到如下答复。

ChatGPT 均方误差（Mean Squared Error，MSE）和平均绝对误差（Mean Absolute Error，MAE）是用于评估机器学习模型回归性能的指标。

均方误差是预测值与真实值之差的平方的均值，它可以度量模型的方差，即模型预测结果的波动情况。计算公式如下：

$$\mathrm{MSE} = (1/n) * \Sigma(y_i - \hat{y}_i)^2$$

其中，n表示样本数量，y_i表示第i个样本的真实值，$\hat{y}_i$表示第i个样本的预测值。

平均绝对误差是预测值与真实值之差的绝对值的均值，它可以度量模型的偏差，即模型预测结果的平均误差情况。计算公式如下：

$$MAE = (1/n) * \Sigma|y_i - \hat{y}_i|$$

其中，n表示样本数量，y_i表示第i个样本的真实值，$\hat{y}_i$表示第i个样本的预测值。

在实际应用中，均方误差和平均绝对误差都可以作为衡量模型性能的指标。一般来说，均方误差对异常值更敏感，而平均绝对误差对异常值不那么敏感。因此，在处理含有异常值的数据时，平均绝对误差可能更适用；而在处理对数据精度要求较高的场景时，均方误差可能更适用。

让人惊喜的是，ChatGPT不仅给出了“均方误差”和“平均绝对误差”的概念解释，还提供了计算公式供我们参考。与此同时，它还非常“贴心”地给出了两个指标不同的适用场景。当然，要想有更深刻的体会，还需要我们在实际应用中进行试验。

1.7 习题

在本章中，我们借助ChatGPT初步了解了机器学习的基本概念与相关知识，包括机器学习的定义、用途、类型等。所谓“纸上得来终觉浅，绝知此事要躬行”，要想学得扎实，读者还需要多动手练习。下面是本章的一些练习题。

1. 问问ChatGPT，机器学习在你所处的行业（或计划从事的行业）有哪些应用。
2. 让ChatGPT结合你的行业（或专业）给出一些数据可视化的案例。
3. 问问ChatGPT，机器学习可以如何帮助你的企业（或组织）。
4. 与ChatGPT对话，了解什么是强化学习。
5. 与ChatGPT对话，了解什么是半监督学习。
6. 让ChatGPT帮你理解什么是数据中的噪声。
7. 让ChatGPT帮你理解什么是分类任务和回归任务。
8. 让ChatGPT帮你理解什么是模型的超参数。

第2章 让ChatGPT告诉我们机器学习的基本流程

本章导读

在第 1 章中，我们在ChatGPT的帮助下，学习了一些机器学习相关的理论知识。为了能够让大家对机器学习项目的实施有更清晰的认知，本章我们将和大家一起，在ChatGPT的帮助下，一起试着完成一个较为完整的小项目，对机器学习项目的步骤建立整体的认知。

知识要点

通过对本章内容的学习，您将掌握以下知识：

- 适合机器学习任务的数据集。
- Anaconda的安装与使用。
- 探索性数据分析。
- 简单模型的训练与测试。

2.1 让ChatGPT帮我们找数据

通过对第 1 章的学习，我们已经知道，机器学习是让计算机从数据中学习规律和知识。那接下来我们就要先准备一些数据，供我们研究和学习。寻找数据的任务，不妨也让ChatGPT为我们代劳。

2.1.1 有哪些适合机器学习任务的数据集

在ChatGPT对话框中输入“我需要一个机器学习用的数据集”，ChatGPT会给我们如下答复。

ChatGPT 好的，以下是几个流行的机器学习数据集，你可以根据你的兴趣和任务从中选择一个。

1. MNIST 手写数字识别数据集：这个数据集包含了一系列手写数字的灰度图像，可用于数字识别模型的训练和测试。

2. CIFAR-10 / CIFAR-100 数据集：这些数据集包含了一系列 32×32 像素的彩色图像，分别包含了 10 个和 100 个不同的物体类别。它们可用于图像分类模型的训练和测试。

3. ImageNet 数据集：这个数据集包含了超过 100 万张高分辨率图像，涵盖了超过 1000 个不同的物体类别。它是计算机视觉领域最常用的数据集之一，可用于各种视觉任务，如分类、检测、分割等。

4. COCO 数据集：这个数据集包含了超过 33 万张标注的图像，用于目标检测、分割和关键点检测任务。

5.IMDB 电影评论情感分析数据集：这个数据集包含了 5 万条电影评论，标注为积极或消极，可用于情感分析模型的训练和测试。

6.Yelp 商家评论情感分析数据集：这个数据集包含了超过 400 万条商家评论，标注为积极或消极，可用于情感分析模型的训练和测试。

7. Twitter 情感分析数据集：这个数据集包含了 160 万条推文，标注为积极、消极或中性，可用于情感分析模型的训练和测试。

希望这些数据集可以帮助到你！

从上面的答复中可以看到，ChatGPT 向我们推荐了 7 个不同的数据集。前面 4 个是图像数据集，后面 3 个是文本数据集。这 7 个数据集都是机器学习领域非常经典的数据集，但是考虑到一些读者是初次接触机器学习技术，我们希望 ChatGPT 再推荐一些更加简单的数据集，供大家试验。

2.1.2　适合新手的简单数据集

我们继续在 ChatGPT 对话框中输入“我需要一些更简单的数据集”，可以看到 ChatGPT 答复如下。

ChatGPT 以下是一些较为简单的机器学习数据集，你可以使用它们。

1. Iris 鸢尾花数据集：这个数据集包含了 3 个不同品种的鸢尾花，每个品种有 50 个样本，总共有 150 个样本。每个样本有 4 个特征：花萼长度、花萼宽度、花瓣长度、花瓣宽度。该数据集可用于分类模型的训练和测试。

2. Wine 酒数据集：这个数据集包含了 3 个不同种类的葡萄酒，每个种类有 59 个样本，总共有 177 个样本。每个样本有 13 个特征，包括酸度、酒精度、苹果酸等。该数据集可用于分类模型的训练和测试。

3. Boston 房价数据集：这个数据集包含了波士顿地区房屋的 13 个不同特征，如房间数量、附近学校数量等。每个样本对应 1 个房屋的价格。该数据集可用于回归模型的训练和测试。

4. Diabetes 糖尿病数据集：这个数据集包含了 768 个女性的医疗数据，其中每个样本有 8 个特征，如血糖浓度、BMI 等。每个样本标注为是否患有糖尿病。该数据集可用于分类模型的训练和测试。

希望这些数据集可以满足你的需求！

通过进一步的交互，可以看到ChatGPT给我们推荐了更加适合新手的数据集，包括Iris 鸢尾花数据集、Wine 酒数据集、Boston 房价数据集及Diabetes糖尿病数据集，并且还给出了这 4 个数据集的简要介绍。

2.1.3 该去哪里下载数据集

接下来，我们就可以选择其中任意一个数据集进行试验。本章选择Wine酒数据集进行演示。下面让ChatGPT告诉我们如何下载这个数据集。在ChatGPT对话框中输入“下载Wine酒数据集”，可以看到ChatGPT给出了如下答复。

ChatGPT 你可以按照以下步骤在UCI Machine Learning Repository网站上下载Wine酒数据集。

1. 访问UCI Machine Learning Repository网站。

2. 在页面上方的菜单栏中选择“Data Sets”，然后在下拉菜单中选择“Wine Data Set”。

3. 在页面下方的“Data Folder”部分，找到包含数据集的ZIP文件。单击链接下载该文件，并解压缩到本地计算机。

4. 解压缩后，你可以找到名为“wine.data”的文件，该文件包含了完整的数据集。

请注意，这个数据集不包含列标题，因此你需要手动添加特征名称。特征名称及其描述如下。

Alcohol：酒精浓度

Malic acid：苹果酸含量

Ash：灰分含量

Alcalinity of ash：灰的碱度

Magnesium：镁含量

Total phenols：总酚含量

Flavanoids：黄酮类物质含量

Nonflavanoid phenols：非黄酮类总酚含量

Proanthocyanins：原花青素含量

Color intensity：颜色强度

Hue：色调

OD280/OD315 of diluted wines：稀释后的葡萄酒OD280/OD315 值比率

Proline：脯氨酸含量

从上面的答复中，可以看到ChatGPT不仅给出了下载数据集的方法，还非常贴心地提示我们要手动添加特征名称，并给出了每个特征的中英文名称。下面我们就根据ChatGPT的回答，把数据集下载下来。

温馨提示

如果完全按照ChatGPT的指示操作，在打开链接后，你或许在新页面中找不到“菜单栏”和“下拉菜单”，这可能是由于网站改版造成的。不过没有关系，下面会帮助大家找到下载的方式。

打开ChatGPT给出的网站后，直接在页面右侧“Most Popular Data Sets”（最受欢迎的数据集）栏目下就能找到Wine酒数据集的链接，如图 2-1 所示。

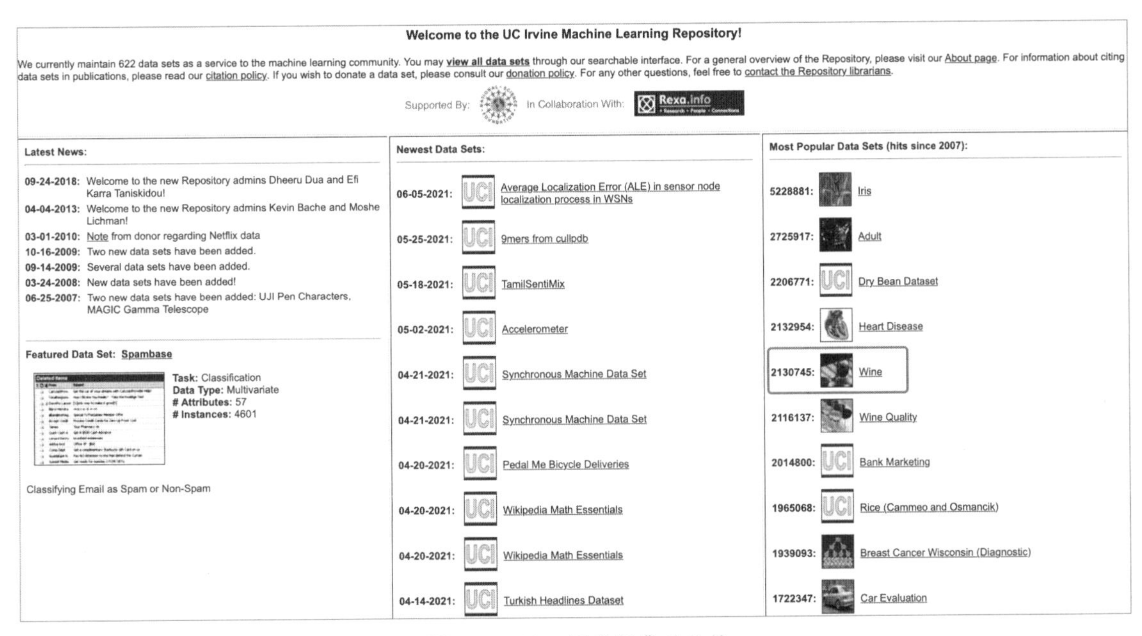

图 2-1　Wine 酒数据集的链接

单击Wine酒数据集的链接后，在新的页面中单击“Data Folder”（数据文件夹）链接，然后在新的页面中单击“wine.data”就可以将数据集下载下来了。

2.1.4　如何打开数据文件

我们下载的数据文件是以“.data”为后缀名的，这种类型的文件该如何打开呢？不如也让ChatGPT给我们答案。在ChatGPT对话框中输入“如何打开wine.data”，会得到如下答复。

ChatGPT wine.data是一个以逗号分隔的纯文本文件，你可以使用文本编辑器打开它。在大多数操作系统中，你可以使用任何文本编辑器（如Notepad、Sublime Text、Atom等）打开它。以下是在Windows操作系统中打开文件的示例步骤。

1. 打开文件浏览器并定位到包含wine.data文件的文件夹。
2. 右击wine.data文件，并选择“打开方式”或“打开 With”。
3. 从下拉列表中选择一个文本编辑器，如记事本。
4. 该文件将在所选文本编辑器中打开。

你还可以使用Python的Pandas库或其他数据分析工具读取并处理该数据集，以更方便地进行分析和建模。以下是使用Pandas库在Python中读取数据集的示例代码。

```
import pandas as pd

# 读取数据集
df = pd.read_csv('wine.data', header=None)

# 添加列标题
df.columns = ['Class', 'Alcohol', 'Malic acid', 'Ash', 'Alcalinity of ash', 'Magnesium', 'Total phenols', 'Flavanoids', 'Nonflavanoid phenols', 'Proanthocyanins', 'Color intensity', 'Hue', 'OD280/OD315 of diluted wines', 'Proline']

# 显示前 5 行
print(df.head())
```

运行以上代码后，你将看到前5行数据的输出。

从上面的答复中可以看到，ChatGPT给出了wine.data的文件类型，并且详细介绍了如何在Windows系统中打开该类型文件。除此之外，ChatGPT还给出了在Python中打开该文件的示例代码。如果读者已经安装了Python的编译环境，就可以把示例代码复制到编译器中尝试运行了；如果还没有安装Python编译环境，可以在ChatGPT的帮助下进行安装。

2.2 让ChatGPT帮我们安装Anaconda

对于有志从事机器学习和数据科学领域的读者，推荐安装Anaconda，它在数据科学领域有着非常显著的优势。

2.2.1 为什么选择Anaconda

如果要了解Anaconda有什么突出的优点，我们可以在ChatGPT对话框中输入“Anaconda有什么优点”，它会给出如下答复。

ChatGPT Anaconda是一个开源的数据科学平台，它具有以下几个优点。

1. 方便的环境管理：Anaconda提供了一个方便的环境管理工具，你可以在同一台计算机上创建多个环境，每个环境中安装不同版本的Python和各种数据科学库。这使不同项目之间的切换变得容易，也可以避免版本冲突的问题。

2. 预装了常用的数据科学库：Anaconda自带很多常用的数据科学库，如NumPy、Pandas、

Matplotlib、scikit-learn等，省去了安装和配置这些库的麻烦。

3. 跨平台：Anaconda可以在多个操作系统上运行，包括Windows、Mac和Linux，这使开发和部署变得更加方便。

4. 社区支持：Anaconda有一个活跃的社区，提供了各种教程、文档和支持，使初学者可以更容易地入门。

5. 内置Jupyter Notebook：Anaconda内置了Jupyter Notebook，可以方便地进行数据分析和可视化，并将代码、注释和可视化结果整合在一个文档中。

总的来说，Anaconda是一个方便、易用、跨平台的数据科学平台，它提供了一系列常用的工具和库，可以帮助数据科学家和开发者更快地构建和部署数据科学应用。

上述这些Anaconda的优点，笔者深有体会。可以说在多年的实际工作中，Anaconda已经成为笔者最亲密的"战友"。相信读者在熟悉并习惯使用它之后，也会产生"爱不释手"的感觉。

2.2.2 Anaconda的下载与安装

接下来我们就下载并安装Anaconda。在ChatGPT对话框中输入"如何下载并安装Anaconda"，会得到以下答复。

ChatGPT 以下是在Windows系统上下载和安装Anaconda的步骤。

1. 在Anaconda官网上下载适合您系统的Anaconda安装包。

2. 打开下载的Anaconda安装包。

3. 在安装向导中，选择"Install"选项，然后单击"Next"。

4. 阅读许可协议，如果同意，选择"I Agree"选项，然后单击"Next"。

5. 选择安装位置，然后单击"Next"。

6. 选择安装类型，默认为"Just Me"，然后单击"Next"。

7. 如果您希望在环境变量中添加Anaconda路径，请勾选"Add Anaconda to my PATH environment variable"选项，然后单击"Install"。

8. 等待安装程序完成安装，这可能需要几分钟时间。

9. 安装完成后，选择"Next"选项。

10. 选择"Register Anaconda as my default Python 3.9"选项，然后单击"Finish"。

安装完成后，您可以在开始菜单中找到Anaconda Navigator，通过它来启动Jupyter Notebook等工具。您也可以通过Anaconda Prompt启动Python环境。

ChatGPT给出的下载与安装的教程还是比较详细的，根据上述步骤，基本可以完成Anaconda的安装。

2.2.3 在Anaconda中使用Jupyter Notebook

安装完成后，我们就要在Anaconda内置的Jupyter Notebook中编辑和运行Python代码了。初次使用的读者可以在ChatGPT对话框中提问“如何在Anaconda中使用Jupyter Notebook”，获得详细的指导，如下所示。

ChatGPT 在Anaconda中使用Jupyter Notebook非常简单，按照以下步骤即可。

1. 启动Anaconda Navigator。您可以在开始菜单中找到Anaconda Navigator，然后单击它来启动它。

2. 在Anaconda Navigator中，单击“Launch”按钮下的“Jupyter Notebook”图标。

3. Jupyter Notebook将在默认浏览器中打开。如果浏览器未自动打开，请手动打开浏览器并访问网址。

4. 在Jupyter Notebook主页中，单击“New”按钮，然后选择“Python 3”或其他支持的编程语言。

5. Jupyter Notebook将打开一个新的Notebook文档。您可以在该文档中编写代码、运行代码、添加注释和说明文本等。

6. 在Notebook中编写完代码后，可以通过单击运行按钮或按Shift+Enter组合键来运行代码。

7. 您可以在Notebook中添加Markdown单元格，以便添加说明文本、图片、链接等。

8. 在完成Notebook后，您可以通过单击“File”选项卡下的“Save and Checkpoint”选项保存Notebook。

9. 当您再次打开Jupyter Notebook时，您可以在主页中找到保存的Notebook，并继续编辑或运行它。

这就是在Anaconda中使用Jupyter Notebook的基本步骤。请注意，Jupyter Notebook支持许多其他的功能和插件，如绘图、数据可视化、多语言支持等。您可以通过自行搜索或参考Jupyter Notebook官方文档了解更多信息。

跟着ChatGPT给出的指导一步一步操作，会看到如图 2-2 所示的界面。

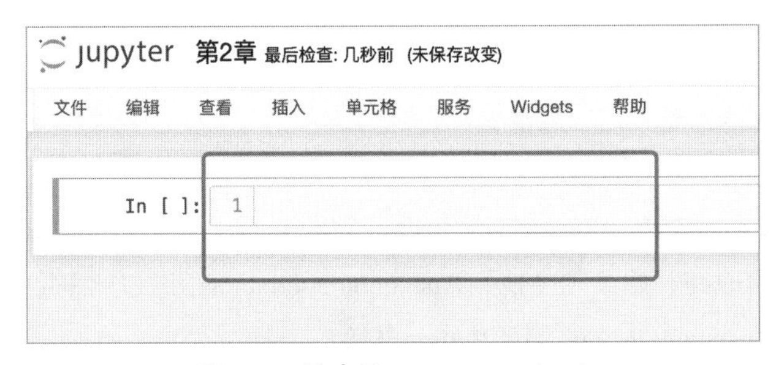

图 2-2 新建的Jupyter Notebook

图 2-2 便是我们根据ChatGPT的指导，创建的空白Jupyter Notebook文件。框中的区域被称为一个“单元格”（Cell），我们可以在这个单元格中编辑Python代码，并使用“Shift+Enter”组合键运行代码。

2.2.4　在Jupyter Notebook中读取数据

下面我们就把之前ChatGPT给出的打开“wine.data”的示例代码粘贴到Jupyter Notebook中运行。在此建议大家对代码稍做修改，把最后一行的print函数去掉，修改后的代码如下。

```
import pandas as pd
# 读取数据集
df = pd.read_csv('wine.data', header=None)

# 添加列标题
df.columns = ['Class', 'Alcohol', 'Malic acid', 'Ash', 'Alcalinity of
ash', 'Magnesium', 'Total phenols', 'Flavanoids', 'Nonflavanoid phenols',
'Proanthocyanins', 'Color intensity', 'Hue', 'OD280/OD315 of diluted wines',
'Proline']

# 显示前 5 行
df.head()
```

运行代码会得到一个表格，如表 2-1 所示。

表 2-1　Wine 数据集的前 5 行记录

Class	Alcohol	Malic acid	Ash	Alcalinity of ash	……
1	14.23	1.71	2.43	15.6	……
1	13.20	1.78	2.14	11.2	……
1	13.16	2.36	2.67	18.6	……
1	14.37	1.95	2.50	16.8	……
1	13.24	2.59	2.87	21.0	……

温馨提示

为了方便展示，表 2-1 省略了数据集中的部分特征，读者在自己的Notebook中会看到表头包含完整的特征字段。

如果读者得到了和表 2-1 类似的结果，说明数据成功读取，并且每个特征的名称也被添加到表头当中。接下来我们就可以使用这个数据集进行下一步的试验了。

2.3　让ChatGPT教我们进行探索性数据分析

通常，当我们拿到一个陌生的数据集时，都需要先进行“探索性数据分析”。本节将和大家一起学习探索性数据分析的基本概念与步骤。

2.3.1 什么是探索性数据分析

要了解“探索性数据分析”的基本概念，也可以让ChatGPT给我们介绍。在ChatGPT对话框中输入“什么是探索性数据分析”，会得到如下答复。

ChatGPT 探索性数据分析（Exploratory Data Analysis, EDA）是一种数据分析方法，其主要目的是通过可视化和统计分析等方法，深入挖掘数据中的信息和关系，发现数据中的规律和趋势，为后续的数据建模和预测提供支持。探索性数据分析通常包括以下步骤。

1. 数据预处理：包括数据清洗、数据转换和数据缺失值填充等，以确保数据的质量和可用性。

2. 可视化分析：使用图表、直方图、箱线图等可视化工具，将数据可视化，以便更好地理解数据的分布、相关性和异常点等。

3. 统计分析：应用统计学方法，如描述统计、假设检验、回归分析等，对数据进行分析，从而了解数据的规律和关系。

4. 特征工程：对数据进行特征工程处理，包括特征提取、特征选择和特征变换等，以便为后续的数据建模和预测提供更好的特征。

探索性数据分析是数据分析的一个重要环节，它可以帮助数据分析人员快速了解数据集的特征和结构，发现数据中的模式、趋势和异常点，以便为后续的数据挖掘和建模提供有力的支持。EDA在实际应用中非常重要，尤其是在机器学习和数据挖掘领域，探索性数据分析是建立有效模型和进行预测分析的必要前提。

从ChatGPT的答复中，我们了解到探索性数据分析的一般步骤包括“数据预处理”“可视化分析”“统计分析”“特征工程”4个部分。除此之外，我们还了解到，探索性数据分析对于模型的训练非常重要，是实际工作中必不可少的一步。

2.3.2 如何进行探索性数据分析

在了解了探索性数据分析的基本概念后，我们就可以动手操作了。这里我们先试试让ChatGPT帮我们做一些工作，然后再对ChatGPT给出的答案进行验证。在ChatGPT对话框中输入“对Wine酒数据集进行探索性数据分析”，会得到如下答复。

ChatGPT 为了对Wine酒数据集进行探索性数据分析，我们需要先进行数据导入和预处理，然后进行可视化和统计分析等。

以下是对Wine酒数据集进行探索性数据分析的一般步骤。

1. 数据导入和预处理。

- 导入数据集，并检查数据的基本信息和格式。
- 去除重复值和缺失值，并对数据进行清洗和转换。

- 对数据进行标准化处理，以确保各个特征之间的尺度一致。

2. 数据可视化。

- 使用直方图、散点图、箱线图等可视化工具，对数据的分布和相关性进行可视化。
- 对于分类变量，使用条形图和饼图等可视化工具，了解各个类别之间的比例和分布情况。

3. 统计分析。

- 对数据进行描述性统计分析，计算各个特征的均值、方差、偏度和峰度等。
- 使用相关系数和协方差等方法，分析各个特征之间的相关性和协方差关系。
- 对数据进行假设检验，分析各个特征之间的差异和显著性。

下面是在Python环境下对Wine酒数据集进行探索性数据分析的代码实现。

```
# 导入必要的库
import pandas as pd
import seaborn as sns
import matplotlib.pyplot as plt

# 导入数据集
df = pd.read_csv("wine.data", header=None)

# 查看数据集基本信息和格式
print(df.head())
print(df.shape)
print(df.info())

# 检查重复值和缺失值，并进行数据清洗和转换
print(df.duplicated().sum())
df.drop_duplicates(inplace=True)
print(df.isnull().sum())

# 对数据进行标准化处理
from sklearn.preprocessing import StandardScaler
scaler = StandardScaler()
df.iloc[:,1:] = scaler.fit_transform(df.iloc[:,1:])

# 对数据进行可视化分析
sns.pairplot(df, hue=0, diag_kind='hist')
plt.show()

sns.countplot(x=0, data=df)
plt.show()
```

```
# 对数据进行统计分析
print(df.describe())
print(df.corr())

from scipy.stats import ttest_ind
print(ttest_ind(df.loc[df[0] == 1, 1], df.loc[df[0] == 2, 1]))
```

上述代码实现了对Wine酒数据集的探索性数据分析，其中包括数据导入和预处理、可视化和统计分析环节。

从上面的答复中可以看到，ChatGPT不仅给出了对Wine酒数据集进行探索性数据分析的步骤，还把代码写好了。接下来我们把代码复制到Jupyter Notebook中，并使用“Ctrl+Shift+-”组合键，将整段代码拆分到不同的单元格中，便于我们观察运行结果。导入库的代码如下。

```
# 导入必要的库
import pandas as pd
import seaborn as sns
import matplotlib.pyplot as plt
```

上面的代码中，首先导入了读取数据的Pandas并重命名为pd，然后分别导入了两个画图工具——Seaborn和Matplotlib。可能有读者还不是很熟悉这两个库，下面我们让ChatGPT简单介绍一下它们。

在ChatGPT对话框中输入“简单介绍一下Seaborn，50字以内”，可以得到如下答复。

ChatGPT Seaborn是一个基于Matplotlib的Python可视化库，它提供了一种高度可定制化的界面，用于绘制统计图形。Seaborn内置了许多经典的数据集和颜色，可以帮助我们更加轻松地进行数据可视化和分析。

再输入“简单介绍一下Matplotlib，100字以内”，会得到如下答复。

ChatGPT Matplotlib是一个Python绘图库，用于生成高质量的2D图形，可用于数据可视化、交互式图形应用等多个领域。Matplotlib提供了各种绘图方法，包括线图、散点图、柱状图、等高线图等，同时也支持自定义图形元素和样式。Matplotlib可以与NumPy和Pandas等常用数据处理库结合使用，能够方便地处理各种数据，并将其可视化。Matplotlib还支持多种输出格式，包括PNG、PDF、SVG等，可用于生成各种图形报告和论文。

在了解了Seaborn和Matplotlib之后，我们继续研究代码。

2.3.3 查看数据基本信息和格式

因为前面我们已经知道pd.read_csv()和df.head()的作用，所以我们直接从df.shape和df.info()开始。首先是下面这行代码。

```
# 查看数据集基本信息和格式
print(df.shape)
```

在 Jupyter Notebook 中运行上面这行代码，会得到以下结果。

```
(178, 14)
```

这里我们使用了 Pandas 中 DataFrame 的 shape 属性查看数据的格式。关于 shape 属性，我们可以让 ChatGPT 给出简要的解释。在 ChatGPT 对话框中输入“解释 shape 属性的作用”，会得到如下答复。

ChatGPT 在Pandas中，DataFrame的shape属性可以用于获取数据框的行数和列数。它返回一个包含两个值的元组，第一个值表示数据框的行数，第二个值表示数据框的列数。通常，我们可以使用shape属性快速了解数据框的规模，以便在进行数据处理和分析之前对其进行必要的准备。例如，我们可以使用shape属性检查数据框是否具有所需的行数和列数，或者是否需要进行维度调整和数据清理等操作。

从 ChatGPT 的答复中我们可以了解到，DataFrame 的 shape 属性返回的是数据框的行数和列数。这里我们得到(178,14)这个结果，代表 Wine 酒数据集有 178 行、14 列。

接下来我们运行下面这行代码。

```
print(df.info())
```

会得到以下的结果。

```
<class 'pandas.core.frame.DataFrame'>
Int64Index: 178 entries, 0 to 177
Data columns (total 14 columns):
 #   Column                Non-Null Count  Dtype
---  ------                --------------  -----
 0   Class                 178 non-null    int64
 1   Alcohol               178 non-null    float64
 2   Malic acid            178 non-null    float64
 3   Ash                   178 non-null    float64
 4   Alcalinity of ash     178 non-null    float64
 5   Magnesium             178 non-null    float64
 6   Total phenols         178 non-null    float64
 7   Flavanoids            178 non-null    float64
 8   Nonflavanoid phenols  178 non-null    float64
 9   Proanthocyanins       178 non-null    float64
 10  Color intensity       178 non-null    float64
 11  Hue                   178 non-null    float64
```

```
 12  OD280/OD315 of diluted wines  178 non-null    float64
 13  Proline                       178 non-null    float64
dtypes: float64(13), int64(1)
memory usage: 25.9 KB
None
```

我们使用了DataFrame的info()方法查看数据信息。如果需要让ChatGPT给出详细解释，可以在ChatGPT对话框中输入“解释info()方法的作用”，会得到如下答复。

ChatGPT 在Pandas中，DataFrame的info()方法可以用来获取数据框的基本信息和概要统计。它会显示数据框的列名、数据类型、非空值数量及每个列的内存占用等信息，通常用于快速了解数据框的数据类型、缺失值和内存使用等情况。通过info()方法，我们可以了解数据框的整体情况。此外，info()方法还可以帮助我们判断数据框中是否存在数据类型错误、缺失值和异常值等数据质量问题，以便在数据处理和分析之前进行必要的数据清理和修复。

从答复中可以看到，info()方法返回了数据框的列名、数据类型、非空值数量等信息。以“Class”这一列为例，我们看到它的非空值数量是“178 non-null”，得知这个数据框有178行，也就是说“Class”这一列中是没有空值的；同时它的数据类型是“int64”，也就是64位整数类型。

2.3.4 检查重复值与缺失值

接下来，我们可以使用下面这行代码检查数据中是否有重复值。

```
print(df.duplicated().sum())
```

运行这行代码，会得到以下结果。

```
0
```

上面的代码中，我们先使用了DataFrame的duplicated()方法让程序寻找数据框中的重复值，然后使用sum()方法对重复值的数量进行求和。程序返回的结果是0，说明我们的数据框中并没有重复值。

如果读者希望进一步了解duplicated()方法，可以自行向ChatGPT提问，看看它的答复是否能够让你获得更详细的信息。

如果在处理其他数据时，遇到有重复值的情况，可以使用ChatGPT给出的下面这行代码去除重复值。

```
df.drop_duplicates(inplace=True)
```

上面的代码使用了drop_duplicates()方法去除重复值。同样，读者也可以用提问的方法，向ChatGPT查询关于drop_duplicates()方法的详细信息。

下面这行代码的主要作用是查看数据框中每一列所包含的空值数量。

```
print(df.isnull().sum())
```

在 Jupyter Notebook 中运行这行代码，会得到如下结果。

```
Class                           0
Alcohol                         0
Malic acid                      0
Ash                             0
Alcalinity of ash               0
Magnesium                       0
Total phenols                   0
Flavanoids                      0
Nonflavanoid phenols            0
Proanthocyanins                 0
Color intensity                 0
Hue                             0
OD280/OD315 of diluted wines    0
Proline                         0
dtype: int64
```

与 duplicated() 方法类似，isnull() 方法用于检查数据框中是否有空值，并且用 sum() 方法计算空值的数量。从代码运行结果可以看出，每一个字段名后面的数字都是 0，说明我们的数据框中任何一列都不包含空值。这里也鼓励读者向 ChatGPT 提问，获得关于 isnull() 方法的更多信息。

2.3.5　数据预处理

在确认了数据框中没有重复值和空值后，我们还可以对数据进一步进行处理。以 ChatGPT 给出的代码为例，如下所示。

```
# 对数据进行标准化处理
from sklearn.preprocessing import StandardScaler
scaler = StandardScaler()
df.iloc[:,1:] = scaler.fit_transform(df.iloc[:,1:])
```

在这段代码中，我们使用了 scikit-learn（简称为“sklearn”）中的 StandardScaler 对数据进行了标准化处理。这是很常用的数据处理方法。下面我们让 ChatGPT 讲解一下这个知识点。在 ChatGPT 对话框中输入“什么是数据标准化处理”，会得到如下答复。

ChatGPT 数据标准化是一种常见的数据预处理技术，用于将不同尺度和单位的数据转换为具有统一尺度和单位的标准化数据。它通常通过将原始数据按照一定的比例缩放和平移，将数据转换为均值为 0、标准差为 1 的标准正态分布，或者将数据转换为 0 到 1 之间的归一化数据。数据标准化处理的目的是消除数据间的量纲影响，使不同变量之间具有可比性和可解释性，同时也可以提高某些机器学习算法的性能和稳定性。数据标准化处理常用的方法包括 Z-score 标准化、Min-max 标准化、小数定标标准化等。

我们可以这样理解 ChatGPT 给出的答复：我们的数据中有两个特征，其中一个特征的范围为 0 ~ 1，而另一个特征的范围为 0 ~ 100000。在这种情况下，模型可能会认为第二个特征更加重要。为了消除这种量纲不同带来的差异，我们就需要使用标准化的方法对数据进行预处理。

在上面的代码中，我们使用了 scikit-learn 中的 StandardScaler 对数据进行标准化处理。我们还可以让 ChatGPT “介绍 scikit-learn 中的 StandardScaler”，ChatGPT 给出的答复如下。

ChatGPT StandardScaler 是 scikit-learn 中的一个数据预处理类，用于对数据进行标准化处理。它可以通过将每个特征的值减去该特征的均值，然后除以该特征的标准差，将数据转换为均值为 0、方差为 1 的标准正态分布。标准化处理可以消除不同特征之间的量纲差异，避免某些特征对模型的影响过大或过小，提高模型的准确性和鲁棒性。在使用 StandardScaler 时，需要先用 fit() 方法对数据进行拟合，然后再用 transform() 方法对数据进行转换。StandardScaler 还可以用于交叉验证和管道等机器学习任务中，以便对数据进行预处理和特征提取。

从上面的答复可知，StandardScaler 的原理是通过一系列的计算，将数据转换成均值为 0、方差为 1 的标准正态分布。这样一来，不同特征因为量纲差异给模型带来的影响就可以消除了。

2.3.6 数据可视化

接下来，我们再来看一下 ChatGPT 给出的数据可视化代码——它先用 pairplot 绘制图形，展示特征之间的关系。这部分代码如下。

```
# 对数据进行可视化分析
sns.pairplot(df.iloc[:,:3], hue=None, diag_kind='hist')
plt.show()
```

温馨提示

为了方便展示，此处对 ChatGPT 给出的代码进行了修改，在图形中只保留了 3 个字段。读者在试验时，可以绘制完整的图形进行观察。

运行上面的代码，得到如图 2-3 所示的结果。

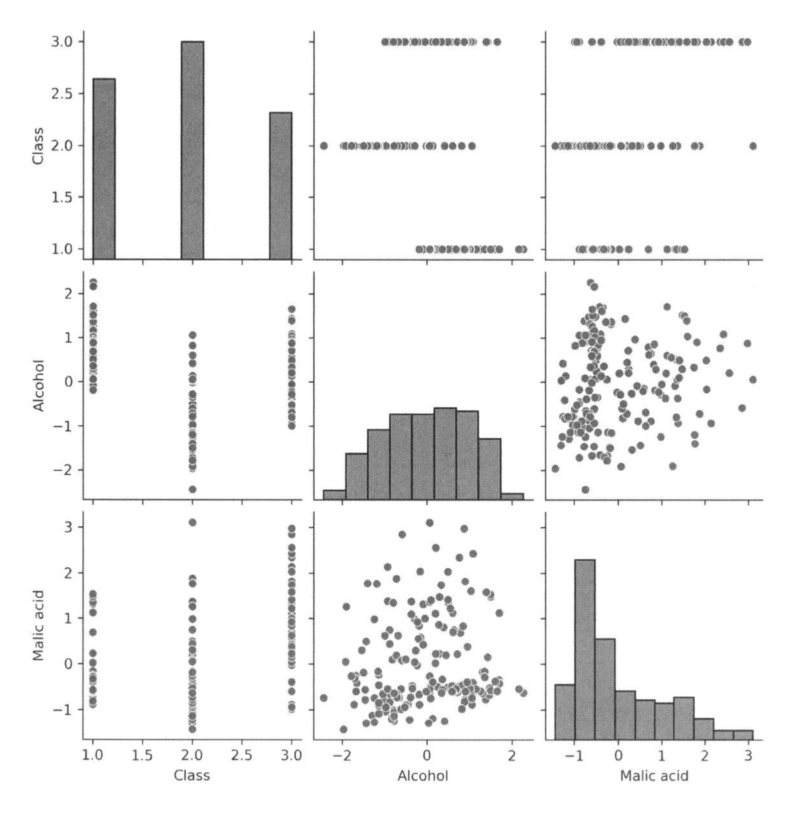

图 2-3　根据 ChatGPT 给出的代码绘制 pairplot

初次接触数据分析、数据科学的读者，可能对 pairplot 还不太熟悉。不用担心，我们可以求助 ChatGPT。在 ChatGPT 对话框中输入“什么是 pairplot”，会看到 ChatGPT 给出如下答复。

ChatGPT 在 Seaborn 中，pairplot 是一个用于绘制变量之间关系的图表类型，它可以用于绘制数据集中所有数值型变量之间的两两关系，同时在对角线上绘制变量的直方图或密度估计。它可以帮助我们快速探索数据集中不同变量之间的相关性和分布情况，从而帮助我们选择最相关的特征和变量进行进一步的数据分析和建模。pairplot 支持多种绘图样式和参数设置，可以根据数据集的特点和分析目的进行个性化定制，非常适用于数据探索和分析工作。

从上面的答复中可以看到，pairplot 主要反映了变量之间的关系。在图 2-3 中，我们可以看到从左上至右下的对角线上的图形是用直方图描述了各个特征的分布情况；而其他图形则是用散点图描述两个特征之间的关系。以第 2 行第 1 列的散点图为例，它反映的是 3 种不同类型（Class）的酒的酒精含量分布情况。

除此之外，ChatGPT 还给出了绘制 countplot 的代码，这部分代码我们也稍微修改一下再运行。修改后的代码如下。

```
plt.figure(figsize = (15, 9))
sns.countplot(x = df['Class'])
```

```
plt.show()
```

需要说明的是，在上面的代码中，我们先添加了一行设置图像大小的代码；然后，我们让程序只绘制名为“Class”的字段。这是因为我们希望了解在所有的样本中，不同类型的样本各有多少。运行代码，会得到如图 2-4 所示的结果。

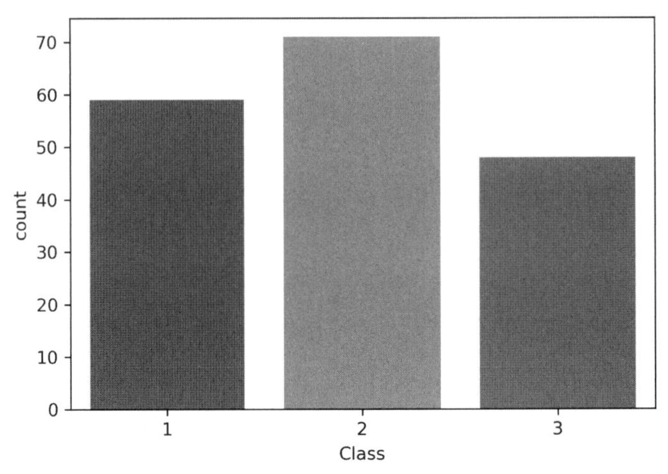

图 2-4　根据 ChatGPT 给出的代码绘制 countplot

从图 2-4 中可以看到，使用 countplot 可以很直观地了解不同种类的酒的数量分布情况。类型标签为“1”的酒样本数量为 60 个左右，类型标签为“2”的酒样本数量为 70 个左右，而类型标签为“3”的酒样本数量为 50 个左右。

countplot 是非常容易理解的绘图方式，这里我们不再赘述它的基本概念。感兴趣的读者可以自行向 ChatGPT 提问，获得更加详细的介绍。

2.3.7　查看数据的统计信息

前文中 ChatGPT 告诉过我们，探索性数据分析中还有一个重要的步骤——统计分析。在 ChatGPT 生成的代码中，也包含了这部分的功能。下面我们就一起研究一下。首先使用 describe() 方法查看样本特征的统计信息，为了方便展示，这里也修改了代码。

```
# 对数据进行统计分析
df.iloc[:, :4].describe()
```

运行代码，可以得到如表 2-2 所示的结果。

表 2-2　查看部分特征的统计信息

	Class	Alcohol	Malic acid	Ash
count	178.000000	1.780000e+02	1.780000e+02	1.780000e+02
mean	1.938202	-8.619821e-16	-8.357859e-17	-8.657245e-16

续表

	Class	Alcohol	Malic acid	Ash
std	0.775035	1.002821e+00	1.002821e+00	1.002821e+00
min	1.000000	−2.434235e+00	−1.432983e+00	−3.679162e+00
25%	1.000000	−7.882448e−01	−6.587486e−01	−5.721225e−01
50%	2.000000	6.099988e−02	−4.231120e−01	−2.382132e−02
75%	3.000000	8.361286e−01	6.697929e−01	6.981085e−01
max	3.000000	2.259772e+00	3.109192e+00	3.156325e+00

从表 2-2 中可以清楚地看到describe()方法所返回的信息。其中包括该特征的数量（count）、均值（mean）、标准差（std）、最小值（min）、下四分位数（25%）、中位数（50%）、上四分位数（75%）及最大值（max）。

温馨提示

在表 2-2 中，除 Class 这一列以外，其他特征都使用了科学记数法。例如，−8.619821e−16 表示 $-8.619821 \times 10^{-16}$。

除了使用describe()方法查看数据的统计学描述，ChatGPT还使用了corr()方法显示各特征之间的相关性。这里同样修改了代码，只展示部分特征的相关性。

```
df.iloc[:, :3].corr()
```

运行这行代码，会得到如表 2-3 所示的结果。

表 2-3　部分特征的相关性分析

	Class	Alcohol	Malic acid
Class	1.000000	−0.328222	0.437776
Alcohol	−0.328222	1.000000	0.094397
Malic acid	0.437776	0.094397	1.000000

这里我们选取了 3 个特征进行相关性分析，表 2-3 中显示了各个特征之间的相关系数，值在 −1 到 1 之间，值越接近 1，说明两个特征越呈现正相关；反之，值越接近 −1，说明两个特征越呈现负相关；而如果值接近 0，说明两个特征之间几乎没有相关性。

继续看ChatGPT生成的代码，会发现它在最后还使用ttest_ind函数对样本进行了t检验。这是一个统计学中的概念，对统计学不是很熟悉的读者可以在ChatGPT对话框中提问“ttest_ind是什么”，会得到如下答复。

ChatGPT ttest_ind是一个用于执行两个独立样本t检验的函数。ttest_ind函数可以用于比较两个独立样本的平均值是否显著不同，通常用于检验两组数据是否具有显著差异。在执行t检验时，ttest_ind函数需要输入两个独立样本的数据数组，可以选择是否假定两组数据具有相等的方差，还可以设置是否使用双侧或单侧检验。函数的返回值包括t值、p值和自由度等统计量，可以根据p值判断两组数据是否存在显著差异。ttest_ind函数是scipy.stats模块中的一个函数，常用于统计分析和机器学习等领域中。

简单了解了t检验的概念后，我们可以尝试修改代码并运行。修改后的代码如下。

```
from scipy.stats import ttest_ind
print(ttest_ind(df.loc[df['Class'] == 1, 'Alcohol'], df.loc[df['Class'] == 2,
'Alcohol']))
```

在这段代码中，我们先在scipy.stats模块中导入ttest_ind函数，然后对类型标签为“1”的酒的酒精含量和类型标签为“2”的酒的酒精含量进行t检验。运行代码，会得到如下结果。

```
Ttest_indResult(statistic=16.478551495156488, pvalue=1.9551698789383382e-33)
```

从ttest_ind函数返回的结果来看，t检验的p值（p-value）为1.955×10^{-33}，这个值远远小于0.05。那么p值的含义是什么呢？我们在ChatGPT对话框中输入“t检验中的p值”，会得到如下答复。

ChatGPT 在统计学中，p值是指当原假设为真时，得到样本统计量或更极端情况的概率。在t检验中，p值表示两组数据在t分布下得到的双侧或单侧检验概率，即当原假设为真时，得到样本差异或更极端差异的概率。p值越小，说明两组数据的差异越显著，通常将p值小于等于0.05的结果视为显著差异，拒绝原假设；而当p值大于0.05时，结果被认为不具有显著差异，接受原假设。p值的大小还受样本大小、显著水平和方差等因素的影响，需要综合考虑。在实际应用中，p值通常是判断统计检验结果是否显著的重要指标之一。

从ChatGPT的答复中我们获知，p值越小，说明两组数据的差异越显著；反之说明两组数据不具有显著差异。在本例中，p值远远小于0.05，说明类型标签为“1”的酒与类型标签为“2”的酒的酒精含量是存在显著差异的。

2.4 试试训练一下模型

在2.3节中，我们已经掌握探索性数据分析的一般流程和基本方法。值得一提的是，Wine酒数据集的数据质量还是比较好的——既没有缺失值，也没有重复值，为我们省去了很多数据预处理的工作。下面我们就可以进行模型训练的工作。

2.4.1　让ChatGPT给出示例代码

同样，我们让ChatGPT先把代码写出来。在ChatGPT对话框中输入“使用wine.data训练模型”，可以看到ChatGPT给出如下答复。

ChatGPT 使用wine.data数据集进行建模，需要进行以下步骤。

导入必要的库：使用Pandas读取数据，使用scikit-learn进行数据预处理和建模。

```
import pandas as pd
from sklearn.model_selection import train_test_split
from sklearn.preprocessing import StandardScaler
from sklearn.linear_model import LogisticRegression
```

读取数据：使用Pandas读取wine.data文件，并设置列名。

```
columns = ['class', 'alcohol', 'malic_acid', 'ash', 'alcalinity_of_ash', 
'magnesium',
            'total_phenols', 'flavanoids', 'nonflavanoid_phenols', 
'proanthocyanins',
         'color_intensity', 'hue', 'od280/od315_of_diluted_wines', 'proline']
data = pd.read_csv('wine.data', header=None, names=columns)
```

数据预处理：将数据集分为特征和标签，并使用StandardScaler进行数据标准化。

```
X = data.drop('class', axis=1)
y = data['class']
scaler = StandardScaler()
X_scaled = scaler.fit_transform(X)
```

划分训练集和测试集：使用train_test_split函数划分训练集和测试集。

```
X_train, X_test, y_train, y_test = train_test_split(X_scaled, y, test_
size=0.2, random_state=42)
```

训练模型：使用LogisticRegression进行模型训练。

```
model = LogisticRegression()
model.fit(X_train, y_train)
```

模型评估：使用测试集进行模型评估。

```
accuracy = model.score(X_test, y_test)
print(f"Test Accuracy: {accuracy:.3f}")
```

这些步骤完成后，就可以得到模型的预测准确率。实际应用中，还需要根据具体问题和需求选择合适的模型和调整参数，进行模型优化和改进。

可以看到，ChatGPT给出了完整的模型训练代码。代码中有一部分和前面的代码是重复的，如读取数据、设置列名、数据标准化处理等。这部分重复的代码我们不再保留，重点研究有效的代码。

2.4.2 特征工程与数据集拆分

首先需要再导入一些需要的库，代码如下。

```
from sklearn.model_selection import train_test_split
from sklearn.linear_model import LogisticRegression
```

上面两行代码，导入了一个用于将数据集拆分为训练集和测试集的工具——train_test_split，以及一个用于分类任务的工具——LogisticRegression（一般翻译为“逻辑回归”）。接下来，我们根据ChatGPT的提示，把数据分为特征和标签，代码如下。

```
X = df.drop('Class', axis=1)
y = df['Class']
```

上面两行代码，将原数据集中的分类标签“Class”赋值给变量*y*，其他特征赋值给*X*（很多时候习惯用大写的*X*代表特征）。也就是说，我们要训练一个模型，让它学习根据每种酒的酒精浓度、苹果酸含量、灰分含量等特征，将其划入正确的分类中，也就是打上分类标签“1”“2”或“3”。

温馨提示

ChatGPT给出的代码中，重新读取了数据并创建了名为data的对象。但我们在前面读取数据时，创建的对象名为df，所以大家需要修改一下代码。

在做探索性数据分析的时候，我们已经对数据进行过标准化处理，因此可以略过标准化处理的代码，直接进行训练集和测试集的拆分。代码如下。

```
X_train, X_test, y_train, y_test = train_test_split(X, y, test_size=0.2,
random_state=42)
```

在上面的代码中，我们使用train_test_split工具将数据集拆分成训练集和测试集，通过指定test_size参数，限定测试集的样本数量占整体数量的20%。这样就可以使用80%的样本训练模型，并使用20%的样本验证模型的准确率了。

2.4.3 模型的训练与验证

完成上面的工作后，我们就可以正式开始模型的训练了。训练与验证模型的代码如下。

```
model = LogisticRegression()
```

```
model.fit(X_train, y_train)
accuracy = model.score(X_test, y_test)
print(f"Test Accuracy: {accuracy:.3f}")
```

在这段代码中，我们先创建了一个逻辑回归的模型，然后让该模型拟合训练集中的数据。训练完成后，我们使用score()方法在测试集中验证模型的准确率，并打印其结果。运行代码将得到如下的结果。

```
Test Accuracy: 1.000
```

从程序返回的结果来看，我们训练的模型在测试集中获得了100%的准确率。也就是说，通过训练集的学习，模型可以把测试集中每一个样本都划分到正确的分类当中。如果读者也得到了同样的结果，那么恭喜你，在机器学习领域取得了“开门红”的好成绩！

温馨提示

对于初学者来说，上面的代码中还涉及一些没有讲过的知识（如什么是逻辑回归等），本章只是为了给大家介绍一个小型机器学习项目的整体流程，在后面的章节中会对具体知识详细展开讲解。

2.5 习题

通过对本章的学习，相信很多读者已经跃跃欲试，想要亲自动手尝试。下面给大家安排一些习题。

（1）在ChatGPT的帮助下，寻找并下载一个你喜欢的数据集。

（2）在Jupyter Notebook中载入并读取你下载的数据集。

（3）查看你的数据集的格式，有多少行和列。

（4）检查一下你的数据集中是否有重复值与缺失值。

（5）向ChatGPT提问，弄清楚Seaborn的pairplot中，参数hue有什么作用。

（6）在ChatGPT的帮助下，选择你的数据集中的某个特征，绘制直方图。

（7）查看你的数据集中各个特征的统计信息。

（8）对你的数据集中的样本数据进行t检验。

第3章 让ChatGPT带我们玩转线性模型

本章导读

在第 2 章中，ChatGPT帮助我们找到一些适合学习的小型数据集，并在Jupyter Notebook中进行了有趣的试验。通过试验，我们一起学习了探索性数据分析的一般步骤，以及一些简单的实施方法。在ChatGPT的帮助下，我们使用一个简单的线性模型完成了一个小型分类任务，并获得了 100%准确率的成绩。在本章中，我们将深入研究机器学习中的线性模型。

知识要点

通过对本章内容的学习，您将掌握以下知识：

- 线性模型的基本概念。
- 线性回归的原理。
- 梯度下降算法的原理及实现。
- 用于分类任务的线性模型。
- 正则化的概念与使用正则化的线性模型。

3.1 让ChatGPT告诉我们什么是线性模型

为了弄清楚什么是线性模型，我们可以在ChatGPT对话框中输入“什么是线性模型”，会得到如下答复。

ChatGPT 线性模型是一种用于建立输入变量与输出变量之间线性关系的统计模型。该模型的基本形式是一个线性方程，其中输出变量是输入变量的线性组合加上一个常数项。线性模型可以用于回归和分类问题，并且被广泛应用于统计学、机器学习和数据科学等领域。

常见的线性模型包括以下几种。

1. 线性回归模型：用于预测连续型输出变量的值。
2. 逻辑回归模型：用于预测二元分类问题的输出变量的值。
3. 多项式回归模型：用于拟合高阶多项式函数的回归模型。
4. 岭回归模型：用于处理多重共线性问题的回归模型。
5. Lasso 回归模型：用于进行特征选择和稀疏化的回归模型。
6. 线性判别分析模型：用于进行多类别分类的模型。

线性模型具有许多优点，如可解释性强、计算效率高等，但它们通常不适合用于非线性问题。

从初学者的视角看ChatGPT的答复，会觉得有些抽象。接下来我们就通过一些实例学习常用的线性模型。

3.1.1　用简单的例子理解线性回归

为了能够更好地理解线性回归的原理，我们可以要求ChatGPT提供一个示例代码。在ChatGPT对话框中输入“线性模型的Python示例代码”，会看到ChatGPT给出的答复如下。

ChatGPT 下面是一个使用 Python 实现线性回归模型的示例代码。

```
# 导入所需的库
import numpy as np
import matplotlib.pyplot as plt
from sklearn.linear_model import LinearRegression

# 准备数据
x = np.array([1, 2, 3, 4, 5]).reshape((-1, 1))
y = np.array([2, 3, 5, 6, 8])

# 创建模型对象并拟合数据
model = LinearRegression()
model.fit(x, y)

# 预测新数据并输出结果
x_new = np.array([6]).reshape((-1, 1))
y_new = model.predict(x_new)
print(y_new)

# 绘制回归线和数据点
plt.scatter(x, y)
plt.plot(x, model.predict(x), color='red')
```

```
plt.show()
```

这段代码首先使用NumPy库准备了一组输入变量和输出变量，然后使用scikit-learn库中的LinearRegression类创建了一个线性回归模型对象，并使用fit()方法拟合了数据。接下来，使用predict()方法预测了一个新的输入变量，并输出了其对应的输出变量。最后，使用Matplotlib库绘制了回归线和原始数据点的散点图。

接下来，我们可以在Jupyter Notebook中新建一个Notebook文件，把ChatGPT生成的代码粘贴到单元格中并尝试运行。

下面我们逐步分析每段代码分别起什么作用。

```
# 导入所需的库
import numpy as np
import matplotlib.pyplot as plt
from sklearn.linear_model import LinearRegression
```

上面这段代码导入了用于科学计算的NumPy库和绘制图像的Matplotlib库，同时还导入了在机器学习中非常常用的scikit-learn库中的线性回归模型LinearRegression。接下来的这段代码使用NumPy库生成了演示数据。

```
# 准备数据
x = np.array([1, 2, 3, 4, 5]).reshape((-1, 1))
y = np.array([2, 3, 5, 6, 8])
```

上面这段代码使用NumPy库的array函数生成了两个数组。其中作为特征的数组以x命名，作为目标值的数组以y命名。reshape()方法用于改变数组的形态。(-1,1)表示将数组转化为任意行，但只有 1 列的形态。

准备好数据后，我们可以尝试使用线性回归模型对数据进行拟合，也就是下面这段代码的作用。

```
# 创建模型对象并拟合数据
model = LinearRegression()
model.fit(x, y)
```

运行上面的代码，模型会在一瞬间完成拟合，接下来就可以调用模型对新样本进行预测了。例如，新样本的x值是 6，模型可以对它的y值进行预测，代码如下。

```
# 预测新数据并输出结果
x_new = np.array([6]).reshape((-1, 1))
y_new = model.predict(x_new)
print(y_new)
```

运行这段代码可以得到如下的结果。

```
[9.3]
```

从代码的运行结果可以看到，模型成功地对新样本的y值进行了预测。当新样本的x值为 6 时，模型预测出其y值为 9.3。ChatGPT 给出的代码还用图像直观地展示了模型的原理。

```
# 绘制回归线和数据点
plt.figure(figsize=(9,6))# 这里添加一行控制图像大小的代码
plt.scatter(x, y)
plt.plot(x, model.predict(x), color='red')
plt.show()
```

在这里，我们单独添加了一行用于控制图像大小的代码。同时使用Matplotlib库的scatter()函数绘制散点图，plot()函数绘制折线图。运行代码会得到如图 3-1 所示的结果。

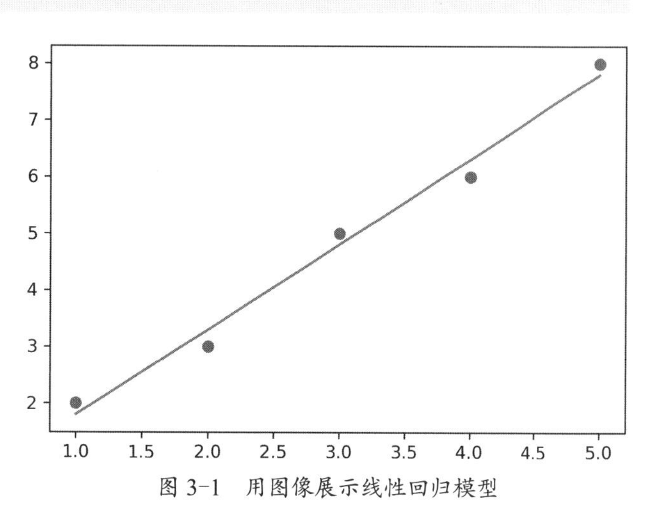

图 3-1　用图像展示线性回归模型

在图 3-1 中，圆点是使用NumPy库生成的样本数据。例如，左下角的圆点就是我们生成的第一个样本，其x值等于 1，y值等于 2，以此类推。而图中的直线就是根据生成的样本拟合的线性回归模型。这条直线也很好地解释了“线性回归”名字的由来。

3.1.2　简单介绍线性回归的原理

在直观了解了线性回归模型后，我们还可以让ChatGPT介绍一下线性回归的原理。在ChatGPT对话框中输入“简单介绍线性回归的原理，不要Markdown格式”。这里我们强调让ChatGPT不要返回Markdown格式的文本，是为了让答复中不出现一些奇怪的符号。发送我们的要求，会得到如下答复。

ChatGPT 线性回归是一种常见的机器学习算法，用于建立一个输入变量与输出变量之间的线性关系模型。其基本原理是通过找到最优的线性函数拟合已知数据的输入、输出关系。具体而言，线性回归通过最小化预测值与实际值之间的平方误差，找到最优的系数值，从而建立一个能够描述输入变量与输出变量之间线性关系的模型。该模型可以用于预测新的输入变量对应的输出变量。

线性回归模型可以表示为 $Y = b_0 + b_1 * X_1 + b_2 * X_2 + \cdots + b_n * X_n + \varepsilon$

其中，Y是输出变量，$X_1, X_2, \cdots, X_n$是输入变量，$b_0, b_1, b_2, \cdots, b_n$是系数，$\varepsilon$是误差项。该模型通过寻找最优的系数值使预测值与实际值之间的平方误差最小。线性回归可以使用梯度下降等优化算法找到最优的系数值，从而得到一个可用于预测新的输出变量的模型。

结合ChatGPT的答复，我们可以更好地理解上面的示例。在本例中，我们的模型只有一个输入变量x，因此公式就可以表示为

$$y = bx + \varepsilon$$

大家也许发现了，这其实就是一个直线方程。而模型在拟合的过程中，就是要找到最佳的系数b（对应直线的斜率）和误差项ε（对应直线的截距）。如果要查看这条直线的斜率和截距，我们可以让ChatGPT给我们示例。在ChatGPT对话框中输入"查看线性回归参数的Python代码"，会得到如下答复。

ChatGPT 以下是使用Python的scikit-learn库中线性回归模型的参数查看代码。

```
from sklearn.linear_model import LinearRegression

# 创建一个线性回归模型
model = LinearRegression()

# 假设我们有一些样本数据X和目标数据y
X = [[0, 1], [2, 3], [4, 5]]
y = [1, 2, 3]

# 使用样本数据和目标数据来训练模型
model.fit(X, y)

# 查看模型的系数和截距
print("Coefficients: ", model.coef_)
print("Intercept: ", model.intercept_)
```

在上面的代码中，我们首先导入scikit-learn库中的LinearRegression类；然后创建了一个名为model的线性回归模型对象；接下来用一些样本数据X和目标数据y训练模型；最后使用coef_和intercept_属性查看模型的系数和截距。其中，coef_属性存储了模型的系数值，intercept_属性存储了模型的截距。

从ChatGPT给出的代码可以看到，要查看线性回归模型的参数，只要使用模型的coef_属性和intercept_属性即可。我们在前面的例子中已经完成模型的拟合，因此只需要使用下面这两行代码即可。

```
# 查看模型的系数和截距
print("Coefficients: ", model.coef_)
print("Intercept: ", model.intercept_)
```

把这两行代码粘贴到Jupyter Notebook中并运行，可以得到如下结果。

```
Coefficients:  [1.5]
Intercept:  0.29999999999999805
```

从上面的代码可以看到，我们训练的线性回归模型方程大致可以表示为$y = 1.5x + 0.3$。因此当我们给出x值为 6 时，模型就可以计算出y值为 $1.5 \times 6 + 0.3 = 9.3$。当然，如果我们有多个输入变量，模型就不再是一条直线，而是一个超平面了。

3.1.3　什么是梯度下降

看到这里，可能有些读者会问：模型是如何确定最优的斜率和截距的呢？根据前面ChatGPT的答复，我们得知线性回归可以使用梯度下降等优化算法找到最优的系数值。那么，梯度下降是什么意思呢？这个问题我们也交给ChatGPT来回答。在ChatGPT对话框中输入“什么是梯度下降”，会得到如下答复。

ChatGPT 梯度下降（Gradient Descent）是一种优化算法，用于最小化某个函数的值，这个函数通常被称为损失函数（Loss Function）。在机器学习和深度学习中，梯度下降被广泛应用于模型训练中，通过不断地调整模型参数，使损失函数的值逐渐降低，最终得到一个较优的模型。

梯度下降的基本思想是，通过计算损失函数对于模型参数的偏导数（梯度），沿着梯度的反方向更新模型参数，使损失函数的值不断降低。这个过程可以用数学公式表示为

$$\theta = \theta - \alpha \nabla J(\theta)$$

其中，θ表示模型参数，$J(\theta)$表示损失函数，$\nabla J(\theta)$表示损失函数对于θ的梯度，α表示学习率，即每次更新参数的步长大小。

梯度下降有两种主要的实现方式，分别是批量梯度下降（Batch Gradient Descent）和随机梯度下降（Stochastic Gradient Descent）。批量梯度下降每次更新模型参数时使用所有训练样本的梯度，因此计算量较大，但更新方向较为准确，可以保证收敛到全局最优解。而随机梯度下降每次更新模型参数时仅使用一个训练样本的梯度，因此计算量较小，但更新方向较为不准确，可能会收敛局部最优解。

除了批量梯度下降和随机梯度下降，还有一种折中的方式，称为小批量梯度下降（Mini-batch Gradient Descent），它每次更新模型参数时使用一小批训练样本的梯度，既可以保证更新方向比随机梯度下降更准确，又可以减少计算量，是目前最常用的梯度下降算法之一。

接下来还可以让ChatGPT用示例代码帮助我们更好地理解梯度下降的概念。在ChatGPT对话框中输入“用Python代码演示线性回归中的梯度下降”，可以得到如下答复。

ChatGPT 下面是一个使用梯度下降算法进行线性回归的 Python 代码演示。

```
import numpy as np
import matplotlib.pyplot as plt
# 构造数据
```

```
x = np.linspace(0, 10, num=100)
y = 2 * x + 1 + np.random.normal(0, 1, size=100)

# 定义损失函数
def loss_function(theta, x, y):
    y_pred = np.dot(x, theta)
    return np.mean((y_pred - y) ** 2)

# 定义梯度函数
def gradient(theta, x, y):
    y_pred = np.dot(x, theta)
    error = y_pred - y
    return np.dot(error, x) / len(y)

# 初始化模型参数
theta = np.zeros(2)

# 设置学习率和迭代次数
learning_rate = 0.01
n_iterations = 1000

# 执行梯度下降算法
for i in range(n_iterations):
    grad = gradient(theta, np.column_stack((np.ones(len(x)), x)), y)
    theta -= learning_rate * grad
    loss = loss_function(theta, np.column_stack((np.ones(len(x)), x)), y)
    if i % 100 == 0:
        print(f"Iteration {i}: loss = {loss}, theta = {theta}")

# 绘制结果
plt.scatter(x, y)
plt.plot(x, np.dot(np.column_stack((np.ones(len(x)), x)), theta),
color='red')
plt.show()
```

这段代码生成了一些随机的线性数据，然后使用梯度下降算法训练线性回归模型，并绘制了数据散点图和拟合的直线。在代码中，我们首先定义了损失函数和梯度函数，然后初始化模型参数，设置学习率和迭代次数，最后执行了梯度下降算法的循环过程。在每次循环中，我们计算损失函数和梯度，并使用学习率和梯度更新模型参数。最终，我们得到了最优的模型参数，并使用这些参数绘制了拟合的直线。

下面我们把代码粘贴到 Jupyter Notebook 中，并分段运行。首先是构造数据的部分。

```
# 构造数据
x = np.linspace(0, 10, num=100)
y = 2 * x + 1 + np.random.normal(0, 1, size=100)
```

在这段代码中，先使用 NumPy 库的 linspace() 生成了范围为 0 ~ 10，数量为 100 的等差数列，作为样本的输入变量。然后将符合正态分布的随机数作为噪声添加到输出变量 y。

接下来是定义损失函数和梯度函数的代码。

```
# 定义损失函数
def loss_function(theta, x, y):
    y_pred = np.dot(x, theta)
    return np.mean((y_pred - y) ** 2)
# 定义梯度函数
def gradient(theta, x, y):
    y_pred = np.dot(x, theta)
    error = y_pred - y
    return np.dot(error, x) / len(y)
```

上面的代码先将输入变量 x 与参数矩阵 theta 相乘，得到输出变量 y 的预测值 y_pred，再用全部预测值 y_pred 与真实值 y 的差的平方求均值，得到损失函数的值。然后用预测值 y_pred 和真实值 y 的差与输入变量 x 进行矩阵相乘，再除以样本的数量，得到梯度函数的值。

下面就可以用损失函数和梯度函数执行梯度下降算法了。

```
# 初始化模型参数
theta = np.zeros(2)

# 设置学习率和迭代次数
learning_rate = 0.01
n_iterations = 1000

# 执行梯度下降算法
for i in range(n_iterations):
    grad = gradient(theta, np.column_stack((np.ones(len(x)), x)), y)
    theta -= learning_rate * grad
    loss = loss_function(theta, np.column_stack((np.ones(len(x)), x)), y)
    if i % 100 == 0:
        print(f"Iteration {i}: loss = {loss}, theta = {theta}")
```

上面的代码使用 NumPy 库的 zero() 指定初始的参数 theta 为 0，然后设置迭代次数为 1000 次，每次迭代都根据损失函数和学习率更新参数，并且让程序每经过 100 次迭代就打印模型的损失函数和最新的参数。运行代码，可以得到如下结果。

```
Iteration 0: loss = 69.23889807204777, theta = [0.111761   0.72567837]
Iteration 100: loss = 1.1006548727214192, theta = [0.55028868 2.0848709 ]
Iteration 200: loss = 1.0351641391397963, theta = [0.72888666 2.05801688]
Iteration 300: loss = 0.9953232623261692, theta = [0.86818665 2.03707171]
Iteration 400: loss = 0.9710863149219939, theta = [0.97683561 2.02073523]
Iteration 500: loss = 0.956341920057876, theta = [1.06157788 2.00799336]
Iteration 600: loss = 0.9473722599648091, theta = [1.1276738  1.99805517]
Iteration 700: loss = 0.9419156235326853, theta = [1.17922623 1.99030374]
Iteration 800: loss = 0.9385961130001291, theta = [1.21943526 1.9842579 ]
Iteration 900: loss = 0.9365767095979018, theta = [1.25079686 1.97954236]
```

从代码运行的结果中可以看到，模型最初的损失函数约为 69.2；而经过 100 次迭代后，损失函数降低到约 1.1，此时的参数也变成了[0.55028868 2.0848709]；此后损失函数不断降低，经过 900 次迭代后，损失函数降低到约 0.9，而此时的参数已经更新为[1.25079686 1.97954236]。

最后，ChatGPT 还用可视化的方式展示了最终的模型。

```
# 绘制结果
plt.figure(figsize = (9,6))# 添加控制图像大小的代码
plt.scatter(x, y)
plt.plot(x, np.dot(np.column_stack((np.ones(len(x)), x)), theta), color='red')
plt.show()
```

运行代码，可以得到如图 3-2 所示的结果。

这次我们没有使用 scikit-learn 库中内置的线性回归模型，而是通过自己定义损失函数和梯度函数的方式，使用梯度下降算法拟合一个线性回归模型。图 3-2 中的圆点是我们构造的样本数据，而直线是经过若干次迭代后，梯度下降算法找到的对数据拟合最好的线性回归模型。这个过程很好地解释了线性回归模型是如何找到最优参数组合的。

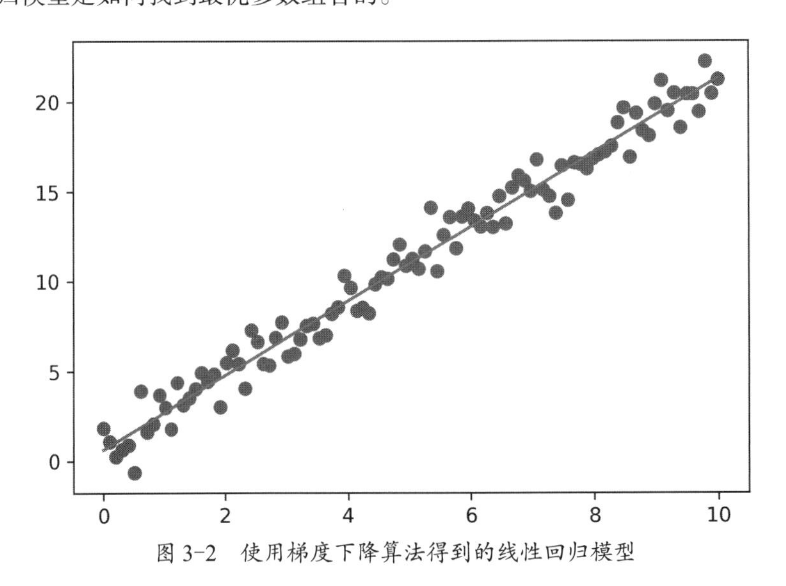

图 3-2　使用梯度下降算法得到的线性回归模型

温馨提示

上面的代码主要是为了帮助大家理解线性回归模型通过梯度下降算法找到最优参数的过程。如果初学者在阅读代码的过程中感觉吃力也不要紧张，这部分代码并不要求大家掌握。

3.2 线性模型也可以用于分类

通过 3.1 节的学习，我们已经了解了线性回归模型的基本知识。3.1 节的示例是一个非常简单的回归任务，模型输入的是连续型数值。但线性模型的能力并不止于此，ChatGPT 介绍了两种可以用于分类任务的线性模型——逻辑回归和线性判别分析。下面我们就以逻辑回归为例，研究一下线性模型是如何用于分类任务的。

3.2.1 简要介绍逻辑回归

要学习逻辑回归的相关知识，我们可以让 ChatGPT 先给我们介绍一些基本概念。在对话框中输入“简要介绍逻辑回归”，会得到如下答复。

ChatGPT 逻辑回归是一种广泛使用的统计分析方法，通常用于二元分类问题，即将数据分为两个类别（如是/否、真/假等）。逻辑回归基于线性回归模型，但其输出是一个介于 0 和 1 之间的概率值，表示属于某一类的可能性。逻辑回归通过将线性函数的输出映射到概率范围实现这一点。

逻辑回归的主要思想是将输入特征与一组权重相乘，并通过一个名为 Sigmoid 函数的激活函数将结果映射到 0 和 1 之间。在训练过程中，我们优化这些权重以最大化模型对观测数据的似然性。具体来说，我们最小化交叉熵损失函数，该损失函数测量了模型输出的概率与实际标签之间的差异。

逻辑回归具有许多应用，如广告点击预测、信用评分和疾病诊断等。由于简单且有效，逻辑回归已成为机器学习和数据科学中最常用的算法之一。

在上面的答复中，ChatGPT 告诉我们：逻辑回归是基于线性回归的模型，并通过 Sigmoid 函数将结果映射到 0 和 1 之间。为了弄清楚 Sigmoid 函数是什么，我们可以进一步提问。在 ChatGPT 对话框中输入“用 Python 代码演示 Sigmoid 函数，需要可视化，不需要 Markdown 格式”，ChatGPT 会给出如下答复。

ChatGPT 以下是 Python 代码演示的 Sigmoid 函数，以及其可视化曲线。

```
import numpy as np
import matplotlib.pyplot as plt

# 定义Sigmoid函数
def sigmoid(x):
    return 1 / (1 + np.exp(-x))
```

```
# 生成一些随机数据
x = np.linspace(-10, 10, 100)
y = sigmoid(x)

# 绘制Sigmoid函数曲线
plt.plot(x, y)
plt.xlabel('x')
plt.ylabel('sigmoid(x)')
plt.title('Sigmoid Function')
plt.show()
```

该代码使用NumPy库生成100个从-10到10的均匀分布的数据点，并将它们传递给Sigmoid函数以计算对应的y值。然后，使用Matplotlib库将x和y数据点绘制成Sigmoid函数的曲线。

接下来，我们把ChatGPT写的代码粘贴到Jupyter Notebook中，并分段运行。由于我们在Jupyter Notebook中已经导入NumPy库和Matplotlib库，可以忽略这两行代码，直接从下面的代码开始。

```
# 定义 Sigmoid 函数
def sigmoid(x):
    return 1 / (1 + np.exp(-x))
```

上面的代码用于定义一个名为Sigmoid的函数，从代码中我们可以看到，Sigmoid函数的计算公式为

$$\mathrm{Sigmoid}(x)=\frac{1}{1+\mathrm{e}^{-x}}$$

定义好函数后，我们再用下面的代码生成一些数据，并用Sigmoid函数将它们进行转化。

```
# 生成一些随机数据
x = np.linspace(-10, 10, 100)
y = sigmoid(x)

# 绘制 Sigmoid 函数曲线
plt.figure(figsize = (9,6))# 指定图像大小
plt.plot(x, y)
plt.xlabel('x')
plt.ylabel('sigmoid(x)')
plt.title('Sigmoid Function')
plt.show()
```

运行上面的代码，我们会得到如图3-3所示的结果。

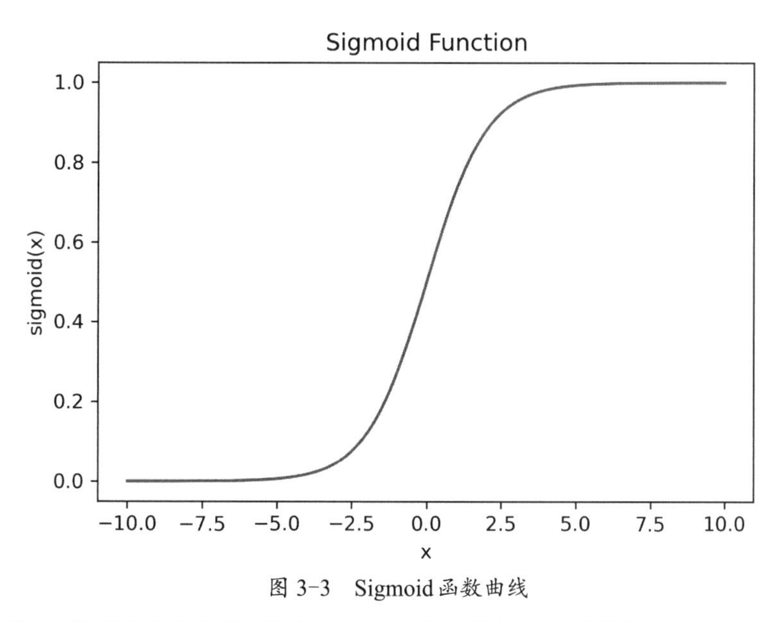

图 3-3　Sigmoid 函数曲线

从图 3-3 可知，代码生成的数据 x 是在 -10 到 10 之间均匀分布的数据，经过 Sigmoid 函数的转化，被映射到 0 到 1 之间。这样我们就可以把转化后数值大于 0.5 的样本归为一类，而小于 0.5 的样本归为另一类，也就完成了二分类的任务。

3.2.2　用一个例子演示逻辑回归的用法

在第 2 章中，我们进行 Wine 酒数据集分类的演示时，就用到了逻辑回归模型。为了加深印象，我们可以要求 ChatGPT 再用一个更简单的例子演示逻辑回归的用法。在 ChatGPT 对话框中输入“用一个例子演示逻辑回归的用法，要用 Python 代码”，得到的答复如下。

ChatGPT 逻辑回归是一种广泛应用于分类问题的机器学习算法。下面是一个使用逻辑回归进行二分类的例子，代码使用 Python 语言和 scikit-learn 库实现。

假设我们有一个数据集，其中包含两个特征，即学生的考试成绩和学生是否被录取（1 表示录取，0 表示未录取）。我们的目标是通过学生的考试成绩预测他们是否会被录取。

首先，我们需要加载数据集，并将数据集划分为训练集和测试集。

```
import pandas as pd
from sklearn.model_selection import train_test_split

data = pd.read_csv('admission.csv')
X = data.iloc[:, :-1].values
y = data.iloc[:, -1].values

X_train, X_test, y_train, y_test = train_test_split(X, y, test_size=0.2,
random_state=0)
```

其次，我们使用scikit-learn库中的逻辑回归模型创建一个分类器，并使用训练集拟合该模型。

```
from sklearn.linear_model import LogisticRegression

classifier = LogisticRegression()
classifier.fit(X_train, y_train)
```

再次，我们可以使用测试集评估模型的性能，并计算模型的准确度。

```
y_pred = classifier.predict(X_test)

from sklearn.metrics import accuracy_score

accuracy = accuracy_score(y_test, y_pred)
print("Accuracy:", accuracy)
```

最后，我们可以使用模型对新的数据进行预测。

```
import numpy as np

new_data = np.array([[80, 1]])
prediction = classifier.predict(new_data)
print("Prediction:", prediction)
```

以上就是一个简单的逻辑回归的例子，展示了使用Python和scikit-learn库实现二分类问题的逻辑回归算法。

细心的读者可能会发现，上面的代码使用了一个名叫“admission.csv”的文件作为数据源，但是并没有给出这个文件的下载方式。我们追问ChatGPT“代码中的admission.csv在哪里下载”，得到如下答复。

ChatGPT 抱歉，我之前提到的 admission.csv 是一个示例数据集，实际上并不存在于互联网上的任何公共资源中。因此，如果您需要运行这个示例代码，需要创建一个自己的 admission.csv 文件。下面是一个 admission.csv 文件的示例。

```
ExamScore,Admitted
78,0
82,1
90,1
85,1
75,0
73,0
```

其中，第一列是考试成绩，第二列是是否被录取（1 表示录取，0 表示未录取）。您可以使用 Excel、Google Sheets 或其他类似的工具创建这个文件。创建完成后，将文件保存为 admission.csv，与示例代码文件放在同一个文件夹下即可运行。

从上面的答复中可以看出，"admission.csv" 并不是一个现成的数据集。ChatGPT 建议我们把它生成的示例数据复制下来，保存成 CSV 文件，再用代码读取。我们按照它的指示把示例数据保存好，然后运行代码。

```
data = pd.read_csv('admission.csv')
data # 这里我们加一行代码查看数据
```

运行代码，可以得到如表 3-1 所示的结果。

表 3-1 ChatGPT 给出的示例数据

ExamScore	Admitted
78	0
82	1
90	1
85	1
75	0
73	0

如果读者的操作没有问题，应该会获得和表 3-1 类似的结果。根据 ChatGPT 的介绍，第一列中的数据是学生的考试成绩，第二列中的数据表示这名学生是否被录取，1 表示录取，0 表示未录取。

准备好数据后，我们尝试进行模型的训练工作，使用的代码如下。

```
from sklearn.model_selection import train_test_split
X = data.iloc[:, :-1].values
y = data.iloc[:, -1].values

X_train, X_test, y_train, y_test = train_test_split(X, y, test_size=0.2,
random_state=0)

from sklearn.linear_model import LogisticRegression

classifier = LogisticRegression()
classifier.fit(X_train, y_train)
```

在上面的代码中，我们先用 scikit-learn 库中的数据集拆分工具将 20% 的样本拿出来作为测试集，以便验证模型的准确率；然后创建逻辑回归的实例，并进行训练。

训练完成后，我们可以进行模型验证，使用的代码如下。

```
y_pred = classifier.predict(X_test)

from sklearn.metrics import accuracy_score

accuracy = accuracy_score(y_test, y_pred)
print("Accuracy:", accuracy)
```

在上面的代码中，我们调用训练好的模型对测试集中的数据进行预测，再用accuracy_score进行评估。运行代码会得到下面的结果。

```
Accuracy: 1.0
```

通过对比模型预测值与真实值，程序返回了模型的准确率为 1.0，也就是 100% 预测准确。

此外，ChatGPT 给出的代码还包括调用模型对新样本进行预测的部分，代码如下。

```
new_data = np.array([[80]])# 这里修改了原代码
prediction = classifier.predict(new_data)
print("Prediction:", prediction)
```

上面的代码假设有一名学生的考试成绩为 80 分，让模型预测该名学生是否会被录取。运行代码，会得到下面的结果。

```
Prediction: [0]
```

根据模型的预测，虽然这名学生的考试成绩为 80 分，但预测的结果仍然是 0，也就是不会被录取。

3.2.3 逻辑回归预测的概率

前文中，我们假设有一名学生的考试成绩为 80 分，但模型依然预测他不会被录取。这是否说明这名学生完全没有机会被录取呢？其实也不一定，因为逻辑回归的预测方式是给出样本属于某个分类的概率。要理解这个概念，我们可以让 ChatGPT 给出解释。在 ChatGPT 对话框中输入“解释逻辑回归中的预测概率，并给出示例代码，不要公式”，会得到如下答复。

ChatGPT 逻辑回归是一种广泛应用于分类问题的机器学习算法。在逻辑回归中，预测概率是指一个给定的输入样本属于某一类别的概率。

例如，在一个二分类问题中，我们想要预测一个人是否患有某种疾病。我们可以使用逻辑回归模型预测这个人患病的概率。如果患病概率大于某个阈值，如 0.5，我们就可以将其分类为患病者；如果患病概率小于 0.5，我们就可以将其分类为健康者。

在代码实现中，通常使用scikit-learn库中的逻辑回归模型进行训练和预测。下面是一个简单的示例代码。

```
from sklearn.linear_model import LogisticRegression

# 创建逻辑回归模型
lr = LogisticRegression()

# 训练模型
lr.fit(X_train, y_train)

# 预测概率
y_pred_proba = lr.predict_proba(X_test)

# 输出预测概率
print(y_pred_proba)
```

在这个示例代码中，X_train和y_train是训练数据集，X_test是测试数据集。lr.fit()方法用于训练逻辑回归模型。lr.predict_proba()方法用于预测测试数据集中每个样本属于某个类别的概率。y_pred_proba是一个二维数组，其中每一行表示一个样本，每一列表示属于一个类别的概率。例如，y_pred_proba[0][0]表示第一个样本属于第一个类别的概率，y_pred_proba[0][1]表示第一个样本属于第二个类别的概率。

从上面的答复中可以看到，在scikit-learn库中，可以使用lr.predict_proba()方法查看逻辑回归模型预测的样本属于某个类别的概率。这里我们只用关键的代码再来看看这名同学被录取的概率，代码如下。

```
# 预测概率，修改一下对象名
y_pred_proba = classifier.predict_proba(new_data)

# 输出预测概率
print(y_pred_proba)
```

运行上面的代码，会得到以下结果。

```
[[0.50000003 0.49999997]]
```

虽然前文中逻辑回归模型给出的预测是该名学生不会被录取，但从这段代码的结果可以看到，模型预测这名学生不被录取的概率是 50.000003%，而被录取的概率是 49.999997%，也就是说并非完全没有机会。

3.3 什么是正则化

在第 1 章中，我们了解到机器学习模型面临的一个主要的挑战就是出现过拟合的现象。当然，线性模型也存在过拟合的风险。为了尽可能地解决这个问题，这一节我们就学习一下正则化技术。

3.3.1 什么是正则化

要了解正则化的基本概念，我们可以在ChatGPT对话框中输入“什么是正则化”，得到如下答复。

ChatGPT 正则化（Regularization）是机器学习中一种常用的方法，用于减小模型的过拟合风险，提高模型的泛化能力。过拟合是指模型在训练集上表现非常好，但在测试集上表现不佳的现象，可能是因为模型过于复杂，过度适应了训练集的噪声数据，而失去了对真实数据的泛化能力。

正则化通过在损失函数中增加正则化项（Regularization Term），对模型参数进行限制和约束，从而降低过拟合风险。正则化项一般为模型参数的平方和或绝对值之和，惩罚模型的复杂度，使模型更倾向于选择较为简单的参数值，避免过拟合。

常见的正则化方法包括L1 正则化和L2 正则化。L1 正则化通过增加模型参数的绝对值之和进行约束，能够产生稀疏性，即将一部分参数置为零，从而产生稀疏模型；L2 正则化通过增加模型参数的平方和进行约束，能够产生平滑性，即让参数值尽量接近零，从而产生平滑模型。在实际应用中，可以通过交叉验证等方法选择合适的正则化方法和参数，以获得更好的模型泛化能力和性能。

从上面的答复可以看到，正则化技术实际就是通过添加正则项约束模型的复杂度。那么有哪些线性模型使用了正则化技术呢？在ChatGPT对话框中输入“有哪些正则化线性模型”，会得到如下答复。

ChatGPT 正则化线性模型是指在线性模型的基础上，增加正则化项进行约束的模型。常见的正则化线性模型包括以下几种。

1. 岭回归（Ridge Regression）：在普通最小二乘法的基础上增加L2 正则化项，使模型参数更趋向于平滑，可以有效地降低过拟合风险。

2. Lasso 回归（Least Absolute Shrinkage and Selection Operator Regression）：在普通最小二乘法的基础上增加L1 正则化项，使模型参数更趋向于稀疏，即可以使一些特征对模型的贡献变为零，从而进行特征选择。

3. Elastic Net 回归：在普通最小二乘法的基础上同时增加L1 和L2 正则化项，综合了岭回归和Lasso 回归的优点，既能平滑参数，又能进行特征选择。

4. Logistic 回归（Logistic Regression）：是一种广义线性模型，将线性模型的输出通过逻辑函数（Logistic Function）映射到[0,1]之间，表示某个样本属于某个类别的概率。可以通过增加L1 或L2 正则化项进行约束。

5. 支持向量机（Support Vector Machine，SVM）：通过最大化分类间隔（Margin）寻找决策边界，可以通过增加L2 正则化项进行约束。

这些正则化线性模型得到了广泛应用，可以有效地提高模型的泛化能力和性能。

从上面的答复中可以看到，ChatGPT列举了一些常见的正则化线性模型，包括岭回归、Lasso回归（一般翻译为“套索回归”）、Elastic Net回归（一般翻译为“弹性网回归”）、Logistc回归（也就是我们前面学习的逻辑回归）及支持向量机。这里之所以把支持向量机也归入线性模型中，是因为它也支持使用线性内核。与支持向量机相关的知识在后面的章节中会详细讲解。

3.3.2　使用L2 正则化的线性模型

前面ChatGPT已经告诉我们，岭回归是使用L2 正则化技术的线性模型。为了直观了解L2 正则化给模型带来的影响，我们可以先用一个例子试验一下。在ChatGPT对话框中输入“用Python代码演示岭回归与线性回归的区别”，会得到如下答复。

ChatGPT 下面是一个简单的示例，演示使用Python中的scikit-learn库实现岭回归和线性回归，并比较它们的性能差异。

```
from sklearn.linear_model import LinearRegression, Ridge
from sklearn.datasets import load_boston
from sklearn.model_selection import train_test_split
from sklearn.metrics import mean_squared_error

# 加载波士顿房价数据集
boston = load_boston()

# 划分训练集和测试集
X_train, X_test, y_train, y_test = train_test_split(boston.data, boston.
target, random_state=0)

# 训练线性回归模型
linear_reg = LinearRegression()
linear_reg.fit(X_train, y_train)

# 训练岭回归模型
ridge_reg = Ridge(alpha=1.0)
ridge_reg.fit(X_train, y_train)

# 对测试集进行预测
y_pred_linear = linear_reg.predict(X_test)
```

```
y_pred_ridge = ridge_reg.predict(X_test)

# 计算均方误差
mse_linear = mean_squared_error(y_test, y_pred_linear)
mse_ridge = mean_squared_error(y_test, y_pred_ridge)

print("线性回归模型的均方误差为：", mse_linear)
print("岭回归模型的均方误差为：", mse_ridge)
```

运行代码后得到输出结果，可以发现岭回归模型的均方误差略小于线性回归模型的均方误差，说明在这个数据集上岭回归的表现更好一些。这是因为岭回归通过增加L2 正则化项约束模型参数，使模型更趋向于平滑，可以有效地降低过拟合风险，从而提高模型的泛化能力。

在这段代码中，我们可以看到ChatGPT直接使用了scikit-learn库中内置的波士顿房价数据集，免去了我们下载数据集的工作。大部分代码我们在前面都已经讲解过，相信大家已经不再陌生。下面我们将代码直接粘贴到Jupyter Notebook中观察它的运行情况。为了能更加清晰地体现L2 正则化的效果，我们可以把岭回归的alpha参数调高一些（这里调到 100），代码运行结果如下。

```
线性回归模型的均方误差为： 29.782245092302457
岭回归模型的均方误差为： 33.27361683031229
```

从代码的运行结果可以看到，在将岭回归中用来控制正则化强度的alpha参数调到 100 时，岭回归的均方误差约为 33.27，而没有使用正则化的线性回归模型的均方误差约为 29.78。导致这种现象出现的原因就是我们使用了比较强的正则化项，将模型的参数进行了压缩。

我们可以通过下面的代码观察两个模型参数的对比。

```
plt.figure(figsize=(9,6))
plt.scatter(np.linspace(0,X_train.shape[1],13),
            ridge_reg.coef_, label='Ridge',
           s = 100)
plt.scatter(np.linspace(0,X_train.shape[1],13),
            linear_reg.coef_,
            marker='^', label='linear',
           s = 100)
plt.legend()
plt.grid()
plt.show()
```

运行上面这段代码，可以得到如图 3-4 所示的结果。

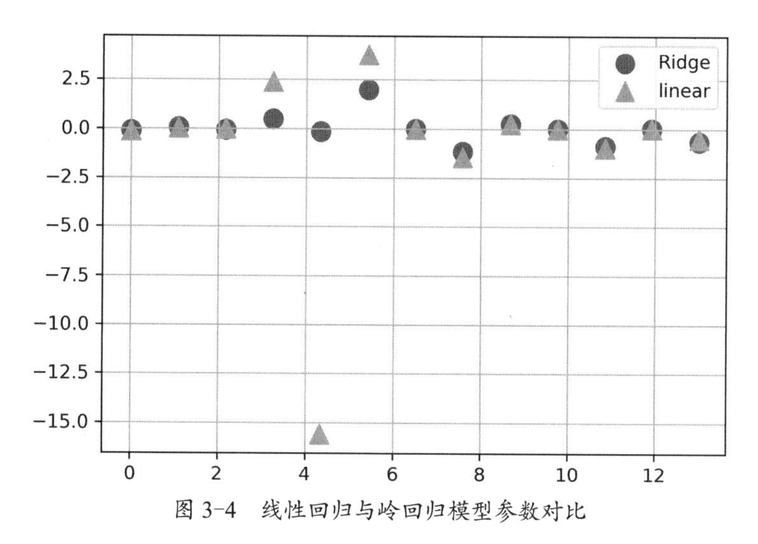

图 3-4 线性回归与岭回归模型参数对比

在图 3-4 中，圆形是岭回归模型的参数，三角形是线性回归模型的参数。从图中可以比较清楚地看到，两个模型的样本第 4、5、6 个特征的参数差别是比较大的，尤其是第 5 个特征，被压缩的幅度是最大的。这说明我们添加的正则化项将这几个特征对模型的影响大大降低了。

3.3.3 使用L1 正则化的线性模型

在前面的小节中，我们学习了使用L2 正则化的岭回归。可能很多读者会思考，L2 正则化和L1 正则化有什么区别呢？这是一个很好的问题，我们也可以让ChatGPT给出答案。在ChatGPT对话框中输入"L1 正则化和L2 正则化的区别"，会得到如下答复。

ChatGPT L1 正则化和L2 正则化都是用于控制机器学习模型过拟合的方法，但它们的惩罚项略有不同，因此在实践中也会有所不同。

L1 正则化和L2 正则化的惩罚项分别如下。

L1 正则化: $||w||_1 = \Sigma|w_i|$

L2 正则化: $||w||_2 = (\Sigma w_i\text{^}2)\text{^}1/2$

其中，w表示模型的参数。

L1 正则化和L2 正则化的区别主要有以下几个方面。

1. 惩罚项的不同: L1 正则化使用绝对值作为惩罚项，而L2 正则化使用平方和开根号作为惩罚项。

2. 惩罚强度的不同: L1 正则化和L2 正则化的惩罚强度由正则化系数控制，但相同的正则化系数下，L1 正则化会使模型更倾向于产生稀疏的参数(一些参数变为 0)，而L2 正则化则会让所有参数都尽可能小，但不会使任何一个参数变为 0。

3. 对异常值的鲁棒性: L1 正则化对异常值更为鲁棒，因为它使用绝对值作为惩罚项，而L2 正则化对异常值更为敏感，因为它使用平方和作为惩罚项。

4. 计算复杂度的不同: 在计算复杂度上，L1 正则化需要进行L1 范数的计算，而L2 正则化需要进行L2 范数的计算。由于L2 范数是平方和开根号，相对于L1 范数来说，L2 范数的计算更加复杂。

综上所述，L1 正则化和L2 正则化都是用于控制过拟合的有效方法，但它们的具体效果和应用场景有所不同。在实际应用中，我们可以根据具体的情况选择适合的正则化方法。

从ChatGPT的答复中可以看到，虽然L1 正则化和L2 正则化都是控制过拟合的方法，但两者的区别还是比较大的——两者的计算方法不同，因此模型的参数也有差异。比较明显的是，使用L1 正则化的模型会出现参数为 0 的情况，也就是把一些特征彻底剔除；而使用L2 正则化的模型则不会。

接下来我们让ChatGPT用例子演示使用L1 正则化的模型，为了便于和前面的例子比较，我们规定ChatGPT仍然使用波士顿房价数据集。在ChatGPT对话框中输入“用波士顿房价数据集演示L1 正则化的模型”，会得到如下答复。

ChatGPT 使用波士顿房价数据集演示L1 正则化的模型，可以帮助我们更好地理解L1 正则化对机器学习模型的影响。下面是一个使用L1 正则化的线性回归模型的示例。

```
from sklearn.datasets import load_boston
from sklearn.linear_model import Lasso
from sklearn.model_selection import train_test_split
from sklearn.metrics import mean_squared_error
import matplotlib.pyplot as plt

# 加载波士顿房价数据集
boston = load_boston()

# 将数据集拆分为训练集和测试集
X_train, X_test, y_train, y_test = train_test_split(boston.data, boston.
target, test_size=0.2)

# 初始化Lasso模型并设置正则化系数
model = Lasso(alpha=0.1)

# 训练模型
model.fit(X_train, y_train)

# 输出模型的系数和截距
print(model.coef_)
print(model.intercept_)

# 计算模型在测试集上的均方误差
y_pred = model.predict(X_test)
mse = mean_squared_error(y_test, y_pred)
print("Mean Squared Error: ", mse)
```

```
# 绘制模型的系数分布图
plt.plot(model.coef_)
plt.show()
```

在上述代码中，首先，我们使用load_boston函数加载了波士顿房价数据集，并将其拆分为训练集和测试集。然后，我们初始化了一个Lasso模型，并将正则化系数alpha设置为0.1。接着，我们使用训练集对模型进行训练，并输出了模型的系数和截距。最后，我们计算了模型在测试集上的均方误差，并绘制了模型的系数分布图。

通过输出模型的系数和截距，我们可以看到，L1 正则化使模型的一些系数变为了 0，从而实现了特征的稀疏化。此外，我们可以通过绘制模型的系数分布图更直观地观察模型的稀疏化效果。

值得注意的是，L1 正则化可以帮助我们剔除一些不重要的特征，从而提高模型的泛化能力。但是，如果正则化系数设置得过大，可能会导致模型欠拟合。因此，在实践中，我们需要根据具体的情况选择适当的正则化系数。

下面我们从ChatGPT给出的代码中筛选有用的部分，稍加修改并进行试验。

```
from sklearn.linear_model import Lasso

# 初始化 Lasso 模型并设置正则化系数
model = Lasso(alpha=10)

# 训练模型
model.fit(X_train, y_train)

# 输出模型的系数和截距
print(model.coef_)
print(model.intercept_)
```

上面这段代码使用Lasso回归模型进行了演示。为了充分展现L1 正则化项的影响，我们把参数alpha修改为 10，也就是更严格地抑制模型的参数。运行代码可以得到以下的结果。

```
[-0.          0.03268741 -0.          0.          0.          0.
 0. -0.          0.         -0.01155885 -0.          0.00679306
 -0.54971245]
31.34126767759835
```

从上面的代码运行结果中可以看到，经过L1 正则化项的“压制”，模型的若干个参数的值都变成了 0。也就是说，与之对应的样本特征被完全剔除了。

同样，我们可以用可视化的方法对比Lasso回归与岭回归模型的参数，使用的代码如下。

```
# 绘制模型的系数分布图
plt.figure(figsize=(9,6))
```

```
plt.plot(ridge_reg.coef_, marker='s',label='Ridge')
plt.plot(model.coef_, marker='^', label='Lasso')
plt.legend()
plt.grid()
plt.show()
```

运行代码，会得到如图 3-5 所示的结果。

在图 3-5 中，节点为三角形的折线代表Lasso回归模型的参数，节点为正方形的折线代表岭回归模型的参数。通过对比，我们可以很直观地看到，Lasso回归的大部分参数值都比岭回归小，这在一定程度上解释了L1正则化与L2正则化的区别。

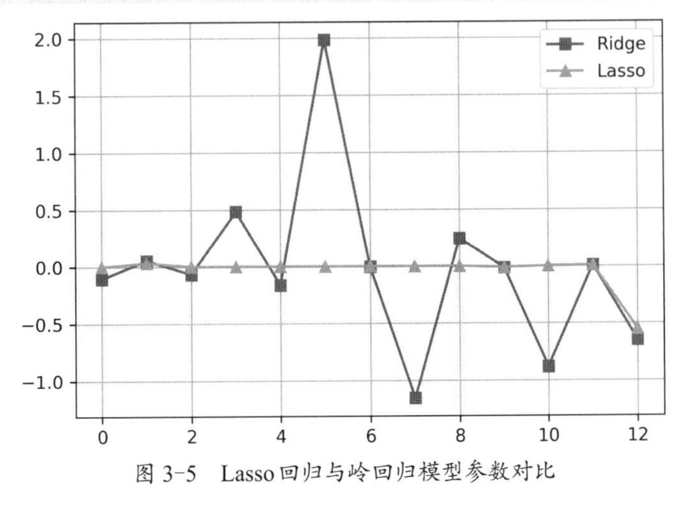

图 3-5　Lasso 回归与岭回归模型参数对比

温馨提示

本例只是为了演示两种正则化项对模型参数的影响，因此将控制正则化项的参数设置得比较高。在实际应用中，应该根据样本的情况酌情设制该参数，避免“矫枉过正”，使模型出现欠拟合的情况。

3.4 习题

在本章中，我们一起学习了线性模型的基本概念，研究了一些常见的线性模型；同时，我们还了解了线性模型的工作原理、梯度下降的概念，以及可以用于分类任务的线性模型；此外，我们还探讨了正则化技术，以及使用了正则化的线性模型。下面这些习题可以帮助读者通过实操学习更多的相关知识。

1. 向ChatGPT提问，了解什么是多项式回归模型。
2. 向ChatGPT提问，了解什么是线性判别分析模型。
3. 向ChatGPT提问，了解在scikit-learn库中，除了波士顿房价数据集，还内置了哪些数据集。
4. 使用scikit-learn库内置的用于回归任务的数据集，训练线性回归模型，并查看模型的参数。
5. 使用scikit-learn库内置的用于分类任务的数据集，训练逻辑回归模型，并查看测试集中的样本属于某个分类的概率。
6. 向ChatGPT提问，了解如何在逻辑回归中添加正则化项，并观察正则化项对模型的影响。
7. 让ChatGPT解释Elastic Net回归的详细原理，并给出示例代码。

第4章 让ChatGPT带我们玩转支持向量机

本章导读

在第 3 章中，我们一起学习了线性模型的相关知识。线性模型有很多优点，如可解释性强、计算效率高等。但它也有一定的局限性，通常不适用于非线性问题。本章将和大家一起研究什么是非线性问题，以及如何使用支持向量机解决非线性问题。

知识要点

通过对本章内容的学习，您将掌握以下知识：

- 非线性问题的基本概念。
- 支持向量机的基本原理。
- 支持向量机中的核函数。
- 支持向量机回归模型。
- 支持向量机的超参数。

4.1 让ChatGPT解释非线性问题的基本概念

为了弄清楚什么是非线性问题，我们可以让ChatGPT结合例子进行说明。在ChatGPT对话框中输入“举例说明什么是非线性问题”，会得到如下答复。

ChatGPT 非线性问题是指不能用线性模型描述或解决的问题。这类问题通常包含多个变量之间的复杂关系，如非线性函数、曲线、弧线等。

举个例子，如果我们想要根据人的年龄和收入预测他们是否会购买某种特定的产品，我们可以使用线性模型建立这个分类器。但是如果我们希望考虑更多的因素，如教育水平、婚姻状况、地理位置等，这个问题就变得更加复杂了，因为这些因素之间可能存在复杂的非线性关系。

另一个例子是图像识别问题。一张图片包含大量的像素，每个像素都是一个变量，我们希望将这些像素分类为不同的物体或场景。因为图片中每个像素之间的关系可能非常复杂，所以这个问题是一个典型的非线性问题。

对于这些非线性问题，我们可以使用一些机器学习算法建立非线性模型，如决策树、神经网络、支持向量机等。这些算法能够更好地描述变量之间的复杂关系，从而提高模型的准确性。

从上面的答复中，我们可以看到ChatGPT用了两个例子说明什么是非线性问题。第一个例子是在电子商务领域很常见的任务——购买预测；第二个例子是图像识别任务。此外，ChatGPT还介绍了如何建立非线性模型，如使用决策树、神经网络，以及本章要介绍的支持向量机。

4.1.1 非线性问题的示例数据

为了更加直观地理解非线性问题，我们可以要求ChatGPT提供一些示例数据。例如，在ChatGPT对话框中输入“给出一个非线性问题的示例数据，并进行可视化”，会得到如下答复。

ChatGPT 一个非线性问题的示例数据可以是一个包含两个变量$x1$和$x2$的数据集，它们的标签y由下列公式决定：

$y = 1$ if $\sin(x1) + \cos(x2) > 0$

0 if $\sin(x1) + \cos(x2) <= 0$

这个问题是一个二分类问题，标签y的值为0或1。可以看出，y的值不仅与$x1$和$x2$的值有关，还与它们的正弦值和余弦值有关，因此是一个非线性问题。

我们可以随机生成一些数据点，并根据上述公式为它们分配标签。然后，我们可以将数据点在二维坐标系中进行可视化，其中$x1$和$x2$分别对应坐标轴的x轴和y轴。为了更好地展示分类的结果，我们可以用不同的颜色表示不同的类别。

下面是一个简单的Python代码示例，用于生成并可视化这个数据集。

```
import numpy as np
import matplotlib.pyplot as plt

# 生成数据
np.random.seed(0)
X = np.random.randn(200, 2)
y = np.zeros(200)
for i in range(200):
    if np.sin(X[i, 0]) + np.cos(X[i, 1]) > 0:
        y[i] = 1

# 可视化数据
plt.scatter(X[:, 0], X[:, 1], c=y)
```

```
plt.xlabel('x1')
plt.ylabel('x2')
plt.show()
```

从上面的答复中可以看到，ChatGPT设计了一个很有趣的数据集。其包括两个特征变量$x1$ 和 $x2$，而分类标签y包含两个值，分别是 0 和 1。当$\sin(x1)+\cos(x2)>0$时，y的值为 1；反之，当$\sin(x1)+\cos(x2)\leqslant 0$时，$y$的值为 0。同时，它还给出了生成示例数据的代码。接下来我们新建一个 Jupyter Notebook 文件，把代码粘贴进去并运行，得到如图 4-1 所示的结果。

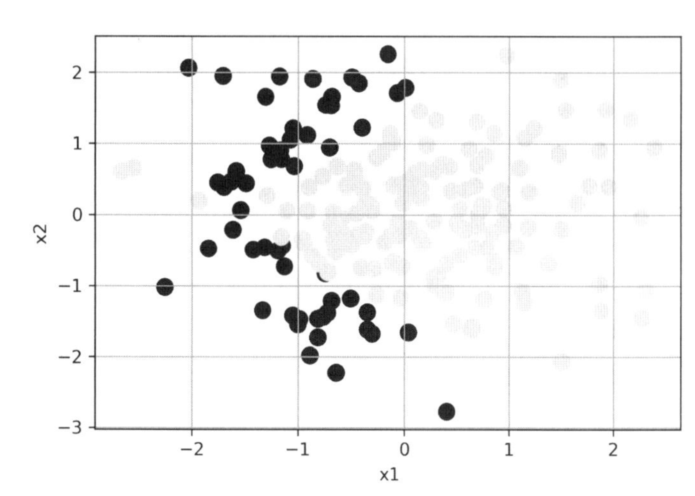

图 4-1　ChatGPT 生成的非线性数据集

可以看到，这些数据点不能通过一个简单的线性模型划分，因为它们的类别与$x1$ 和$x2$ 之间的关系不是线性的。因此，我们需要使用非线性分类算法解决这个问题。

4.1.2　用支持向量机解决非线性问题

说起使用非线性分类算法解决上面的问题，我们就可以引入本章的“主角”——支持向量机。我们先通过示例对支持向量机进行概览。在ChatGPT对话框中输入“利用上面的示例数据演示支持向量机”，会得到如下答复。

ChatGPT 支持向量机是一种常用的分类算法，它可以处理线性和非线性的数据。对于非线性数据，支持向量机通常使用核函数将数据映射到高维空间中进行分类。

在上面的示例数据中，我们可以使用支持向量机算法训练非线性分类器。下面是一个简单的Python代码示例，使用核函数为径向基函数（Radial Basis Function, RBF）的支持向量机对数据进行分类。

```
from sklearn.svm import SVC

# 训练SVM模型
clf = SVC(kernel='rbf', gamma='auto')
clf.fit(X, y)

# 可视化决策边界
plt.scatter(X[:, 0], X[:, 1], c=y)
```

```
ax = plt.gca()
xlim = ax.get_xlim()
ylim = ax.get_ylim()
xx, yy = np.meshgrid(np.linspace(xlim[0], xlim[1], 200),
                     np.linspace(ylim[0], ylim[1], 200))
Z = clf.predict(np.c_[xx.ravel(), yy.ravel()])
Z = Z.reshape(xx.shape)
ax.contourf(xx, yy, Z, alpha=0.2)
plt.xlabel('x1')
plt.ylabel('x2')
plt.show()
```

运行ChatGPT给出的代码，会得到如图4-2所示的结果。

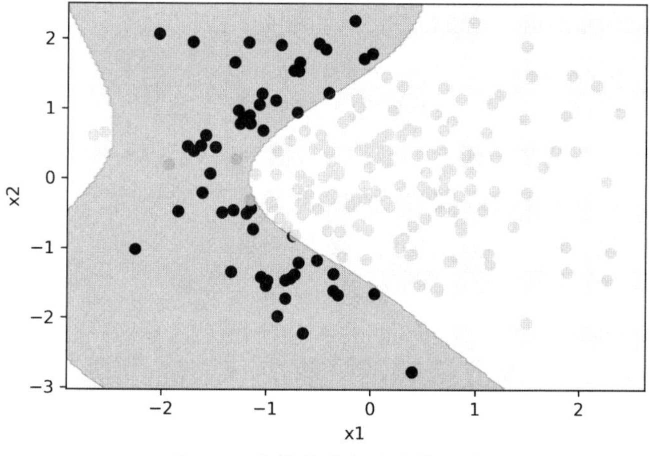

图 4-2　支持向量机的决策边界

图4-2中浅色的区域表示模型预测为类别1的区域，深色的区域表示模型预测为类别0的区域；实线表示决策边界，也就是将两个类别分开的分界线。可以看到，支持向量机成功地将数据分成了两个类别，这个结果符合我们的预期。由于数据不是线性可分的，支持向量机使用了径向基函数作为核函数，将数据映射到高维空间中进行分类，这个过程是由算法自动完成的。

4.1.3　支持向量机的原理

在上面的例子中，我们可以看到，支持向量机能够解决非线性问题。下面我们就在ChatGPT的帮助下，进一步了解支持向量机算法的原理。

在ChatGPT对话框中输入“什么是支持向量机”，会得到如下答复。

ChatGPT 支持向量机(Support Vector Machine, SVM)是一种常用于分类、回归和异常检测的机器学习算法。SVM的目标是将数据分为不同的类别，通过找到一个最优的超平面最大化分类的边界或间隔。在二分类问题中，SVM尝试找到一个能够将不同类别的样本分隔开的超平面，使距离超平面最近的样本点到超平面的距离最大化。这些最接近超平面的样本点被称为“支持向量”。

SVM通过将输入空间映射到高维空间，可以将非线性分类问题转化为线性分类问题。SVM算法的优点是可以有效地处理高维数据和小样本问题，具有较好的泛化能力。在实际应用中，SVM已经被广泛应用于文本分类、图像分类、生物信息学、金融分析等领域。

从上面的答复中，我们可以看到，支持向量机是通过在不同类别的数据中找到最优的超平面，让不同类别的间隔最大。而最接近这些超平面的样本点叫作“支持向量”，这也是支持向量机名字的由来。

为了更加直观地理解“支持向量”的概念，我们还是用可视化的方法进行观察。在ChatGPT对话框中输入“用Python代码演示支持向量机的原理”，可以得到如下答复。

ChatGPT 以下是一个简单的Python代码示例，用来演示支持向量机的原理。

```
import numpy as np
import matplotlib.pyplot as plt
from sklearn import svm

# 生成数据
np.random.seed(0)
X = np.random.randn(200, 2)
y = np.zeros(200)
for i in range(200):
    if np.sin(X[i, 0]) + np.cos(X[i, 1]) > 0:
        y[i] = 1

# 拟合SVM模型
model = svm.SVC(kernel='linear', C=1.0)
model.fit(X, y)

# 可视化数据和分类边界
plt.scatter(X[:, 0], X[:, 1], c=y)
ax = plt.gca()
xlim = ax.get_xlim()
ylim = ax.get_ylim()

# 创建网格绘制决策边界
xx = np.linspace(xlim[0], xlim[1], 30)
yy = np.linspace(ylim[0], ylim[1], 30)
XX, YY = np.meshgrid(xx, yy)
xy = np.vstack([XX.ravel(), YY.ravel()]).T
Z = model.decision_function(xy).reshape(XX.shape)

# 绘制分类边界和支持向量
ax.contour(XX, YY, Z, colors='k', levels=[-1, 0, 1], alpha=0.5,
           linestyles=['--', '-', '--'])
ax.scatter(model.support_vectors_[:, 0], model.support_vectors_[:, 1], s=100,
```

```
        linewidth=1, facecolors='none', edgecolors='k')

plt.show()
```

这段代码首先生成了一个包含200个数据点的二维数据集，并通过scikit-learn库中的svm.SVC类拟合SVM模型。这里我们使用线性核函数kernel='linear'和正则化参数C=1.0。

接下来，代码使用Matplotlib库中的contour函数来绘制分类边界。该函数会根据SVM模型的决策函数（分离超平面）绘制分类边界。代码还通过scatter函数绘制了支持向量。

运行这段代码，可以得到如图4-3所示的SVM模型的可视化结果。

从图4-3中我们可以看到，SVM模型通过找到一个最大间隔超平面（图中的两条虚线和一条实线）将数据进行分类。这个最大间隔超平面是由一些支持向量确定的，这些支持向量是离分离超平面最近的一些数据点，也就是图中带有边框的圆点。

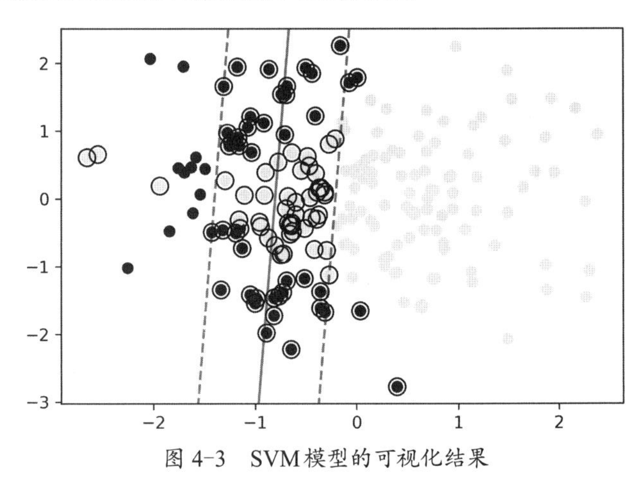

图4-3 SVM模型的可视化结果

温馨提示

此处在非线性问题中使用了线性核函数的支持向量机，可以看到模型分类的效果并不理想。但没有关系，本例只是为了演示支持向量机的工作原理。感兴趣的读者可以将代码中支持向量机的kernel参数修改为poly（多项式核函数）或rbf（径向基函数核函数），观察模型的变化。

4.2 支持向量机的核函数

在4.1节中，我们分别使用了核函数为径向基函数（Radial Basis Function，RBF）的支持向量机和线性核函数的支持向量机。那么支持向量机究竟有哪些核函数，它们之间有什么区别呢？我们可以在ChatGPT对话框中输入“支持向量机有哪些核函数”，得到如下答复。

ChatGPT 支持向量机有很多种核函数，以下是其中一些常用的核函数。

1. 线性核函数（Linear Kernel）：将数据映射到原始特征空间。
2. 多项式核函数（Polynomial Kernel）：将数据映射到多项式特征空间。
3. 径向基函数核函数（Radial Basis Function Kernel）：将数据映射到无穷维的特征空间。
4. Sigmoid核函数（Sigmoid Kernel）：将数据映射到一个非线性特征空间。
5. 拉普拉斯核函数（Laplacian Kernel）：也称为指数核函数，可以将数据映射到无穷维的特征空间。

6. ANOVA 核函数：是一种多项式核函数的扩展，可以将数据映射到更高维的特征空间。

7. 非参数核函数：如高斯过程核函数、卡方核函数、直方图交叉核函数等，可以灵活地将数据映射到不同的特征空间。

总之，核函数的选择取决于数据的性质和具体的问题。在实际应用中，需要根据具体情况选择合适的核函数。

从 ChatGPT 的答复中我们可以看到，支持向量机的核函数非常多，仅常用的核函数就有 7 个。其中线性核函数是将数据映射到原始特征空间，它的工作原理大致可以参考线性模型的原理，下面我们深入了解一下径向基函数核函数和多项式核函数。

4.2.1　什么是径向基函数核函数

前面我们使用了内核为径向基函数核函数的支持向量机模型，这个核函数的主要作用是将数据映射到高维空间中。为了更好地理解这个核函数的工作原理，我们可以在 ChatGPT 对话框中输入“用 Python 代码解释径向基函数核函数如何将数据映射到高维空间，不要 Markdown 格式”，会得到下面的答复。

ChatGPT 以下是一个简单的 Python 代码示例，用来说明径向基函数核函数如何将数据映射到高维空间。

```
import numpy as np
import matplotlib.pyplot as plt

# 生成数据
np.random.seed(0)
X = np.random.randn(200, 2)
y = np.zeros(200)
for i in range(200):
    if np.sin(X[i, 0]) + np.cos(X[i, 1]) > 0:
        y[i] = 1

# 定义径向基函数核函数
def rbf_kernel(X1, X2, gamma=1.0):
    """
    # 计算径向基函数核函数的值
    """
    K = np.zeros((X1.shape[0], X2.shape[0]))
    for i, x1 in enumerate(X1):
        for j, x2 in enumerate(X2):
```

```
        diff = x1 - x2
        K[i, j] = np.exp(-gamma * np.dot(diff, diff))
    return K

# 将数据映射到高维空间
gamma = 1.0
phi_X = rbf_kernel(X, X, gamma)

# 可视化映射后的数据
plt.scatter(phi_X[:, 0], phi_X[:, 1], c=y)
plt.xlabel('phi_1')
plt.ylabel('phi_2')
plt.show()
```

ChatGPT给出的这段代码定义了一个径向基函数核函数rbf_kernel。该函数可以计算两个数据点之间的径向基函数核函数的值，其中gamma是核函数的参数。接下来，代码使用 rbf_kernel 函数将数据*X*映射到高维空间，并将映射后的数据phi_X可视化出来。运行这段代码，可以得到如图 4-4 所示的映射后的数据可视化结果。

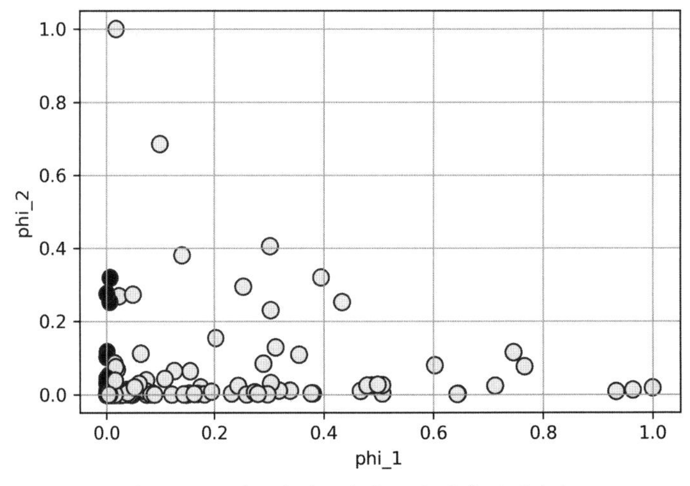

图 4-4 经过径向基函数核函数映射后的数据

从图 4-4 中可以看到，通过径向基函数核函数的映射，数据从原来的二维空间被映射到了一个更高维的空间。在这个高维空间中，数据点之间的距离和位置发生了变化，这使我们可以使用线性分类器处理非线性数据。

温馨提示

为了方便展示，笔者添加了改变图像样式的代码。读者如果直接运行ChatGPT给出的代码，得到的图像样式会与图 4-4 有所不同。

4.2.2 什么是多项式核函数

在了解了径向基函数核函数的基本知识后，我们再来学习一下多项式核函数。同样，我们可以向 ChatGPT 提问“什么是多项式核函数，不要 Markdown 格式”，得到的答复如下。

ChatGPT 多项式核函数是支持向量机（SVM）中常用的一种核函数，它可以将数据映射到高维特征空间，并且可以处理非线性的分类问题。

多项式核函数的形式为

$$K(x, y) = (x . y + r)^d$$

其中，x和y是两个向量，. 表示向量点乘，r是一个常数项，d是多项式的阶数。在多项式核函数中，点乘的结果加上一个常数项后，再取其d次幂。

多项式核函数可以将数据从低维空间映射到高维空间。在高维空间中，原本线性不可分的数据可能变成线性可分的。同时，通过合理选择多项式阶数和常数项r，可以使分类器的性能得到优化。

使用多项式核函数的 SVM 可以通过调整超参数r和d达到不同的效果。例如，增加r的值会使决策函数更加倾向于选择低阶的多项式，从而避免过拟合；增加d的值会使决策函数更加倾向于选择高阶的多项式，从而使模型更加灵活。

总之，多项式核函数是 SVM 中一种常用的核函数，它可以将数据映射到高维特征空间，并且可以处理非线性的分类问题。

上面的答复从理论的角度给出了多项式核函数的基本原理。接下来我们还是让 ChatGPT 用代码对多项式核函数进行演示，以使我们能够更直观地理解。在 ChatGPT 对话框中输入“用 Python 代码解释多项式核函数如何将数据映射到高维空间”，得到如下答复。

ChatGPT 以下是一个用 Python 实现多项式核函数的示例代码，演示了如何将数据映射到高维空间。

```
import numpy as np
from sklearn.datasets import make_classification
from sklearn.svm import SVC
from sklearn.model_selection import train_test_split
from sklearn.preprocessing import StandardScaler

# 生成分类数据集
X, y = make_classification(n_samples=100, n_features=2, n_redundant=0,
random_state=42)

# 数据预处理
scaler = StandardScaler()
X = scaler.fit_transform(X)
```

```
# 将数据映射到高维空间
d = 3 # 多项式阶数
r = 1 # 常数项
svm_poly = SVC(kernel='poly', degree=d, coef0=r)
svm_poly.fit(X, y)

# 生成网格数据
x_min, x_max = X[:, 0].min() - 0.5, X[:, 0].max() + 0.5
y_min, y_max = X[:, 1].min() - 0.5, X[:, 1].max() + 0.5
xx, yy = np.meshgrid(np.arange(x_min, x_max, 0.1), np.arange(y_min, y_max,
0.1))
Z = svm_poly.predict(np.c_[xx.ravel(), yy.ravel()])
Z = Z.reshape(xx.shape)

# 绘制决策边界和数据点
import matplotlib.pyplot as plt
plt.contourf(xx, yy, Z, alpha=0.4)
plt.scatter(X[:, 0], X[:, 1], c=y, alpha=0.8)
plt.xlabel('Feature 1')
plt.ylabel('Feature 2')
plt.title('Polynomial Kernel SVM')
plt.show()
```

在上面的代码中，我们使用make_classification函数生成了一个二分类问题的数据集。然后，我们使用SVC模型并指定kernel='poly'来使用多项式核函数。其中，degree参数指定了多项式的阶数，coef0 参数指定了常数项r。在训练模型后，我们使用contourf函数绘制了决策边界，并使用scatter函数绘制了数据点。

运行上面的代码，可以得到如图 4-5 所示的结果。

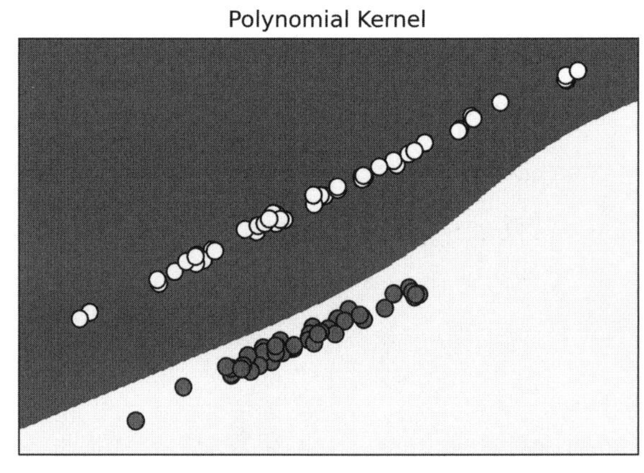

图 4-5　使用多项式核函数的支持向量机

多项式核函数可以将数据映射到高维空间，因此在图 4-5 中，我们可以看到决策边界不是一条直线，而是一条曲线。这说明多项式核函数可以处理非线性的分类问题，并且可以通过调整阶数和常数项达到不同的效果。

4.2.3　不同核函数的对比

为了让大家能够对不同核函数的支持向量机模型进行对比，我们还可以要求ChatGPT“用Python代码以可视化方式演示线性核函数、多项式核函数、径向基函数核函数的区别”，得到的答复如下。

ChatGPT 以下是使用Python代码演示的线性核函数、多项式核函数、径向基函数核函数的区别。

```
python
Copy code
import numpy as np
import matplotlib.pyplot as plt
from sklearn.datasets import make_classification
from sklearn.svm import SVC

# 生成随机数据
X, y = make_classification(n_features=2, n_redundant=0, n_informative=2,
                           n_clusters_per_class=1, random_state=42)

# 使用线性核函数
svm_linear = SVC(kernel='linear')
svm_linear.fit(X, y)

# 使用多项式核函数
svm_poly = SVC(kernel='poly', degree=3, coef0=1)
svm_poly.fit(X, y)

# 使用径向基函数核函数
svm_rbf = SVC(kernel='rbf')
svm_rbf.fit(X, y)

# 绘制决策边界和数据点
fig, axes = plt.subplots(nrows=1, ncols=3, figsize=(15, 5))

for ax, svm, title in zip(axes, [svm_linear, svm_poly, svm_rbf], ['Linear
```

```
Kernel', 'Polynomial Kernel', 'RBF Kernel']):
    x_min, x_max = X[:, 0].min() - 0.5, X[:, 0].max() + 0.5
    y_min, y_max = X[:, 1].min() - 0.5, X[:, 1].max() + 0.5
     xx, yy = np.meshgrid(np.arange(x_min, x_max, 0.02), np.arange(y_min, y_
max, 0.02))
    Z = svm.predict(np.c_[xx.ravel(), yy.ravel()])
    Z = Z.reshape(xx.shape)
    ax.contourf(xx, yy, Z, cmap=plt.cm.Paired, alpha=0.8)
    ax.scatter(X[:, 0], X[:, 1], c=y, cmap=plt.cm.Paired)
    ax.set_xlim(xx.min(), xx.max())
    ax.set_ylim(yy.min(), yy.max())
    ax.set_xticks(())
    ax.set_yticks(())
    ax.set_title(title)

plt.show()
```

在上面的代码中，我们首先使用make_classification函数生成了一个二分类问题的数据集。然后我们分别使用线性核函数、多项式核函数、径向基函数核函数训练了SVC模型，使用contourf函数绘制了决策边界，并使用scatter函数绘制了数据点。

运行代码，得到如图 4-6 所示的结果。

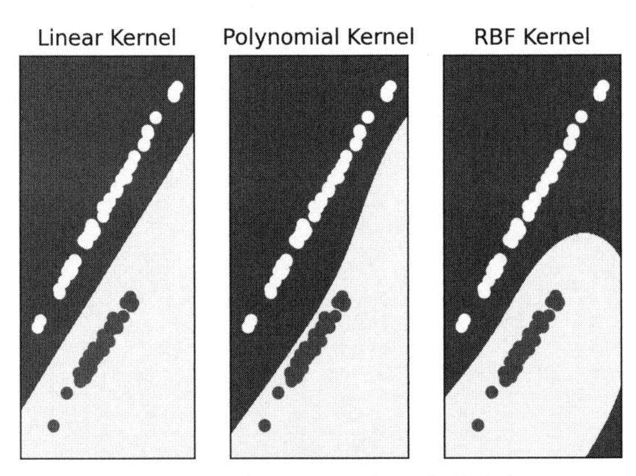

图 4-6　3 种不同核函数的决策边界

从图 4-6 中，我们可以看到 3 种不同的核函数对应的决策边界和数据点的可视化结果。线性核函数对应的决策边界是一条直线，多项式核函数对应的决策边界是一条曲线，而径向基函数核函数对应的决策边界则像是椭圆形。这说明不同的核函数可以处理不同类型的分类问题，并且可以通过调整参数达到不同的效果。

看到这里，可能有读者会问：既然 3 种核函数有很大的区别，那在具体的应用场景中该如何选择呢？这个问题我们可以问问ChatGPT。在ChatGPT对话框中输入“如何选择核函数”，会得到如下答复。

ChatGPT 选择核函数的方法取决于具体的问题和数据集。以下是一些选择核函数的经验法则。

1. 线性核函数适用于线性可分的问题。如果数据集可以通过一条直线分开，那么线性核函数可能是最好的选择。

2. 多项式核函数适用于具有非线性边界的问题。如果数据集不能通过一条直线分开，那么可以考虑使用多项式核函数。

3. 径向基函数核函数是一种常用的核函数，它适用于大多数分类问题。如果不确定使用哪种核函数，可以尝试径向基函数核函数。

4. 如果数据集包含大量特征，可以使用核函数将数据映射到高维空间进行处理。

5. 核函数的选择还可以基于交叉验证等技术进行优化。

总的来说，选择合适的核函数是一个需要结合实际情况进行调整的过程，需要根据具体问题和数据集进行综合考虑。

如果要对ChatGPT的答复进行简单概括，我们可以得出一个不太严谨的结论——“遇事不决径向基”。在实际工作中，我们也会优先使用径向基函数核函数的支持向量机。

4.3 支持向量机用于回归任务

在前文中，我们使用了一些简单的分类任务介绍了支持向量机的相关知识。而除了分类任务，支持向量机也可以用于回归任务，但原理稍有不同。所以这里单独用一节的篇幅初步研究一下用于回归任务的支持向量机。

4.3.1 支持向量机回归的原理

要了解用于回归任务的支持向量机是如何工作的，我们可以在ChatGPT对话框中输入“支持向量机用于回归任务的原理，不要Markdown公式”，得到的答复如下。

ChatGPT 支持向量机不仅可以用于分类任务，还可以用于回归任务。支持向量机回归（Support Vector Regression，SVR）的目标是预测连续的输出变量，而不是分类变量。

支持向量机回归与支持向量机的区别在于，对于回归任务，支持向量机回归寻找一个边界，该边界的内部包含大多数数据点，而在该边界之外，存在一些异常点，这些异常点允许存在一定的误差。支持向量机回归的目标是使这些异常点的误差最小化。

与分类任务类似，支持向量机回归也可以使用不同的核函数，将数据映射到高维空间进行处理。在支持向量机回归中通常使用径向基函数核函数、多项式核函数等。

支持向量机回归的目标是最小化预测值和实际值之间的误差，同时还要保持边界内的数据点尽量多。这可以通过优化一个带约束的二次规划问题实现。

简而言之，支持向量机回归的主要思想是寻找一个边界，该边界能够最好地拟合数据，同时最小化预测值与真实值之间的误差，并将误差限制在一定的范围内。

从上面的答复中可知，与分类任务不同，支持向量机回归不是寻找一个让不同类别样本间隔最大的超平面，而是寻找一个能够包含大部分数据点的边界。同样，我们可以要求ChatGPT用代码给我们进行演示。在ChatGPT对话框中输入“用Python代码演示支持向量机回归的原理”，可以得到如下答复。

ChatGPT 以下是一个简单的Python代码示例，用于演示支持向量机回归的原理。

```
import numpy as np
import matplotlib.pyplot as plt
from sklearn.svm import SVR

# 生成一些带有噪声的数据
X = np.sort(5 * np.random.rand(200, 1), axis=0)
y = np.sin(X).ravel()
y[::5] += 3 * (0.5 - np.random.rand(40))

# 训练支持向量机回归模型
svr = SVR(kernel='rbf', C=100, gamma='scale', epsilon=.1)
y_fit = svr.fit(X, y).predict(X)

# 绘制结果
plt.scatter(X, y, c='k', label='data')
plt.plot(X, y_fit, c='g', label='SVR (RBF)')
plt.xlabel('data')
plt.ylabel('target')
plt.title('Support Vector Regression')
plt.legend()
plt.show()
```

上面的代码中，先是生成带有噪声的正弦波数据，并使用径向基函数核函数训练了一个支持向量机回归模型。然后绘制出原始数据和模型的拟合结果，以便观察模型的性能。

运行代码，我们可以得到如图 4-7 所示的结果。

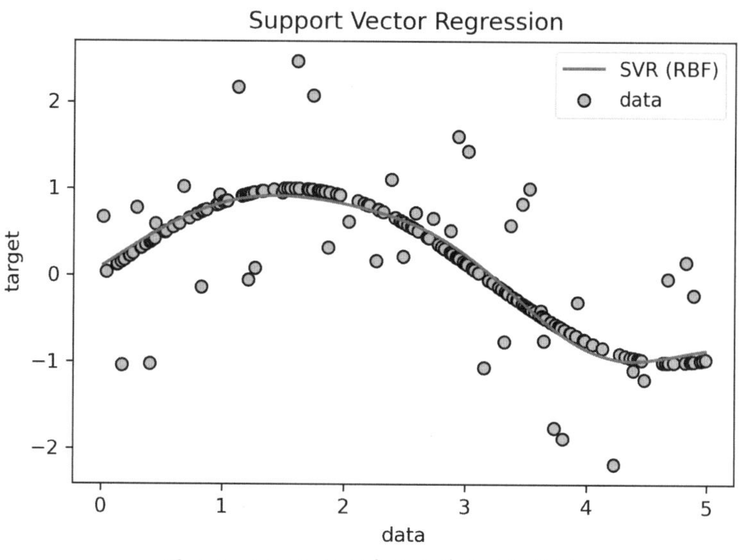

图 4-7　用于回归任务的支持向量机模型

在这个示例中，我们使用了径向基函数核函数训练支持向量机回归模型。训练支持向量机回归模型的目的是找到一个在新的高维空间中最优的线性超平面，以尽可能地拟合训练数据，并在测试数据上达到最佳的性能。在图 4-7 中，我们看到支持向量机回归模型对应的是一条曲线，而这条曲线基本上拟合了大部分数据点。在预测新的数据点时，我们使用支持向量机回归模型预测目标变量的值。

4.3.2　不同核函数的支持向量机回归模型

与分类任务类似，用于回归任务的支持向量机也可以选择不同的核函数。为了观察不同核函数的支持向量机回归模型，我们可以要求 ChatGPT“用 Python 代码演示不同核函数的支持向量机回归模型”，得到的答复如下。

ChatGPT 下面是一个 Python 代码示例，用于演示支持向量机回归模型中不同核函数的效果。

```
import numpy as np
import matplotlib.pyplot as plt
from sklearn.svm import SVR

# 生成一些带有噪声的数据
X = np.sort(5 * np.random.rand(200, 1), axis=0)
y = np.sin(X).ravel()
y[::5] += 3 * (0.5 - np.random.rand(40))

# 创建支持向量机回归模型
svrs = [
```

```
    SVR(kernel='linear', C=100),
    SVR(kernel='poly', C=100, degree=3),
    SVR(kernel='rbf', C=100, gamma=0.1)
]
kernel_labels = ['Linear', 'Polynomial', 'RBF']

# 训练并绘制支持向量机回归模型
fig, axes = plt.subplots(nrows=1, ncols=len(svrs), figsize=(15, 5))
for idx, svr in enumerate(svrs):
    y_fit = svr.fit(X, y).predict(X)
    axes[idx].scatter(X, y, c='k', label='data')
    axes[idx].plot(X, y_fit, c='g', label='SVR')
    axes[idx].set_xlabel('data')
    axes[idx].set_ylabel('target')
    axes[idx].set_title(kernel_labels[idx] + ' kernel')
    axes[idx].legend()

plt.show()
```

在上面的代码中，我们使用 3 种不同的核函数训练支持向量机回归模型：线性核函数、多项式核函数和径向基函数核函数，以比较它们的性能。运行代码，可以得到如图 4-8 所示的结果。

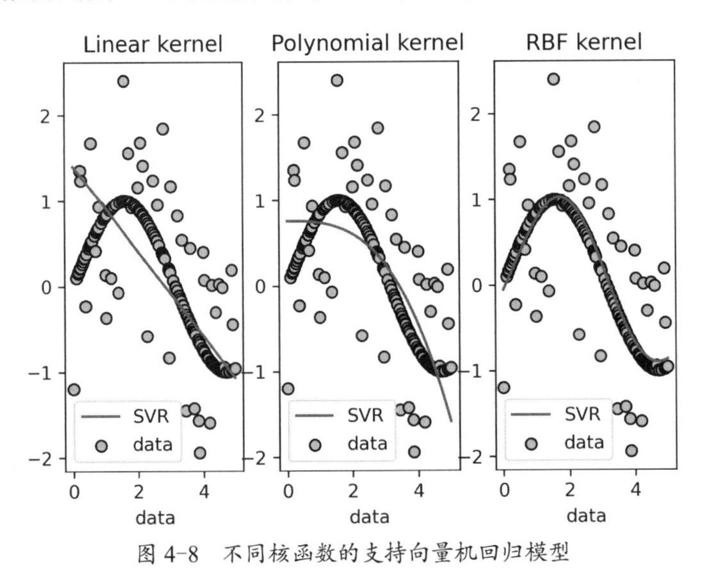

图 4-8　不同核函数的支持向量机回归模型

图 4-8 是一个包含 3 个子图的图形窗口，每个子图都是一个支持向量机回归模型，使用不同的核函数进行训练。我们可以看到，多项式核函数和径向基函数核函数在这个示例中表现得更好，这是因为它们可以将数据映射到高维空间中，并更好地拟合数据。

4.4 支持向量机的超参数

前面我们对比了使用不同的核函数的支持向量机回归模型，除了核函数，支持向量机是否还有其他超参数呢？这些超参数会对模型产生怎样的影响呢？这一节我们就在ChatGPT的帮助下，进行一些研究。

在ChatGPT对话框中输入“支持向量机的超参数”，会得到如下答复。

ChatGPT 支持向量机模型中有一些超参数需要在训练过程中进行调整，以获得最佳的模型性能。以下是支持向量机模型的一些常见超参数。

1. 核函数：用于将数据映射到高维空间进行分类或回归。常见的核函数包括线性核函数、多项式核函数和径向基函数核函数等。

2. C值：正则化参数，控制模型对误分类点的容忍程度。C值越小，模型越容易忽略噪声和异常值，但可能导致过拟合；C值越大，模型对误分类点的容忍度越低，但可以更好地拟合数据。

3. gamma值：径向基函数核函数的一个参数，用于控制支持向量的影响范围。gamma值越大，支持向量的影响范围越小，决策边界更加复杂，容易导致过拟合。

4. degree值：多项式核函数的一个参数，用于控制多项式的次数。

5. epsilon值：支持向量机回归模型中的一个参数，控制在预测中允许的误差范围。epsilon值越小，模型越会尝试更好地拟合数据，但可能会导致过拟合。

6. 缩放参数：通常将数据进行归一化或标准化，以保证不同特征的尺度相同。

7. 正则化类型：可以选择L1或L2正则化，以防止模型过拟合。

在训练过程中可以调整这些超参数，通过交叉验证等技术选择最佳超参数组合，以获得最佳的模型性能。

从上面的答复中可以看到，除了核函数，支持向量机还有C值、gamma值、degree值、epsilon值等超参数。下面我们进一步了解其中几个常用超参数的概念和对模型的影响。

4.4.1 支持向量机的C值

现在我们先来看一下支持向量机中的C值这个超参数。在ChatGPT对话框中输入“用Python演示C值对模型的影响”，会得到如下答复。

ChatGPT 下面是一个用Python演示C值对模型影响的示例。

```
import numpy as np
import matplotlib.pyplot as plt
from sklearn import svm

# 生成随机数据
```

```
np.random.seed(0)
X = np.sort(5 * np.random.rand(100, 1), axis=0)
y = np.sin(X).ravel()

# 添加噪声
y[::5] += 3 * (0.5 - np.random.rand(20))

# 尝试不同的C值
C_values = [0.001, 0.1, 100]

# 训练模型
for C in C_values:
    clf = svm.SVR(kernel=rbf, C=C)
    clf.fit(X, y)

    # 画出拟合曲线
    plt.scatter(X, y, color='darkorange', label='data')
    plt.plot(X, clf.predict(X), color='navy', label='SVR')
    plt.xlabel('data')
    plt.ylabel('target')
    plt.title(f'Support Vector Regression (C={C})')
    plt.legend()
    plt.show()
```

运行上面的代码，可以得到如图 4-9 所示的结果。

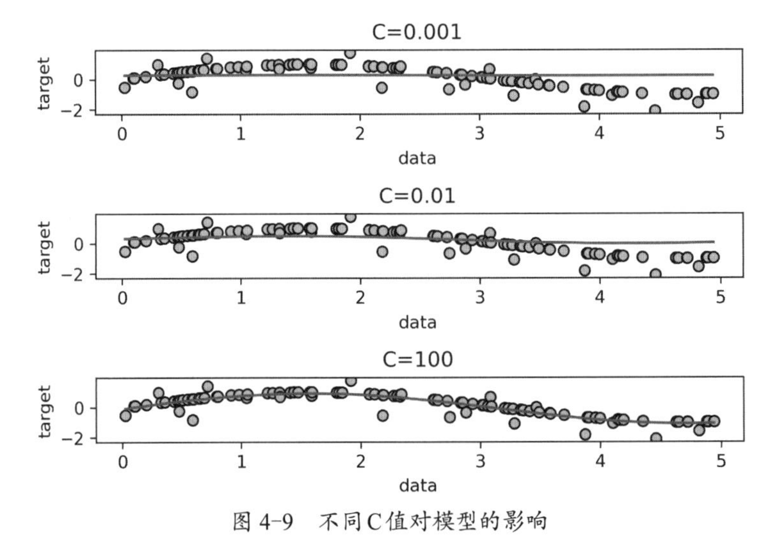

图 4-9　不同C值对模型的影响

在这个示例中，我们生成了一个带有噪声的正弦曲线数据集，然后使用支持向量机回归模型进行拟合。我们尝试了不同的C值（0.001、0.01 和 100），并画出了每个C值下的拟合曲线。可以看出，随着C值的增加，模型变得更加复杂，对训练数据的拟合也更好。但是，在C值过大的情况下，模型可能会过度拟合数据，导致对测试数据的预测效果变差。因此，选择适当的C值对于构建良好的支持向量机回归模型至关重要。

4.4.2 支持向量机的gamma值

在了解了C值的作用后，我们再来看一下模型的gamma值。在ChatGPT对话框中输入“用Python演示gamma值对模型的影响”，会得到如下答复。

ChatGPT 下面是一个用Python演示gamma值对模型影响的示例。

```
import numpy as np
import matplotlib.pyplot as plt
from sklearn import svm

# 生成随机数据
np.random.seed(0)
X = np.sort(5 * np.random.rand(100, 1), axis=0)
y = np.sin(X).ravel()

# 添加噪声
y[::5] += 3 * (0.5 - np.random.rand(20))

# 尝试不同的gamma值
gamma_values = [0.01, 1, 100]

# 训练模型
for gamma in gamma_values:
    clf = svm.SVR(kernel='rbf', gamma=gamma)
    clf.fit(X, y)

    # 画出拟合曲线
    plt.scatter(X, y, color='darkorange', label='data')
    plt.plot(X, clf.predict(X), color='navy', label='SVR')
    plt.xlabel('data')
    plt.ylabel('target')
    plt.title(f'Support Vector Regression (gamma={gamma})')
    plt.legend()
    plt.show()
```

运行上面的代码，会得到如图 4-10 所示的结果。

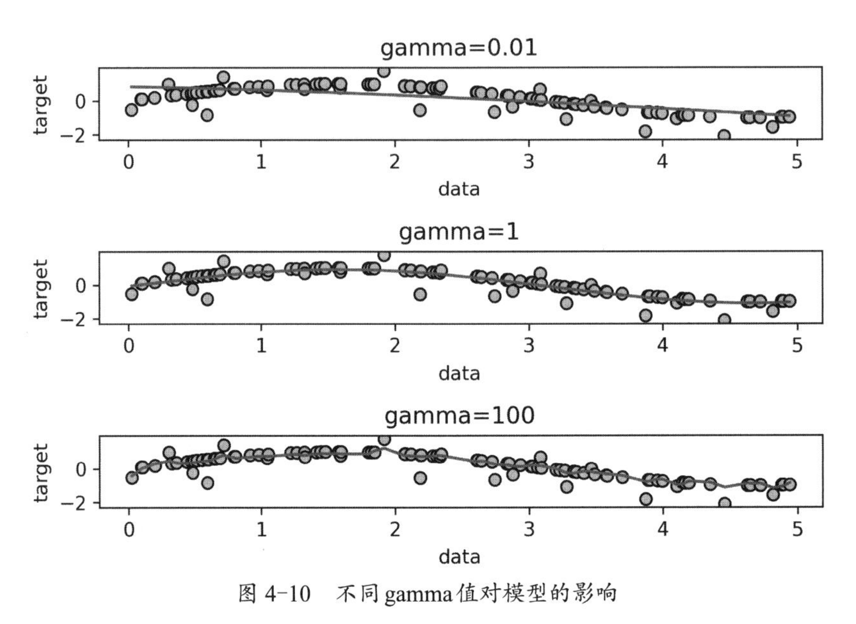

图 4-10　不同gamma值对模型的影响

在这个示例中，我们生成了一个带有噪声的正弦曲线数据集，然后使用径向基函数核函数的支持向量机回归模型进行拟合。我们尝试了不同的gamma值（0.01、1和100），并画出了每个gamma值下的拟合曲线。可以看出，随着gamma值的增加，模型变得更加复杂，对训练数据的拟合也更好。但是，在gamma值过大的情况下，模型可能会过度拟合数据，导致对测试数据的预测效果变差。因此，选择适当的gamma值对于构建良好的支持向量机回归模型也是很重要的。

4.4.3　支持向量机的epsilon值

在了解了C值和gamma值对模型的影响后，这一小节我们看一下epsilon值对模型的影响。在ChatGPT对话框中输入"用Python演示epsilon值对模型的影响"，会得到如下答复。

ChatGPT 下面是一个用Python演示epsilon值对模型影响的示例。

```
import numpy as np
import matplotlib.pyplot as plt
from sklearn import svm

# 生成随机数据
np.random.seed(0)
X = np.sort(5 * np.random.rand(100, 1), axis=0)
y = np.sin(X).ravel()

# 添加噪声
y[::5] += 3 * (0.5 - np.random.rand(20))
```

```
# 尝试不同的epsilon值
epsilon_values = [0.1, 0.5, 1]

# 训练模型
for epsilon in epsilon_values:
    clf = svm.SVR(kernel='rbf', gamma=0.1, epsilon=epsilon)
    clf.fit(X, y)

    # 画出拟合曲线
    plt.scatter(X, y, color='darkorange', label='data')
    plt.plot(X, clf.predict(X), color='navy', label='SVR')
    plt.xlabel('data')
    plt.ylabel('target')
    plt.title(f'Support Vector Regression (epsilon={epsilon})')
    plt.legend()
    plt.show()
```

运行ChatGPT给出的代码，我们会得到如图 4-11 所示的结果。

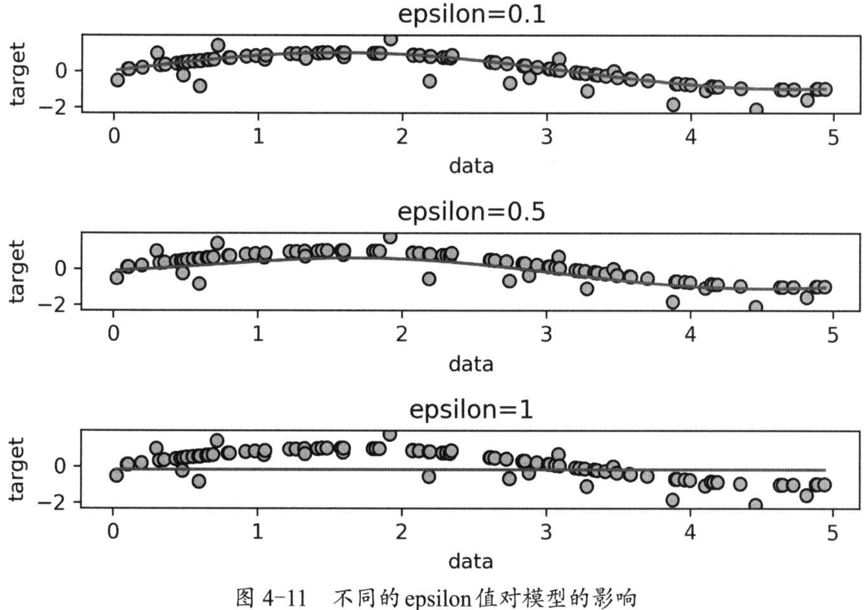

图 4-11　不同的epsilon值对模型的影响

在这个示例中，我们使用径向基函数核函数的支持向量机回归模型进行拟合，并尝试了不同的epsilon值（0.1、0.5 和 1）。可以看出，随着epsilon值的增加，模型对噪声的容忍程度也会增加，因此拟合曲线会变得更加平滑。但是，过大的epsilon值可能会导致模型无法很好地拟合数据，而过小的epsilon值可能会导致模型过度拟合数据。因此，选择适当的epsilon值对于构建良好的支持向量机回归模型同样非常重要。

4.5 习题

在本章中，我们一起学习了什么是非线性问题，以及能够解决非线性问题的支持向量机算法，并且了解了支持向量机的原理、核函数，以及如何将支持向量机用于回归任务。除此之外，我们还观察了不同的超参数对于支持向量机模型的影响。本章的习题是由ChatGPT生成的，看看大家能不能通过ChatGPT的考验。

1. 什么是支持向量机？支持向量机可以用于分类和回归任务吗？请简要回答。

2. 什么是核函数？为什么使用核函数可以将数据映射到高维空间？请列举至少两个核函数的例子。

3. 支持向量机的超参数有哪些？请简要解释它们的作用。

4. 支持向量机的训练过程包括哪些步骤？请简要描述每个步骤的作用。

5. 如何选择合适的核函数和超参数构建支持向量机模型？

6. 支持向量机的优点和缺点是什么？

7. 支持向量机和逻辑回归有哪些相似点和不同点？它们适用于哪些类型的问题？

8. 如何使用支持向量机进行多分类任务？请简要描述至少两种常见的方法。

9. 如何使用支持向量机进行回归任务？请简要描述支持向量机回归的原理。

10. 支持向量机的实现方式有哪些？请列举至少两个Python库，并简要描述它们的优点和缺点。

第5章 让ChatGPT带我们玩转决策树

本章导读

在第 4 章中，我们一起学习了能够解决非线性问题的支持向量机算法。在本章中，我们将一起探索另外一种可以解决非线性问题的算法——决策树算法。在正式开始之前，我们可以问一下 ChatGPT “假设你是一位大学老师，准备给学生讲解决策树算法，应该包含哪些内容？只列出大纲”，从它的答复中获得一个基本框架。

知识要点

通过对本章内容的学习，您将掌握以下知识：

- 决策树算法基础知识。
- 决策树算法的实现。
- 决策树算法的局限性和改进。

5.1 让ChatGPT介绍一下决策树算法

既然 ChatGPT 已经给我们列出了一个学习大纲，接下来我们就继续深入，让 ChatGPT 一步一步地帮助我们玩转决策树算法。

5.1.1 决策树算法的简要介绍

我们让 ChatGPT 先给出与决策树算法相关的基本概念。在 ChatGPT 对话框中输入“简要介绍一下决策树算法”，会得到如下答复。

ChatGPT 决策树算法是一种基于树结构进行分类和回归分析的机器学习算法。它通过对数据的划分来构建一棵决策树，每个节点表示一个特征属性，每个分支代表该属性的一个取值，叶节点则表示对数据进行分类或回归的结果。

决策树算法具有直观、易于理解和解释的优点，同时适用于离散型和连续型数据，能够处理缺失值和异常值，并且在处理大规模数据集时比较高效。

决策树算法的构建过程包括特征选择、决策树生成和决策树剪枝三个阶段。特征选择通过计算特征属性的信息增益或信息增益比选择最优特征进行划分；决策树生成是递归地对数据进行划分，直到所有数据都属于同一类别或满足停止条件；决策树剪枝则是为了减少过拟合，对生成的决策树进行修剪。

除了基本的决策树算法，还有一些改进的算法，如随机森林和梯度提升决策树，能够进一步提高算法的准确性和泛化能力。

决策树算法应用广泛，包括分类和回归等领域，如医学诊断、金融风险评估、客户分类等。

可能有些读者会认为ChatGPT给出的答复过于学术化和理论化，很多名词不是很好理解。不要担心，我们会用更加直观的方式逐步对这些概念进行研究。下面我们让ChatGPT介绍一下决策树算法的历史。在ChatGPT对话框中输入“决策树算法的历史”，会得到如下答复。

ChatGPT 决策树算法的历史可以追溯到20世纪60年代，最早应用于决策分析领域。当时决策树被用来帮助管理者做出决策，并且在经济学、商业和工程等领域得到了广泛应用。随着计算机技术的发展和机器学习的兴起，决策树算法逐渐成为机器学习领域中一种常用的分类和回归算法。

20世纪80年代末至90年代初，决策树算法开始应用于计算机科学领域。ID3（Iterative Dichotomiser 3）和C4.5算法是最早的决策树算法，它们通过信息增益选择特征进行分裂，并采用启发式算法进行决策树构建和剪枝。后来，CART（Classification and Regression Trees）算法被提出，它不仅支持分类问题，还支持回归问题，并可以处理连续型变量。此外，随机森林和梯度提升决策树等算法的出现，也进一步提高了决策树算法的性能和应用范围。

目前，决策树算法被广泛应用于各种领域，如医学、金融、企业管理和市场营销等。它们不仅能够提供有效的决策支持，还能够帮助人们更好地理解数据和问题，并为后续的数据挖掘和分析提供基础。

从ChatGPT的答复中，我们可以看到，决策树算法也是历史悠久的算法。而且经过不断发展后，它逐渐成为应用最广泛的算法之一。我们可以让ChatGPT再进一步介绍该算法的应用案例。

5.1.2 决策树算法的应用案例

为了让ChatGPT的介绍更加具体和翔实，我们可以对问题进行一些限定。例如，“给出一个决策树算法在金融领域的应用案例”，在收到问题后，ChatGPT会给出如下答复。

ChatGPT 决策树算法在金融领域的一个典型的应用案例是信用评分。银行等金融机构通常会使用信用评分来决定是否批准客户的贷款申请或信用卡申请，以及客户的贷款或信用卡额度。

决策树算法可以帮助银行等金融机构构建一个信用评分模型，根据客户的个人信息、收入、债务、历史信用记录等因素，预测客户是否有能力按时偿还贷款或信用卡。在这个过程中，决策树算法可以帮助金融机构理解哪些因素对客户的信用评分影响最大，以及如何根据这些因素做出决策。

例如，决策树算法可以根据客户的个人信息和历史信用记录，将客户分为不同的组别，并对每个组别给出不同的信用评分。这些信用评分可以作为银行等金融机构决定是否批准客户贷款或信用卡申请的依据，也可以用来决定客户的贷款或信用卡额度。

此外，决策树算法还可以帮助金融机构识别潜在的欺诈行为。例如，当客户的收入、债务或历史信用记录不符合某个预定的标准时，决策树算法可以将客户标记为风险较高，从而帮助金融机构采取适当的措施降低欺诈行为风险。

因此，决策树算法在金融领域的信用评分和欺诈检测方面有着广泛的应用。

除了金融领域，我们还可以尝试让ChatGPT给出决策树算法在其他领域的应用。在ChatGPT对话框中输入“给出一个决策树算法在市场营销领域的应用案例”，会得到如下答复。

ChatGPT 决策树算法在市场营销领域的一个典型应用是客户分类。市场营销团队需要了解客户的需求和行为，以便制定有效的营销策略。决策树算法可以通过分析客户的行为和特征，将客户划分为不同的类别，并确定每个类别的特征和行为，以便市场营销团队制定相应的营销策略。

例如，一家网上商店可以使用决策树算法将客户分为几个类别，如价格敏感客户、品牌忠诚客户、高消费客户等。在这个过程中，决策树算法可以根据客户的购买历史、购买频率、购买金额及对产品的评价等因素确定客户所属的类别。

然后，网上商店可以针对不同的客户类别制定不同的营销策略。例如，对于价格敏感客户，网上商店可以提供更多的促销活动和折扣，以吸引客户进行购买；对于品牌忠诚客户，网上商店可以提供更多的品牌信息和品牌故事，以加深客户对品牌的认知和信任；对于高消费客户，网上商店可以提供更高端的产品和更优质的服务，以满足客户的需求和期望。

因此，决策树算法在市场营销领域的客户分类和营销策略制定方面有着广泛的应用。

在上面的答复中，ChatGPT给出了决策树算法用于客户分类和营销策略制定的案例。读者也可以与ChatGPT交互，获得感兴趣的应用案例。

5.2 决策树算法基础知识

通过ChatGPT的介绍，我们了解了决策树算法的背景和应用场景。在这一节中，我们将进一步学习决策树算法的知识，包括它的基本概念、构建过程，以及决策树中的criterion参数。

5.2.1 树结构基本概念

在前面的答复中，我们知道决策树算法是一种基于树结构进行分类和回归分析的机器学习算法。

那么具体在计算机科学的语境当中，树结构究竟是什么样的呢？下面我们让ChatGPT讲解一下其基本概念。在ChatGPT对话框中输入“树结构基本概念”，会得到如下答复。

ChatGPT 在计算机科学中，树（Tree）是一种非线性数据结构，由一组节点（Node）和一组连接节点的边（Edge）组成。树结构中的一个节点被称为根节点（Root），其他节点被称为子节点（Child）或叶节点（Leaf），子节点可以拥有自己的子节点，形成子树（Subtree）。树结构中没有回路（Loop）或环（Cycle），因此是一种无向图（Undirected Graph）。

以下是树结构的一些基本概念。

1. 根节点（Root）：树结构中的一个节点，是整个树结构的起点，其他节点可以通过边连接根节点。
2. 子节点（Child）：树结构中连接父节点的节点，一个节点可以有多个子节点。
3. 父节点（Parent）：连接子节点的节点，一个节点最多有一个父节点。
4. 叶节点（Leaf）：没有子节点的节点被称为叶节点，也叫终端节点（Terminal Node）。
5. 兄弟节点（Sibling）：拥有同一个父节点的节点称为兄弟节点。
6. 深度（Depth）：从根节点到某个节点的路径上的边数称为该节点的深度。
7. 高度（Height）：从某节点到叶节点的最长路径上的边数称为该节点的高度。
8. 祖先（Ancestor）：在树结构中，从根节点到某节点路径上的所有节点都是该节点的祖先。
9. 后代（Descendant）：在树结构中，从某节点到叶节点路径上的所有节点都是该节点的后代。
10. 子树（Subtree）：以某节点为根节点的子树包含该节点及其所有后代节点。

树结构的基本概念是树算法和树数据结构的基础，了解这些概念有助于更好地理解和使用树结构。

在上面的答复中，ChatGPT介绍了树结构的相关知识。包括“根结点”“子节点”“父节点”等。为了更加直观地理解这些概念，我们可以要求ChatGPT帮我们画个图。在ChatGPT对话框中输入“用Python中的Matplolib可视化树结构”，会得到如下答复。

ChatGPT 在Python中，可以使用Matplotlib库可视化树结构，其中使用的主要是Matplotlib的pyplot模块。下面是一个示例代码，用于可视化一棵二叉树的结构。

```
import matplotlib.pyplot as plt

# 定义树节点类
class TreeNode(object):
    def __init__(self, value):
        self.value = value
        self.left = None
        self.right = None

# 生成二叉树
def create_tree():
```

```
    root = TreeNode(1)
    node2 = TreeNode(2)
    node3 = TreeNode(3)
    node4 = TreeNode(4)
    node5 = TreeNode(5)
    node6 = TreeNode(6)
    node7 = TreeNode(7)
    node8 = TreeNode(8)

    root.left = node2
    root.right = node3
    node2.left = node4
    node2.right = node5
    node3.left = node6
    node3.right = node7
    node7.right = node8

    return root

# 可视化树结构
def plot_tree(node, x, y, parent_x, parent_y):
    if node is None:
        return

    # 绘制节点
    plt.plot([parent_x, x], [parent_y, y], linewidth=1.0, color='black')
    plt.text(x, y, str(node.value), fontsize=14, va='center', ha='center')

    # 计算子节点坐标
    left_x = x - 1.0/(2**y)
    right_x = x + 1.0/(2**y)
    left_y = y - 1
    right_y = y - 1

    # 绘制左子节点
    plot_tree(node.left, left_x, left_y, x, y)

    # 绘制右子节点
    plot_tree(node.right, right_x, right_y, x, y)

# 生成二叉树
```

```
root = create_tree()

# 设置绘图参数
fig = plt.figure(figsize=(8, 6), dpi=80)
plt.subplots_adjust(left=0.1, right=0.9, top=0.9, bottom=0.1)
plt.axis('off')

# 可视化二叉树
plot_tree(root, 0.5, 5, 0.5, 6)

# 显示图像
plt.show()
```

以上代码中，我们首先定义了一个TreeNode类用于表示树节点，然后使用create_tree函数生成一棵二叉树，最后使用plot_tree函数可视化二叉树的结构。接下来，我们把代码粘贴到Jupyter Notebook中运行，会得到如图 5-1 所示的结果。

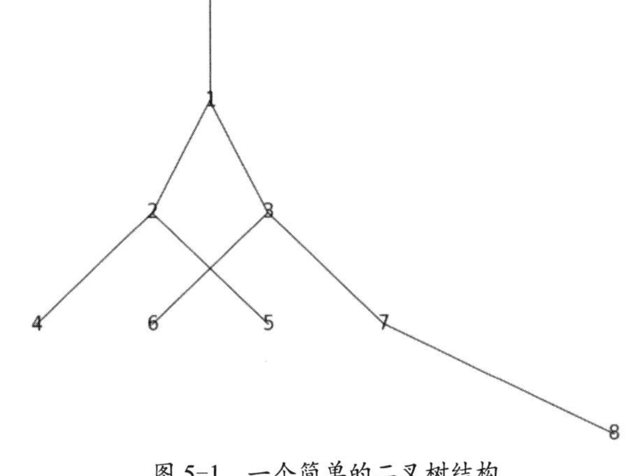

图 5-1　一个简单的二叉树结构

在图 5-1 中，我们可以看到，黑色实线表示树的边，每个节点的值用文字标注。1 节点可以看作这棵树的根节点，而 2 和 3 节点都可以看成是 1 节点的子节点。同时，4、5、6、8 节点都没有子节点，是这棵树的叶节点；而 2、4、5 节点又组成了一棵子树。

5.2.2　决策树的构建过程

在了解了树结构的基本概念后，我们探索一下决策树算法中的树是如何构建的。在ChatGPT对话框中输入“决策树的构建过程”，会得到如下答复。

ChatGPT 决策树的构建过程包括以下几个步骤。

1. 数据准备：准备包含特征和标签的数据集，通常使用表格或矩阵形式表示，其中每一行代表一个样本，每一列代表一个特征或标签。

2. 特征选择：从数据集中选择最佳的特征，以便构建最优的决策树。通常使用信息增益、信息增益比或基尼指数等指标来评估特征的好坏。

3. 决策树构建：使用选择的特征构建决策树。构建过程通常从根节点开始，递归地选择最佳的特征并将样本划分到子节点中，直到所有样本都被划分到叶节点中。

4. 决策树剪枝：为了防止过拟合，需要对决策树进行剪枝。剪枝可以分为预剪枝和后剪枝两种方法，其中预剪枝是在构建过程中直接对节点进行剪枝，后剪枝是在构建完成后对决策树进行剪枝。

5. 决策树应用：使用构建好的决策树进行预测或分类。对于分类问题，根据决策树的结构和特征值，将未知样本分配到一个叶节点，根据该叶节点上的标签进行分类预测。对于回归问题，根据决策树的结构和特征值，计算未知样本的目标值，并进行回归预测。

需要注意的是，决策树的构建过程可以基于不同的算法和指标进行优化，因此具体的构建过程可能会因算法和指标的不同而有所差异。

在上面的答复中，ChatGPT给出了构建决策树的一般步骤。当然，要想深入理解决策树的构建过程，最好还是动手试验一下。在ChatGPT对话框中输入“用Python演示决策树的构建”，会得到如下答复。

ChatGPT 好的，以下是一个使用Python中的Matplotlib库将决策树可视化的示例代码。这里仍然使用scikit-learn库的DecisionTreeClassifier类构建决策树，并使用鸢尾花数据集进行训练和预测。

```
from sklearn.datasets import load_iris
from sklearn.tree import DecisionTreeClassifier, plot_tree
from sklearn.model_selection import train_test_split
from sklearn.metrics import accuracy_score
import matplotlib.pyplot as plt

# 加载鸢尾花数据集
iris = load_iris()
X = iris.data
y = iris.target

# 将数据集分成训练集和测试集
X_train, X_test, y_train, y_test = train_test_split(X, y, test_size=0.3, 
random_state=42)

# 创建决策树分类器
clf = DecisionTreeClassifier()

# 在训练集上拟合决策树模型
clf.fit(X_train, y_train)

# 绘制决策树图形
plt.figure(figsize=(12, 8))
plot_tree(clf, filled=True, rounded=True, class_names=iris.target_names, 
feature_names=iris.feature_names)
```

```
plt.show()
```

运行以上代码后，将输出决策树分类器的可视化图形。在这个例子中，我们使用了决策树的默认参数，所以决策树的深度比较浅，图形比较简单。你可以通过调整DecisionTreeClassifier类的参数创建更复杂的决策树。

从上面的答复中我们可以看到，为了演示决策树的构建，ChatGPT使用了scikit-learn库内置的鸢尾花数据集。对这个数据集不熟悉的读者可以要求ChatGPT“简要介绍鸢尾花数据集”，将得到如下答复。

ChatGPT 鸢尾花数据集（Iris Dataset）是一个经典的分类问题数据集，由英国统计学家Ronald Fisher在1936年发布。该数据集包含了3种不同的鸢尾花（山鸢尾、变色鸢尾和维吉尼亚鸢尾）的4个特征测量值（花萼长度、花萼宽度、花瓣长度、花瓣宽度），共计150个样本。

该数据集被广泛应用于机器学习的教学、算法的测试和验证等领域。该数据集中的样本数量较少，特征数量较少，且存在类别不平衡等问题，因此被认为是入门级别的数据集，适用于分类算法的学习和研究。

在实际应用中，该数据集的分类任务可以看作根据花的特征判断其属于哪一种鸢尾花。这个任务通常是一个典型的多分类问题。

简单地说，鸢尾花数据集就是使用每种鸢尾花的4个特征，训练模型辨认样本是哪一种鸢尾花，是一个经典的入门分类任务。在大致了解任务后，我们把ChatGPT给出的构建决策树的代码粘贴到Jupyter Notebook中运行，会得到如图5-2所示的结果。

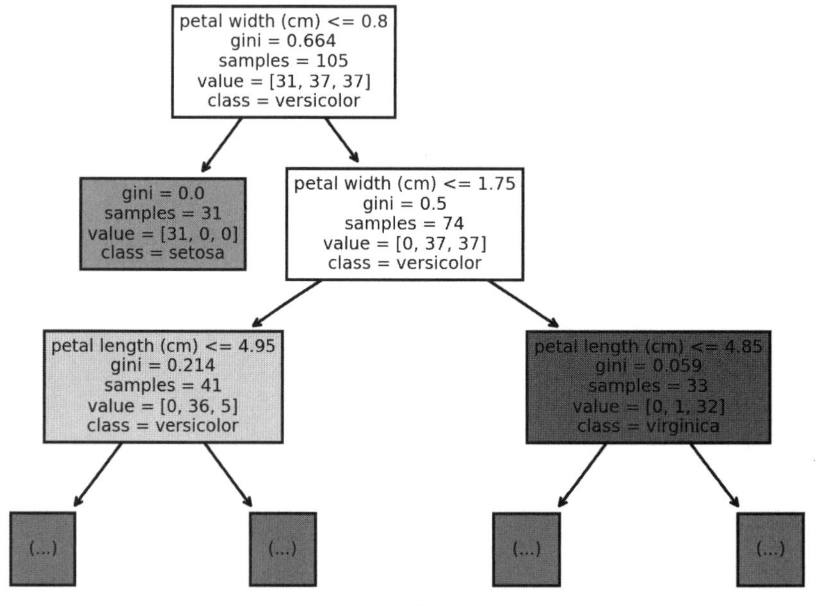

图5-2　决策树模型的可视化

温馨提示

为了方便展示，笔者修改了代码中控制层数的参数，让图像最多只显示两层树结构。读者如果直接运行ChatGPT给出的代码，得到的图像样式会与图 5-2 不同。

让我们认真观察图 5-2，在根节点中，模型首先把花瓣长度（petal length）小于等于 2.45 的样本向左划分，归入山鸢尾（setosa）类别中，其他的样本保留在变色鸢尾（versicolor）类别中；然后再把花瓣宽度（petal width）小于等于 1.75 的样本向左划分，保留在变色鸢尾类别中，其他样本向右划分入维吉尼亚鸢尾（virginica）类别中。此后模型会一直重复这个过程，直到大部分样本都被划分入正确的类别中。

细心的读者可能会发现，图 5-2 中有一个单词“gini”，这个单词代表什么意思呢？下面我们探索一下。

5.2.3　决策树中的参数

在前文中，ChatGPT 告诉我们，决策树模型通常使用信息增益、信息增益比或基尼指数等指标评估特征的好坏。这里所说的基尼指数就是我们所看到的“gini”。为了详细了解 gini 指数的概念，我们在 ChatGPT 对话框中输入“解释决策树中的 gini 指数，不要 Markdown 公式”，会得到如下答复。

ChatGPT gini 指数是衡量决策树中节点的纯度（Impurity）的一个指标，它的取值范围是 0 到 1。在二分类问题中，gini 指数被定义为一个随机选取的样本被分错类的概率。如果一个节点中包含的样本全部属于同一类别，那么该节点的 gini 指数为 0；如果一个节点中包含的样本属于不同的类别，那么该节点的 gini 指数越大，表明该节点的纯度越低。

在决策树算法中，我们会选择 gini 指数最小的特征作为划分依据，因为这样能够使划分后的子节点更加纯净。对于一个具有 n 个类别的分类问题，节点的 gini 指数可以表示为

$$\text{gini} = \sum_{i=1}^{n} p_i \left(1 - P_i\right)$$

其中，p_i 表示该节点中属于第 i 类别的样本所占比例。在实际应用中，我们通常使用 scikit-learn 库的 DecisionTreeClassifier 类构建决策树模型，并通过设置参数指定用 gini 指数作为节点划分的依据。

如果要简单理解 ChatGPT 对 gini 指数的介绍，我们就记住某个节点的 gini 指数越小越好。例如，图 5-2 中有一个节点的 gini 指数是 0，这说明该节点的纯度非常高——该节点划分的样本基本上是 100% 准确的。

同时，ChatGPT 还告诉我们可以通过设置参数指定用 gini 指数作为节点划分的依据。换句话说，还可以选择用其他的指数作为参数划分节点。为了弄清楚还有哪些选项，我们可以在 ChatGPT 对话框中输入“决策树的参数”，会得到如下答复。

ChatGPT 在 scikit-learn 库中，决策树算法的参数用于指定节点划分的依据。常用的划分依据如下。

"gini"：使用gini指数作为节点划分的依据，用于二分类或多分类问题。

"entropy"：使用信息熵（information entropy）作为节点划分的依据，用于二分类或多分类问题。

"mse"：使用均方误差（mean squared error）作为节点划分的依据，用于回归问题。

"mae"：使用平均绝对误差（mean absolute error）作为节点划分的依据，用于回归问题。

在实际应用中，我们应选择合适的参数构建决策树模型，以最大限度地提高模型的分类或回归精度。在分类问题中，常用的划分依据是"gini"和"entropy"，而在回归问题中，常用的划分依据是"mse"和"mae"。

从上面的答复中可以看到，决策树算法有4个常用的节点划分依据，分别是用于分类问题的gini指数和信息熵（entropy），以及用于回归问题的均方误差和平均绝对误差。在第1章中，我们已经简要了解了均方误差和平均绝对误差的概念，接下来我们重点了解一下信息熵的基本知识。

在ChatGPT对话框中输入“信息熵是如何计算的，不要Markdown公式”，会得到如下答复。

ChatGPT 信息熵是一种表示数据集纯度或不确定性的指标。对于二分类问题，信息熵的计算方式如下。

首先计算数据集中正例和负例所占的比例。

然后根据以下公式计算信息熵：

$$H(P) = -p\log_2(p) - (1-p)\log_2(1-p)$$

其中p表示正例在数据集中所占的比例，$1-p$表示负例在数据集中所占的比例。

当数据集中只有一种类别时，信息熵为0，表示数据集完全纯净。当正例和负例在数据集中的比例相等时，信息熵达到最大值1，表示数据集的不确定性最大。

对于多分类问题，信息熵的计算方式类似，只需要计算每个类别在数据集中所占的比例，然后根据以下公式计算信息熵：

$$H(P) = -\sum_{i=1}^{k} p_i \log_2(p_i)$$

其中k表示类别的数量，p_i表示第i类别在数据集中所占的比例。

看到这里，可能有读者会问：既然gini指数和信息熵都可以作为节点划分的依据，那么在实际操作中该如何选择呢？下面让ChatGPT给我们答案。在ChatGPT对话框中输入“如何选择gini指数和信息熵”，会得到如下答复。

ChatGPT 在决策树算法中，我们可以使用两种指标衡量节点的不确定性，即gini指数和信息熵。一般来说，它们的效果是相似的，但在某些情况下，其中一种指标可能更合适。

当类别平衡时，gini指数和信息熵的效果相似。但当类别不平衡时，使用gini指数会更好，因为它对少数类的划分更为敏感，能够更好地保留少数类的信息。另外，gini指数的计算速度通常比信息熵快，因为它只需要计算平方，而不需要计算对数。

相反，当类别比较平衡时，使用信息熵可能更好，因为信息熵对于多分类问题的鲁棒性更好，而且它能够更好地控制树的生长，防止过拟合。

因此，在选择gini指数和信息熵时，需要考虑数据集的特点和目标。如果数据集是类别不平衡的，或者需要快速构建模型，则可以考虑使用gini指数。如果数据集是类别平衡的，或者需要更好的鲁棒性，则可以考虑使用信息熵。

ChatGPT给出的答复通俗易懂地解释了如何选择不同的节点划分依据。当然，在实际工作中，我们往往会优先选择gini指数作为划分依据(scikit-learn库中决策树分类器默认的参数是gini指数)。如果效果不好，我们再尝试使用信息熵作为划分依据。

前文中还出现了一个概念——信息增益，这里我们让ChatGPT简单介绍一下这个知识点。在ChatGPT对话框中输入“信息增益是什么意思？其与信息熵有什么关系”，会得到如下答复。

ChatGPT 信息增益是一种衡量特征对分类任务的贡献程度的指标。在决策树算法中，我们需要在每个节点选择一个最佳的特征划分数据集，信息增益可以帮助我们选择最佳的特征。

信息增益的定义是，在划分前后，分类任务的信息熵变化量。在划分前，我们计算数据集的信息熵；在划分后，我们计算每个子集的信息熵，并将它们加权平均得到划分后的信息熵。信息增益就是划分前后信息熵的差值。

信息熵和信息增益有密切的关系，因为信息增益实际上是信息熵的减少量。信息熵是表示数据集纯度或不确定性的指标，它的值越小表示数据集越纯，分类任务的难度越小。信息增益表示使用某个特征划分数据集能够使分类任务更容易，即分类任务的不确定性减少的程度。因此，我们可以使用信息增益选择最佳的特征，即使信息增益最大的特征被用来划分数据集。

需要注意的是，信息增益容易偏向于选择取值较多的特征，因为这样的特征可能会生成更多的子集，从而减少分类任务的不确定性。为了解决这个问题，可以使用增益率或gini指数选择最佳的特征。

通过ChatGPT的答复，我们了解了信息增益的概念。实际上它描述了信息熵的减少量，并以此选择最佳的样本特征。

5.3 决策树算法的实现

在了解了决策树构建的相关知识之后，本节将和大家一起重点研究决策树算法的实现，包括特征选择、剪枝，以及它在回归任务中的表现等。

5.3.1 决策树的特征选择

我们已经知道，决策树算法可以通过gini指数或信息熵确定节点划分的依据，并可以选择最佳的样本特征。现在我们就来进一步了解决策树算法的特征选择。在ChatGPT对话框中输入“决策树算法的特征选择”，会得到如下答复。

ChatGPT 决策树算法中的特征选择是指在每个节点选择最佳的划分特征。在实际应用中，需要根据具体的问题和数据特点选择合适的特征选择方法。

决策树算法中的特征选择主要有以下几种方法。

1. ID3 算法：使用信息增益（Information Gain）作为特征选择的指标，选择信息增益最大的特征作为划分特征。

2. C4.5 算法：使用信息增益比（Gain Ratio）作为特征选择的指标，选择信息增益比最大的特征作为划分特征。

3. CART 算法：使用 gini 指数或信息熵作为特征选择的指标，选择 gini 指数或信息熵最小的特征作为划分特征。

4. CHAID 算法：使用卡方检验（Chi-Square Test）作为特征选择的指标，选择卡方值最大的特征作为划分特征。

需要注意的是，不同的特征选择方法适用于不同的数据类型和问题场景。在实际应用中，需要根据数据类型和问题场景选择合适的特征选择方法，以提高决策树算法的性能和预测精度。

从 ChatGPT 的答复中我们可以看到，在决策树中主要有 4 种算法进行特征选择。而 scikit-learn 使用了哪种算法呢？我们可以提问 ChatGPT “scikit-learn 中的决策树使用的是什么算法”，会得到如下答复。

ChatGPT scikit-learn 中的决策树使用的是基于 CART（Classification and Regression Tree）算法的实现。具体来说，使用的是 CART 算法的一个变体。

在构建决策树时，scikit-learn 中的实现采用了贪心策略，从根节点开始，每次选择最佳的特征进行划分，直到所有叶节点中的样本属于同一类别或达到预设的停止条件。选择最佳特征时，可以根据设置使用 gini 指数或信息熵作为划分标准。同时，scikit-learn 中的实现也提供了剪枝等技术，以避免过拟合问题。

接下来我们可以让 ChatGPT 给出一个特征选择的示例代码，在 ChatGPT 对话框中输入“用 Python 代码演示特征选择，并用热力图将特征重要性进行可视化”，会得到如下答复。

ChatGPT 以下是使用 Python 代码将决策树算法中的特征重要性进行可视化的示例。

```
import matplotlib.pyplot as plt
import numpy as np
import seaborn as sns

# 加载数据集
iris = load_iris()
```

```
# 训练模型
clf = DecisionTreeClassifier(criterion='entropy')
clf.fit(iris.data, iris.target)

# 特征重要性
feature_importances = clf.feature_importances_

# 绘制热力图
sns.set()
fig, ax = plt.subplots(figsize=(8, 5))
sns.heatmap(feature_importances[np.newaxis,:], cmap="Blues", annot=True,
ax=ax)
ax.set_yticklabels(["Feature Importance"])
plt.show()
```

在上面的代码中，首先，使用load_iris函数加载鸢尾花数据集。其次，使用DecisionTreeClassifier函数构建决策树分类器，设置criterion='entropy'表示使用信息熵作为特征选择的指标，并使用fit函数训练模型。再次，使用feature_importances_属性获取特征的重要性，并使用np.newaxis函数将其转换为二维数组。最后，使用heatmap函数绘制热力图，其中annot=True表示在图中显示数字，ax.set_yticklabels(["Feature Importance"])表示设置y轴标签为“Feature Importance”。运行代码，得到如图 5-3 所示的结果。

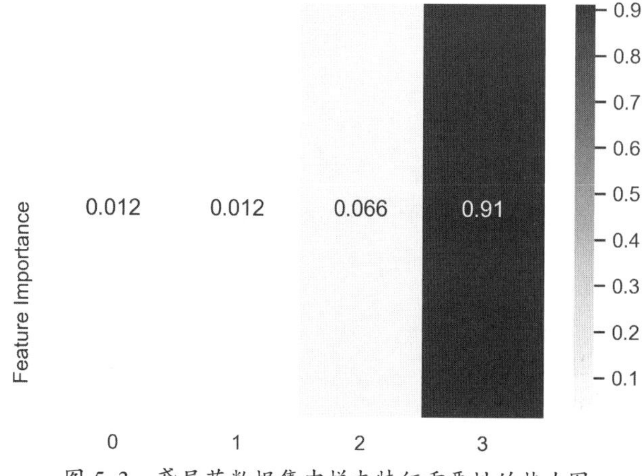

图 5-3 鸢尾花数据集中样本特征重要性的热力图

图 5-3 是鸢尾花数据集中样本特征重要性的热力图，其中颜色越深表示特征越重要。需要注意的是，上面代码中的特征选择方法是基于信息熵的，也可以根据需要选择其他特征选择方法，如使用gini指数或信息增益比等。另外，在实际应用中，还可以结合交叉验证等技术选择最优的特征选择方法。

5.3.2 决策树的剪枝

通过前面的学习，我们知道在构建决策树的过程中，我们需要对其进行剪枝，防止过拟合的现象出现。关于剪枝，我们也可以让ChatGPT给出一些信息。在ChatGPT对话框中输入“决策树的剪枝”，可以得到如下答复。

ChatGPT 决策树的剪枝是为了解决过拟合问题，即让决策树在保持较好预测能力的同时，减少过多的细节信息。剪枝方法可以分为预剪枝和后剪枝两种。

预剪枝是在决策树生成过程中，限制每个节点的最大深度、最小叶节点样本数、最小分裂样本数等条件，当节点无法继续划分时停止生长。预剪枝方法在一定程度上减少了决策树的过拟合问题，但容易出现欠拟合问题，即模型的拟合能力不足。

后剪枝是在决策树生成后，对树进行修剪，将一些叶节点和其父节点合并，形成新的叶节点。后剪枝方法一般在生成完整的决策树后，利用交叉验证等方法确定哪些节点需要被剪掉，以更有效地减少过拟合问题。

以下是一个使用后剪枝方法对决策树进行剪枝的示例，使用的是scikit-learn库中的DecisionTreeClassifier类。

```
from sklearn.tree import DecisionTreeClassifier
from sklearn.model_selection import train_test_split
from sklearn.datasets import load_breast_cancer
import matplotlib.pyplot as plt

# 加载数据集
cancer = load_breast_cancer()

# 划分数据集
X_train, X_test, y_train, y_test = train_test_split(cancer.data, cancer.
target, stratify=cancer.target, random_state=42)

# 构建决策树模型
dt = DecisionTreeClassifier(random_state=42)
dt.fit(X_train, y_train)

# 对决策树进行后剪枝
path = dt.cost_complexity_pruning_path(X_train, y_train)
ccp_alphas, impurities = path.ccp_alphas, path.impurities

dts = []
for ccp_alpha in ccp_alphas:
    dt = DecisionTreeClassifier(random_state=42, ccp_alpha=ccp_alpha)
    dt.fit(X_train, y_train)
    dts.append(dt)

# 计算每棵决策树在测试集上的准确率
train_scores = [dt.score(X_train, y_train) for dt in dts]
test_scores = [dt.score(X_test, y_test) for dt in dts]
```

```
# 可视化剪枝前后决策树的性能比较
fig, ax = plt.subplots()
ax.set_xlabel("alpha")
ax.set_ylabel("accuracy")
ax.set_title("Accuracy vs alpha for training and testing sets")
ax.plot(ccp_alphas, train_scores, marker='o', label="train",
        drawstyle="steps-post")
ax.plot(ccp_alphas, test_scores, marker='o', label="test",
        drawstyle="steps-post")
ax.legend()
plt.show()
```

在上面的答复中，ChatGPT给出了两种不同的剪枝方法——预剪枝和后剪枝，并附上了一个使用后剪枝的案例。这个案例用到了scikit-learn库中内置的“乳腺癌”（Breast Cancer）数据集。为了让读者大体了解这个数据集，还是让ChatGPT对其进行介绍。在ChatGPT对话框中输入“简要介绍Breast Cancer数据集”，会得到如下答复。

ChatGPT Breast Cancer数据集是一个常用的二分类问题数据集，用于预测乳腺肿瘤的良性或恶性。

该数据集包含 30 个实数值特征，它们是根据数字化图像的细胞核的特征计算出来的，还包含对应的乳腺肿瘤类型（良性或恶性）标签。数据集中共有 569 个样本，其中 212 个样本为恶性乳腺肿瘤，357 个样本为良性乳腺肿瘤。该数据集广泛应用于机器学习和统计学中的分类算法的研究和测试。

如果我们仔细看ChatGPT给出的示例代码，会发现它使用了一个名为cost_complexity_pruning_path的函数。要了解这个函数的作用，我们可以在ChatGPT对话框中输入“决策树中cost_complexity_pruning_path函数的作用”，会得到如下答复。

ChatGPT 在决策树剪枝过程中，cost_complexity_pruning_path是一个非常重要的函数，它可以帮助我们构建一条路径，这条路径上包含了一系列决策树，并且每棵树都有一个相应的alpha参数。在这些树中，alpha参数的值是逐步增加的，这也就意味着树的复杂度会逐步减小。当alpha值增加到一定程度时，一些分支节点开始被剪掉，最终得到一棵更为简单的决策树。

使用cost_complexity_pruning_path函数可以计算出所有可能的alpha值，根据这些alpha值，我们可以在数据集上构建一系列决策树。具体地说，对于每个alpha值，函数会返回一棵对应的决策树，这棵决策树的复杂度是由alpha值控制的。

在决策树剪枝过程中，我们会根据不同的alpha值构建不同的决策树，并且在验证集上评估每棵决策树的性能，选择在验证集上表现最优的决策树作为最终的模型。这种方法被称为代价复杂度剪枝（Cost Complexity Pruning）。

在scikit-learn中，使用DecisionTreeClassifier类的ccp_alpha参数控制决策树的复杂度。ccp_alpha参数的默认值为 0.0，当ccp_alpha的值变大时，模型的复杂度降低，模型的泛化能力会得到提高。

从上面的答复中，我们了解到cost_complexity_pruning_path函数的作用是寻找一系列的alpha参数值，以控制决策树模型的复杂度。通过改变alpha参数的值，我们可以找到性能最优的模型。

下面我们运行ChatGPT给出的示例代码，得到如图 5-4 所示的结果。

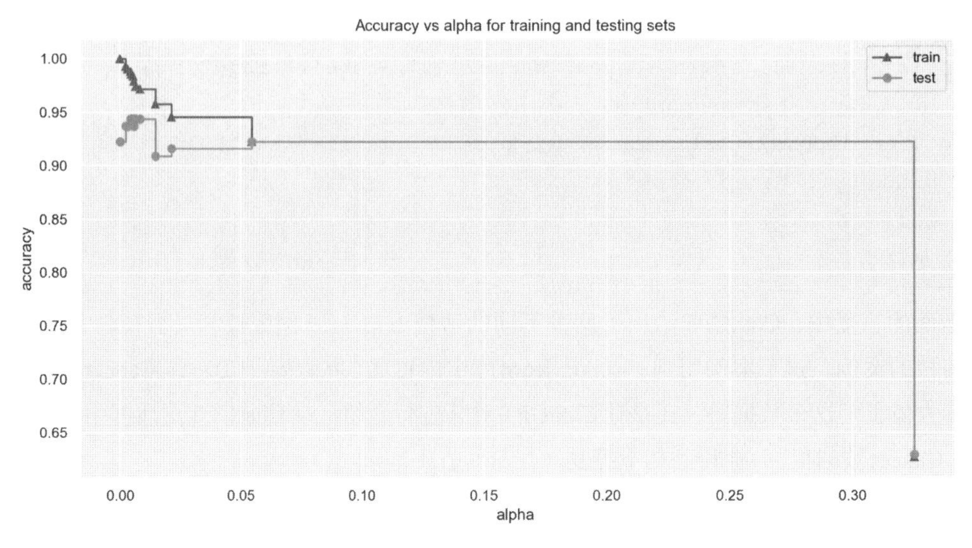

图 5-4　不同ccp_alpha参数值对应的模型表现

从图 5-4 中可以看到，代码创建了若干个ccp_alpha参数值的决策树模型。而当这个参数值为 0 时，模型出现了轻微过拟合的现象：模型在训练集中的准确率明显大于测试集中的准确率；而随着参数值逐步增加，过拟合的问题也得到了改善；当参数值大于 0.05 时，模型在训练集与测试集中的准确率就基本一致了；但当参数值增加到 0.3 以上时，模型无论是在训练集还是在测试集中的准确率都大幅下降，出现了欠拟合的现象。

5.3.3　决策树用于回归问题

前文中提到过，决策树算法既可以用于分类问题，也可以用于回归问题。但在用于回归问题时，其原理与分类问题稍有区别。如果我们提问ChatGPT“决策树用于回归的原理，不要Markdown公式”，会得到如下答复。

ChatGPT 决策树也可以用于回归问题。在回归问题中，决策树的目标是根据特征变量的值预测数值型目标变量的值。

与分类问题中的决策树类似，回归问题中的决策树也由节点和边构成。节点代表一个特征变量，边代表这个特征变量取某个值时对应的决策结果。在回归问题中，叶节点上的值不再是类别，而是一个数值。构建回归树的过程就是递归地将数据集划分成若干个子集，使每个子集内的数据尽可能相似，子集之间的数据尽可能不同。

对于每个节点，回归树需要选定一个切分点，使该点左侧数据集的所有目标变量值的平均值和右侧数据集的所有目标变量值的平均值的差最小。最小化这个差的过程被称为“平方误差和最小化”。

当回归树构建完成后，我们可以将新的数据样本通过递归地向下遍历决策树得到一个数值型的预测结果。具体而言，从根节点开始，如果新样本的某个特征值小于当前节点的切分点，就向当前节点的子树左移；否则就向子树右移，直到到达叶节点，叶节点的数值就是预测值。

与分类树不同，由于预测结果是连续的数值，在回归树中，我们往往不需要考虑复杂的剪枝等操作。

为了更加深入地了解如何将决策树算法用于回归问题，我们可以让ChatGPT给出一个示例。在ChatGPT对话框中输入“给出一个简单的决策树用于回归的Python示例代码，需要可视化”，会得到如下答复。

ChatGPT 以下是一个简单的用于回归的决策树示例代码，并且使用Matplotlib库进行可视化。

```
import numpy as np
import matplotlib.pyplot as plt
from sklearn.tree import DecisionTreeRegressor

# 生成数据
rng = np.random.RandomState(1)
X = np.sort(5 * rng.rand(80, 1), axis=0)
y = np.sin(X).ravel()
y[::5] += 3 * (0.5 - rng.rand(16))

# 训练模型
regr_1 = DecisionTreeRegressor(max_depth=2)
regr_2 = DecisionTreeRegressor(max_depth=5)
regr_1.fit(X, y)
regr_2.fit(X, y)

# 预测
X_test = np.arange(0.0, 5.0, 0.01)[:, np.newaxis]
y_1 = regr_1.predict(X_test)
y_2 = regr_2.predict(X_test)

# 可视化
plt.figure()
plt.scatter(X, y, s=20, edgecolor="black", c="darkorange", label="data")
plt.plot(X_test, y_1, color="cornflowerblue", label="max_depth=2",
linewidth=2)
plt.plot(X_test, y_2, color="yellowgreen", label="max_depth=5", linewidth=2)
plt.xlabel("data")
plt.ylabel("target")
```

```
plt.title("Decision Tree Regression")
plt.legend()
plt.show()
```

示例代码生成一个正弦函数的数据集，并使用决策树回归器拟合数据集。然后，通过将决策树深度设置为 2 和 5，分别进行两次拟合，并将结果可视化。

把 ChatGPT 给出的代码粘贴到 Jupyter Notebook 中运行，会得到如图 5-5 所示的结果。

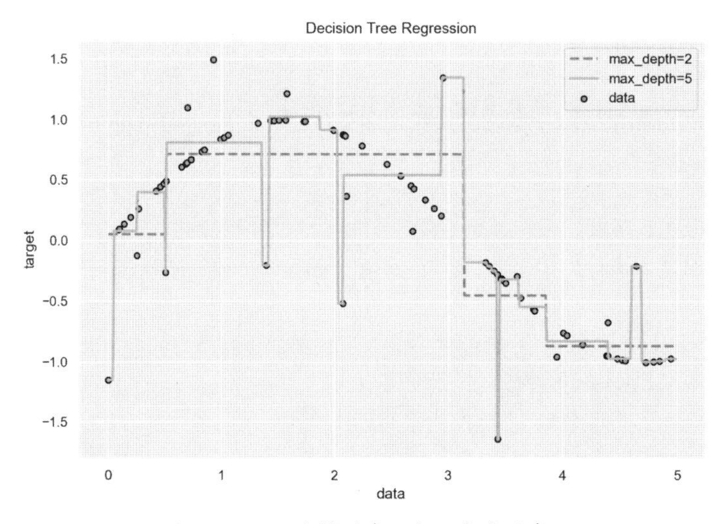

图 5-5　不同决策树在回归任务中的表现

在图 5-5 中，圆点是代码生成的实验数据。为了给模型增加难度，我们还在数据中添加了随机噪声，所以它的分布并不是标准的正弦曲线。而图中的虚线代表的是最大深度（max_depth）为 2 的决策树，实线代表的是最大深度为 5 的决策树。可以看出，最大深度为 2 的决策树比最大深度为 5 的决策树简单很多，以至于无法很好地拟合数据；而最大深度为 5 的决策树受到噪声的影响更大一些，出现了过拟合的问题。

5.4　决策树算法的不足与改进

前面我们说过，决策树算法是一个历史比较久的算法。在经历了若干年应用的洗练后，人们发现了它的不足，并不断地对它进行改进。实际上，基于决策树进行改进的若干算法如今仍旧在“工作岗位”中有着不俗的表现。这节我们探讨一下决策树的局限性与其改进的方向。

5.4.1　决策树算法的局限性

决策树算法虽然在许多领域取得了不错的成果，但是也存在一些局限性。如果我们在 ChatGPT 对话框中输入“决策树算法的局限性”，会得到如下答复。

ChatGPT 1. 过度合：决策树算法容易过度拟合训练数据，导致泛化能力较差。

2. 不稳定性：数据的微小变化可能会导致决策树的结构发生较大变化，因此决策树算法的稳定性较差。

3. 忽略属性之间的相互关系：决策树算法通常基于局部最优进行决策，而忽略了不同属性之间的相互关系。

4. 对连续值处理不友好：决策树算法通常只能处理离散的属性值，在对连续值需要进行离散化处理时，可能会导致信息损失。

5. 对缺失值敏感：决策树算法通常会忽略缺失值，可能会影响决策树的准确性。

6. 处理高维数据困难：决策树算法在处理高维数据时容易出现维度灾难，需要进行特征选择或降维处理。

需要注意的是，决策树算法虽然存在一些局限性，但是这些问题可以通过合适的处理方法得到缓解，而且决策树算法的简单性和可解释性使它在实际应用中仍然具有很高的价值。

从上面的答复中可以看到，决策树算法有诸多不足之处。5.3.3 小节的示例也印证了这一点：最大深度为 5 的模型非常努力地拟合数据，甚至把噪声数据都覆盖到了，但仍然没能很好地拟合成正弦曲线形态。这反映模型存在容易过拟合和对连续值处理不友好两个问题。

5.4.2　决策树算法的改进

虽然决策树有上述诸多问题，但近年来人们通过各种方式对算法进行改进，让它仍然能够“发光发热”。如果我们提问 ChatGPT “决策树算法的改进”，会得到如下答复。

ChatGPT 决策树算法有许多改进的方法，以下是其中一些常见的方法。

1. 随机森林（Random Forest）：随机森林是一种基于决策树的集成算法，它通过同时构建多个决策树提高预测精度。随机森林中每个决策树都是基于不同的样本和特征集构建的，因此可以有效地避免过拟合。

2. 梯度提升树（Gradient Boosting Tree）：梯度提升树也是一种基于决策树的集成算法，它通过逐步地拟合数据集的残差训练多个决策树，从而提高预测精度。梯度提升树可以在使用相同的训练集的情况下，比随机森林更加准确，但需要更长的训练时间。

3. XGBoost：XGBoost 是一种梯度提升树的改进版，它在梯度提升树的基础上引入了正则化和缺失值处理等技术，以提高模型的准确性和鲁棒性。

4. LightGBM：LightGBM 是一种基于梯度提升树的轻量级算法，它通过基于直方图的算法和多线程技术加速训练和预测速度，并提供了更高的准确性。

5. CatBoost：CatBoost 是一种基于梯度提升树的算法，它在处理分类特征和缺失值方面具有优势，并且可以自动处理离散型特征和文本数据等非数值型数据。

从上面的答复中可以看到，在决策树算法的基础上，又发展出若干种新的算法，如随机森林、

LightGBT 等。如果读者关注各种算法大赛平台，应该会经常看到这些算法的身影。在第 6 章中，我们会进一步了解这些算法，并掌握如何在项目中应用它们。

5.5 习题

在本章中，我们一起学习了决策树算法的基础知识，包括基本概念、如何构建和对于节点的划分标准；然后也探索了决策树中的特征选择、剪枝，以及其在回归问题中的表现；最后探讨了决策树的不足和改进。下面又到了习题时间，本章的习题仍旧由 ChatGPT 生成。

1. 什么是决策树？它是如何工作的？
2. 请描述构建决策树的基本步骤。
3. 什么是信息增益？
4. 在决策树算法中，信息增益如何用于选择最佳分裂属性？
5. 在决策树中，过拟合如何发生？
6. 有哪些方法可以避免决策树模型过拟合？
7. 请解释决策树分类器与回归树模型之间的区别。
8. 请用以下数据集构建决策树，并使用它预测一个新的样本的类别。

编号	特征 1	特征 2	类别	编号	特征 1	特征 2	类别
1	是	是	是	6	否	否	否
2	是	否	否	7	是	是	否
3	否	是	否	8	否	否	否
4	否	否	否	9	是	否	否
5	是	是	是	10	否	是	否

第6章 让ChatGPT带我们玩转集成学习

本章导读

在第 5 章中，我们学习了决策树算法。决策树算法应用范围广、易于理解，有很多显著的优点；我们还讨论了它的不足与改进的方式，其中一个比较流行的改进变体就是集成学习算法。在本章，我们将与读者一起学习集成学习算法。

知识要点

通过对本章内容的学习，您将掌握以下知识：

- 集成学习算法的基本概念。
- 集成学习算法的优缺点。
- 基本的集成学习算法。
- 高级集成学习算法。

6.1 让ChatGPT介绍一下集成学习算法

我们先了解一下集成学习算法的基本概念。在 ChatGPT 对话框中输入“集成学习算法的概述”，会得到如下答复。

> ChatGPT 集成学习是一种通过组合多个单一分类器改善分类性能的机器学习技术。单一分类器可能会因为过拟合或欠拟合等问题而产生错误，而集成学习可以通过结合多个不同的分类器减少这些问题。集成学习算法可以用于分类问题、回归问题、特征选择和异常检测等任务。

通过上面的答复，我们可以了解到，实际上集成学习算法就是将多个单一分类器进行组合进而改善性能的技术。这也是“集成”二字的由来。接下来，我们再了解一下集成学习的类型及实现的方式。

6.1.1 集成学习算法有哪些类型

在ChatGPT对话框中输入“集成学习算法的类型”，可以得到如下答复。

ChatGPT 集成学习算法可以分为两类：并行集成和串行集成。并行集成指的是同时训练多个分类器，并在预测时将它们的结果进行投票或平均。串行集成则是一种通过训练多个分类器，从而逐步改进集成模型的方法，其中每个分类器都是基于前一个分类器的误差训练的。

从上面的答复中，我们可以看到集成学习算法主要有并行集成和串行集成两种类型。接下来我们可以让ChatGPT进一步解释这两种不同的集成学习算法。在ChatGPT对话框中输入“用通俗易懂的语言解释什么是并行学习”，会得到如下答复。

ChatGPT 并行学习是指在同一时间内使用多个计算资源训练机器学习模型的过程。简单地说，就是同时使用多台计算机或多个CPU/GPU加速模型的训练过程。

在传统的机器学习中，模型的训练通常是在单台计算机上完成的。但是，对于大规模的数据集和复杂的模型，这个过程可能会非常缓慢，训练时间可能需要数小时甚至数天。

通过并行学习，我们可以将数据分割成多个子集，在不同的计算资源上同时训练这些子集，从而加快模型的训练速度。此外，并行学习还可以通过在不同的计算节点上运行相同的模型，并且让每个节点学习不同的数据，最终组合每个节点的模型输出构建一个更加准确的模型。

总之，并行学习是一种有效的机器学习加速方法，可以提高模型训练效率，加快模型迭代速度，提高模型的准确性。

从上面的答复中我们可以了解到，并行学习的主要方式是将数据集分割成多个子集，然后使用多个计算资源训练这些子集，从而提高效率。同样，我们输入“用通俗易懂的语言解释什么是串行学习”，会得到如下答复。

ChatGPT 串行学习是指在模型训练过程中，使用多个模型按照特定的顺序进行训练和组合，以提高模型的准确性和泛化性能。

在串行学习中，第一个模型学习数据集的所有信息，并通过其预测结果的误差调整第二个模型的学习过程。第二个模型基于第一个模型的预测结果对数据进行学习，以减少误差并提高准确性。接下来的每个模型都是基于前一个模型的误差训练的，从而逐步提高模型的准确性和鲁棒性。

这种串行学习的方法可以降低模型的偏差，提高模型的泛化性能，并且具有很好的可解释性。但是，串行学习需要消耗更多的时间和计算资源，因为每个模型都必须在前一个模型训练完后才能开始训练。

总之，串行学习是一种有效的机器学习方法，可以通过逐步优化模型的方式提高模型的准确性和泛化性能，但需要消耗更多的时间和计算资源。

从上面的答复中可以看出，串行学习是通过把若干个模型“串起来”，让每个模型都基于前一个模型的误差进行改进。这样可以有效地提高准确性和鲁棒性，但对于计算资源的消耗更多一些。

6.1.2　集成学习算法有哪些实现方式

对于关注算法实现的读者来说，可以在ChatGPT对话框中输入“集成学习算法的实现”，得到如下答复。

ChatGPT 集成学习算法有许多不同的实现方式，具体如下。

1. 投票分类器：将多个分类器的预测结果进行投票，选取票数最多的作为最终预测结果。

2. 平均分类器：将多个分类器的预测结果进行平均，以得到最终预测结果。

3. 堆叠分类器：将多个分类器的预测结果作为新的训练集，训练一个新的分类器。

4. Boosting算法：通过调整样本权重训练多个弱分类器，将这些分类器组合起来形成一个强分类器。

5. Bagging算法：通过自助采样方法生成多个训练集，训练多个弱分类器，并将它们组合起来形成一个强分类器。

从上面的答复中我们可以看到，集成学习算法有很多，其中投票分类器、平均分类器和堆叠分类器从字面上很容易理解，但Boosting算法和Bagging算法都是训练多个弱分类器，再组合成强分类器，那么它们的区别是什么呢？

为了弄清楚这个问题，我们可以在ChatGPT对话框中输入“用通俗的语言解释Boosting算法和Bagging算法的区别”，会得到如下答复。

ChatGPT Boosting算法和Bagging算法都是集成学习中常见的方法，它们的主要区别在于集成过程中每个基分类器的权重计算方式不同。

Boosting算法是一种迭代的方法，它的目标是将多个弱分类器组合成一个强分类器。在每一轮迭代中，Boosting算法会根据前一轮分类器的分类结果调整样本权重，使前一轮分类器分类错误的样本得到更高的权重，从而使下一轮分类器能够更好地学习这些错误分类的样本。通过这种方式，逐步提高模型的准确性，并将多个弱分类器组合成一个强分类器。

Bagging算法则是一种基于自助采样法的集成方法，它的主要思想是通过随机采样有放回地从原始数据集中选取多个子样本集进行训练，最后将这些子样本集的分类结果平均或投票得到集成分类器的结果。Bagging算法的每个子样本集都是等权重的，因此每个基分类器对于最终结果的影响是相同的。

总之，Boosting算法中每个基分类器的权重会根据前一轮分类器的分类结果调整，使前一轮分类器分类错误的样本得到更高的权重，而Bagging算法中每个基分类器的权重相同。

从上面的答复中可以看到，Boosting算法和Bagging算法最主要的区别在于它们的基分类器权重的计算发放是不同的。Boosting算法中每个基分类器的权重不同，但Bagging算法的基分类器权重相同。

6.1.3 集成学习算法的优势和劣势

在了解了集成学习算法的基本概念后，我们还可以探讨一下它的优势与劣势。在ChatGPT对话框中输入“集成学习的优势和劣势”，会得到如下答复。

ChatGPT 集成学习是一种将多个弱学习器组合起来形成强学习器的机器学习技术。它的优势和劣势分别如下。

优势：

1. 提高预测准确性：集成学习可以通过结合多个弱学习器的结果获得更加准确和稳定的预测结果，减少过拟合风险。

2. 提高鲁棒性：集成学习可以通过结合多个弱学习器的结果提高模型的鲁棒性，即使部分弱学习器的预测结果出现错误，整体的预测结果也不会受到太大影响。

3. 适用范围广：集成学习适用于各种机器学习问题和算法，包括分类、回归、聚类等，可以通过调整不同的参数和算法选择适应不同的任务。

4. 可扩展性：集成学习可以通过添加更多的弱学习器提高模型的准确性和鲁棒性，可以应对数据集不断增大和复杂的挑战。

劣势：

1. 消耗计算资源和时间：集成学习需要训练多个弱学习器和进行集成，因此需要更多的计算资源和时间完成。

2. 参数选择困难：集成学习涉及多个参数和算法的选择，参数的选择和调整需要一定的经验和技巧，否则可能会导致过拟合或欠拟合等问题。

3. 可解释性差：由于集成学习是将多个弱学习器结合起来进行预测，预测结果的可解释性相对较差，难以对模型的预测结果做出解释。

总之，集成学习作为一种强大的机器学习技术，可以提高模型的预测准确性和鲁棒性，但需要付出更多的计算资源和时间成本，并且需要在参数选择和调整上下更多的功夫。

从上面的答复中可以看到，集成学习的优势比较明显。它确实可以有效避免过拟合现象的发生。但与此同时，它也有一定的劣势。例如，计算资源和时间消耗确实更大，并且模型拟合的时间比单个学习器长一些。

当然，虽然集成学习算法有一些不足，但还是可以通过一些方法避免的。ChatGPT也可以给出一些建议。在ChatGPT对话框中输入“如何避免集成学习算法的劣势”，可以得到如下答复。

ChatGPT 虽然集成学习算法有一些劣势，但我们可以通过以下方法避免这些劣势。

1. 消耗计算资源和时间：我们可以使用分布式计算、GPU加速等技术加速集成学习算法的训练和预测过程。此外，我们还可以选择较为轻量级的弱学习器，以减少模型的训练和预测时间。

2. 参数选择困难：我们可以使用交叉验证等技术选择和调整模型参数。交叉验证可以在训练数据集上进行模型参数选择和调整，并通过验证集评估模型的性能，从而避免过拟合和欠拟合等问题。

3. 可解释性差：我们可以使用一些可解释性较强的集成学习算法，如决策树的集成算法，以便更好地解释模型的预测结果。另外，我们还可以对每个弱学习器的预测结果进行分析，以便更好地理解和解释模型的预测结果。

总之，避免集成学习算法的劣势需要我们在选择和调整算法、使用更高效的计算资源和技术、对模型结果进行分析和解释等方面下功夫。只有通过不断实践和探索，我们才能更好地利用集成学习算法解决实际问题。

上面是ChatGPT给出的避免集成学习算法劣势的建议。可以看出，只要能够采取有效的措施，我们还是可以将集成学习算法应用到大部分场景当中。

6.2 基本的集成学习算法

在了解了基本概念后，我们将进一步学习集成学习算法的知识。集成学习既有比较基本的算法，也有相对高级的算法。这一节我们先来研究一下基本的集成学习算法。

在ChatGPT对话框中输入“有哪些基本的集成学习算法”，会得到如下答复。

ChatGPT 下面是一些常见的集成学习算法。

1. Bagging（Bootstrap Aggregating）算法：通过在原始数据集中随机选择样本进行重复抽样（Bootstrap），生成多个子数据集，每个子数据集训练一个独立的弱学习器，最后将多个弱学习器的预测结果进行平均或投票。

2. Boosting算法：通过对数据进行加权，将多个弱学习器串行集成起来，每个弱学习器的训练目标是学习上一个弱学习器的误差残差，最终将多个弱学习器的预测结果进行加权平均得到最终的预测结果。常见的Boosting算法包括AdaBoost、GBDT等。

3. Stacking算法：通过将多个不同类型的弱学习器进行堆叠，生成一个新的元数据集，再用另一个元学习器对该元数据集进行训练，得到最终的集成学习模型。

4. 随机森林（Random Forest）算法：与Bagging算法类似，通过随机选择特征和样本进行子数据集生成，但不同的是，随机森林算法对于每个弱学习器使用的是决策树模型。

5. AdaBoost（Adaptive Boosting）算法：与Boosting算法类似，但是每个弱学习器的训练权重会根据上一个弱学习器的预测错误率进行自适应调整，以便更好地训练下一个弱学习器。

这些算法都可以用于二分类、多分类和回归问题，它们都有各自的特点和适用场景，我们需要根据具体情况选择合适的算法。

从上面的答复中可以看到，ChatGPT列举了 5 种常见的集成学习算法。其中随机森林与Bagging算法类似，而AdaBoost与Boosting算法类似，只有Stacking算法比较独特。下面我们就重点研究一下Stacking、随机森林和AdaBoost这 3 种算法。

6.2.1 Stacking算法

要了解Stacking算法，我们可以在ChatGPT对话框中输入“简要介绍Stacking算法”，会得到如下答复。

ChatGPT Stacking算法是一种高级的集成学习算法，它通过将多个不同的模型组合在一起，提高模型的性能和预测能力。Stacking算法由两个阶段组成：第一阶段，将训练数据集分成若干份，每份数据集用于训练不同的基础模型；第二阶段，将第一阶段得到的基础模型的预测结果作为新的特征输入一个元模型中进行训练和预测。Stacking算法可以利用多种不同的模型作为基础模型，包括线性模型、非线性模型、决策树、神经网络等，元模型可以是任意类型的模型，如线性回归、逻辑回归、决策树、神经网络等。

Stacking算法的主要优点在于，它能够利用多种不同的模型进行集成，从而在解决复杂和具有挑战性的问题时，得到更好的结果。与传统的集成学习算法相比，Stacking算法更加灵活，可以根据实际问题选择合适的基础模型和元模型，并可以根据实际情况进行参数调整和优化。同时，Stacking算法还可以通过特征选择和特征工程等方法进一步提高模型性能。

然而，Stacking算法也存在一些挑战和限制。第一，它需要更多的计算资源和时间训练和调整多个模型，并且需要谨慎选择和组合不同的模型，以避免过拟合和欠拟合等问题。第二，将基础模型的预测结果作为元模型的输入特征，可能存在噪声和误差，因此需要更多的处理和优化方法减少这些影响。

从这段答复中，我们可以看到Stacking算法可以集成多种不同的模型进行训练，是一种非常灵活的集成算法。

接下来，我们通过例子进行试验，以便更好地理解Stacking算法。在ChatGPT对话框中输入“Stacking算法的Python示例”，会得到如下答复。

ChatGPT 下面是一个使用Stacking算法进行分类任务的Python示例。这里我们将使用scikit-learn库实现Stacking算法。

首先，导入需要用到的库和数据集，并使用鸢尾花数据集，其中包含了150个样本和4个特征。

```
from sklearn.datasets import load_iris
from sklearn.model_selection import train_test_split
from sklearn.linear_model import LogisticRegression
from sklearn.ensemble import RandomForestClassifier
from sklearn.naive_bayes import GaussianNB
from sklearn.metrics import accuracy_score
from mlxtend.classifier import StackingClassifier

iris = load_iris()
X, y = iris.data, iris.target
```

```
X_train, X_test, y_train, y_test = train_test_split(X, y, test_size=0.3,
random_state=42)
```

其次，定义3个不同的基础模型和一个元模型。这里我们使用逻辑回归、随机森林和高斯朴素贝叶斯模型作为基础模型，并使用逻辑回归模型作为元模型。

```
clf1 = LogisticRegression(random_state=42)
clf2 = RandomForestClassifier(random_state=42)
clf3 = GaussianNB()
lr = LogisticRegression(random_state=42)

sclf = StackingClassifier(classifiers=[clf1, clf2, clf3],
                          meta_classifier=lr)
```

再次，对基础模型进行训练，并将基础模型的预测结果作为元模型的输入进行训练和预测。

```
sclf.fit(X_train, y_train)
y_pred = sclf.predict(X_test)
print('Stacking Accuracy:', accuracy_score(y_test, y_pred))
```

最后，输出Stacking算法的准确率。

接下来，我们把ChatGPT生成的代码粘贴到Jupyter Notebook中运行，并观察运行的结果，结果如下。

```
Stacking Accuracy: 1.0
```

在ChatGPT给出的代码中，使用Stacking算法将逻辑回归、随机森林、高斯朴素贝叶斯这3种算法作为基础模型进行堆叠，再把它们预测的结果输出给一个逻辑回归模型进行训练。从模型预测的结果看，Stacking算法获得了100%的准确率。

上述代码调用了一个名为mlxtend的库。它提供了多种机器学习工具和算法的实现，包括数据预处理、特征选择、分类、聚类、集成学习等领域。它的目的是让机器学习任务更加容易和高效地完成。但是这个库不包含在Anaconda当中，需要单独安装，在终端输入“pip install mlxtend”即可安装最新版本。

上述代码涉及本书还未介绍的高斯朴素贝叶斯算法。对于不了解这个算法的读者来说，只需理解它也是一个用于分类任务的算法。想要深入探索的读者也可以向ChatGPT提问，了解高斯朴素贝叶斯算法的相关知识。

6.2.2 随机森林算法

在6.2.1小节中，我们了解了Stacking算法的相关知识。细心的读者会发现，在示例代码中，

Stacking算法包含了一个随机森林的模型。实际上，随机森林也是一种集成算法。接下来我们一起研究一下随机森林的相关知识。在ChatGPT对话框中输入“简要介绍随机森林算法”，会得到如下答复。

ChatGPT 随机森林是一种基于决策树的集成学习算法，它通过随机化特征选择和数据抽样构建多棵决策树，最终将它们集成起来进行分类或回归预测。

随机森林算法的主要步骤如下。

1. 随机选择一部分样本（有放回地抽样），作为训练数据，剩余样本用于测试。

2. 随机选择一部分特征作为候选特征。

3. 基于选择的特征，构建一棵决策树。在构建决策树的过程中，每次节点分裂时，从候选特征中选择最优特征。

4. 重复步骤2和3，构建多棵决策树。

5. 对于分类问题，每棵决策树投票选择最终的类别；对于回归问题，每棵决策树输出的结果的平均值作为最终结果。

随机森林算法的优点包括以下几个方面。

1. 对于高维数据和大规模数据集有较好的性能。

2. 可以进行特征选择，通过特征重要性排序筛选出最重要的特征。

3. 可以检测特征之间的交互作用。

4. 可以检测异常值和噪声。

随机森林算法的缺点包括以下几个方面。

1. 对于少量数据集，可能会出现过拟合。

2. 对于分类问题，如果类别不平衡，可能会导致分类器偏向多数类。

3. 对于回归问题，可能会出现过度平滑的情况。

在实践中，随机森林算法被广泛应用于分类和回归问题，特别是在数据挖掘、机器学习和金融风控等领域。它在解决高维和大规模数据问题上表现优秀，同时也相对容易实现和使用。

在上面的答复中，ChatGPT不仅告诉了我们随机森林的工作原理，还给出了该算法的优缺点。下面我们让ChatGPT用代码演示随机森林的模型训练过程。在ChatGPT对话框中输入“在Python中训练随机森林模型的示例代码”，会得到如下答复。

ChatGPT 以下是使用Python中的scikit-learn库训练随机森林模型的示例代码。

```
from sklearn.ensemble import RandomForestClassifier
from sklearn.datasets import load_iris
from sklearn.model_selection import train_test_split

# 加载iris数据集
```

```
iris = load_iris()

# 划分训练集和测试集
X_train, X_test, y_train, y_test = train_test_split(iris.data, iris.target,
test_size=0.3, random_state=42)

# 训练随机森林模型
rf = RandomForestClassifier(n_estimators=100, random_state=42)
rf.fit(X_train, y_train)

# 预测测试集
y_pred = rf.predict(X_test)

# 计算准确率
accuracy = sum(y_pred == y_test) / len(y_test)
print('Accuracy:', accuracy)
```

在这个示例中，我们使用scikit-learn库中的RandomForestClassifier类构建随机森林分类器。首先，加载iris数据集，并使用train_test_split函数将数据集划分为训练集和测试集。其次，使用RandomForestClassifier类初始化一个随机森林分类器对象，并将n_estimators参数设置为100指定随机森林中树的数量。再次，使用训练集训练随机森林模型，并使用测试集进行预测。最后，计算预测准确率评估模型性能。

将代码粘贴到Jupyter Notebook当中运行，会得到如下结果。

```
Accuracy: 1.0
```

从以上代码运行的结果可以看到，随机森林算法也获得了100%的分类准确率。

在第5章中，我们使用plot_tree函数对决策树模型进行了可视化。那么我们是否可以将随机森林模型也进行可视化呢？我们来问一问ChatGPT，在ChatGPT对话框中输入“如何将随机森林的模型进行可视化，不要用Graphviz”，会得到如下答复。

ChatGPT 要将随机森林模型进行可视化，可以使用tree模块中的plot_tree函数。这个函数可以绘制单棵树，也可以绘制随机森林中的所有树。

以下是绘制随机森林中第一棵树的示例代码。

```
from sklearn.ensemble import RandomForestClassifier
from sklearn.datasets import load_iris
from sklearn.tree import plot_tree
import matplotlib.pyplot as plt
```

```
# 加载iris数据集
iris = load_iris()

# 训练随机森林模型
rf = RandomForestClassifier(n_estimators=100, random_state=42)
rf.fit(iris.data, iris.target)

# 绘制第一棵树
plt.figure(figsize=(10,10))
plot_tree(rf.estimators_[0], filled=True, feature_names=iris.feature_names,
 class_names=iris.target_names)
plt.show()
```

在这个示例中，我们先加载iris数据集并训练随机森林模型。然后，我们使用plot_tree函数绘制随机森林中的第一棵树。注意，我们需要将filled参数设置为True以使绘制出的树有填充颜色，feature_names参数设置为特征名称，class_names参数设置为目标类别名称。

如果要绘制随机森林中的所有树，可以使用类似的方法，循环绘制每棵树。

```
plt.figure(figsize=(20,20))
for i in range(len(rf.estimators_)):
    plt.subplot(10, 10, i+1)
plot_tree(rf.estimators_[i], filled=True, feature_names=iris.feature_names,
 class_names=iris.target_names)
plt.show()
```

在这个示例中，我们循环遍历随机森林中的每棵树，并将它们绘制在一个大的图形中。

因为我们的随机森林中包括 100 棵决策树，实在不方便把每一棵都绘制出来，所以我们修改一下代码，只绘制其中 4 棵。修改的代码如下。

```
for i in range(4):
    plt.subplot(2, 2, i+1)
plot_tree(rf.estimators_[i], max_depth=2, filled=True,
 feature_names=iris.feature_names, class_names=iris.target_names)
plt.show()
```

运行代码，可以得到如图 6-1 所示的结果。

在图 6-1 中，我们对随机森林中的 4 棵决策树进行了可视化。由于图像过大，难以看清每棵决策树的详细信息。不过不要担心，我们此处仅介绍随机森林的原理，并不需要大家了解每棵决策树的参数。

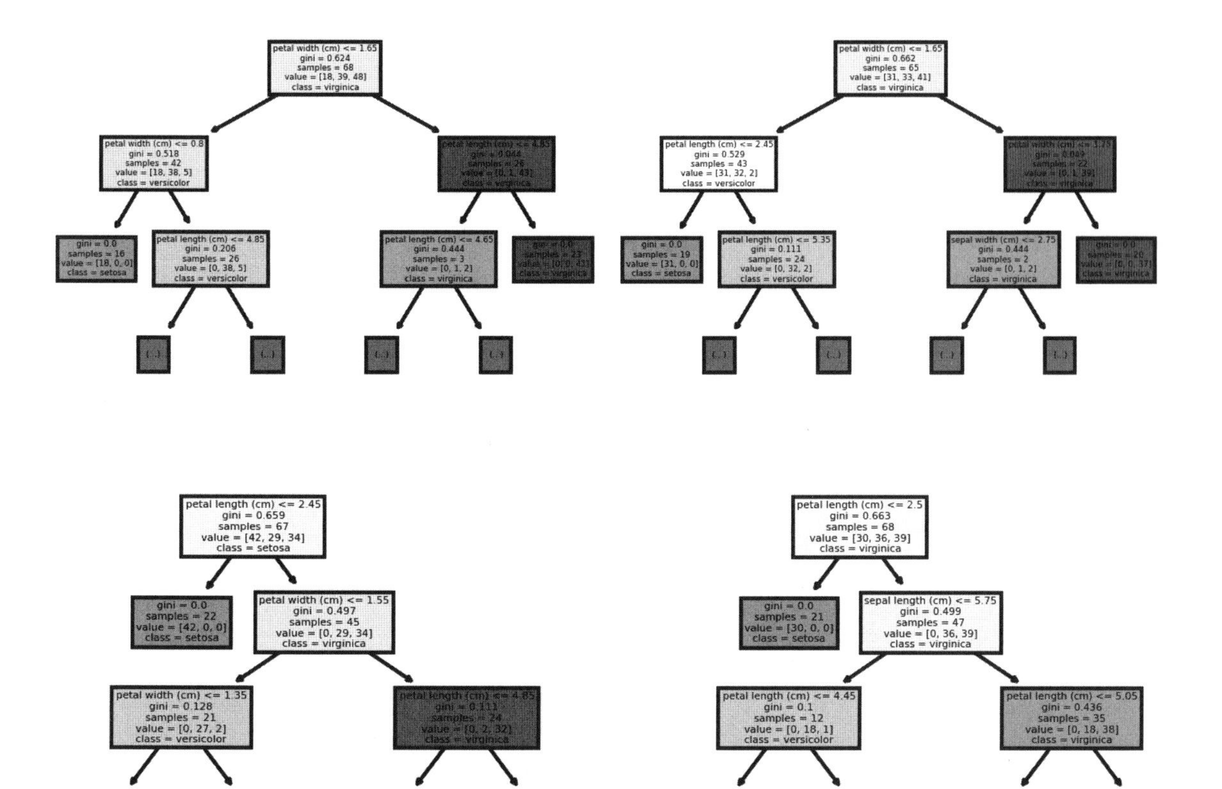

图 6-1　将随机森林中部分决策树可视化

6.2.3　AdaBoost算法

在对Stacking算法和随机森林算法有了一定了解后，我们再研究一下AdaBoost算法。在ChatGPT对话框中输入“简要介绍AdaBoost算法”，会得到如下答复。

ChatGPT AdaBoost（Adaptive Boosting）算法是一种集成学习方法，旨在提高分类器的准确性。它通过将多个弱分类器组合成一个强分类器实现这一点，每个弱分类器都被赋予一个相应的权重，以便更好地对数据进行分类。

AdaBoost算法的基本思路是，在每次训练中，给那些被前一轮分类器分类错误的样本增加一些权重，然后用这些新的样本权重重新训练分类器，使前一轮分类器错分的样本在后面的训练中得到更好的纠正。

具体来说，AdaBoost算法的步骤如下。

1. 初始化训练数据的权重分布为均匀分布。

2. 训练第一个分类器，并根据分类器的准确性计算其权重。

3. 根据第一个分类器的权重，更新数据集的权重分布，使前一个分类器错误分类的样本权重增加，而正确分类的样本权重减少。

4. 重复步骤2和3，训练出多个分类器，每个分类器都根据前一个分类器的错误率计算自己的权重。

5. 将多个分类器组合成一个强分类器，根据分类器的权重确定每个分类器在最终决策中所占的比重。

AdaBoost算法的优点在于可以对各种类型的数据进行分类，具有很高的准确性和泛化能力。但是，它对异常值和噪声数据很敏感，因此需要对数据进行预处理和清洗，以确保模型的鲁棒性。

在实现AdaBoost算法时，可以使用一些流行的机器学习库，如scikit-learn。

从上面的答复中可以看到，AdaBoost算法在训练过程中，会根据每一个弱分类器的准确性计算权重，然后根据权重"采纳"每个弱分类器的"意见"，确定最终的分类结果。下面我们通过更加直观的方式观察这个过程。在ChatGPT对话框中输入"用scikit-learn生成实验数据并演示AdaBoost，然后可视化其分类器权重的变化"，会得到如下答复。

ChatGPT 下面是一个用scikit-learn生成实验数据并演示AdaBoost的示例代码。在这个示例中，我们使用make_moons函数生成一组随机数据，然后使用AdaBoost模型对其进行分类，并可视化每个分类器的权重变化。

```
import numpy as np
import matplotlib.pyplot as plt
from sklearn.datasets import make_moons
from sklearn.tree import DecisionTreeClassifier
from sklearn.ensemble import AdaBoostClassifier

# 生成实验数据
X, y = make_moons(n_samples=500, noise=0.3, random_state=42)

# 初始化分类器和AdaBoost模型
tree_clf = DecisionTreeClassifier(max_depth=9, random_state=42)
ada_clf = AdaBoostClassifier(base_estimator=tree_clf,
n_estimators=20, algorithm="SAMME.R",
learning_rate=0.5, random_state=42)

# 训练AdaBoost模型
ada_clf.fit(X, y)

# 可视化每个分类器的权重变化
fig = plt.figure(figsize=(10, 6))
ax = fig.add_subplot(111)
ax.plot(range(1, len(ada_clf.estimator_errors_) + 1), ada_clf.estimator_
weights_, linewidth=2)
```

```
ax.set_xlabel('Number of estimators', fontsize=12)
ax.set_ylabel('Weight', fontsize=12)
plt.show()
```

上面的代码很好地解释了AdaBoost算法的工作原理。为了增加分类的难度，先是生成了包含噪声的数据样本；然后使用决策树算法作为基础的分类器，并且让AdaBoost集成了 20 个决策树分类器。运行代码，会得到如图 6-2 所示的结果。

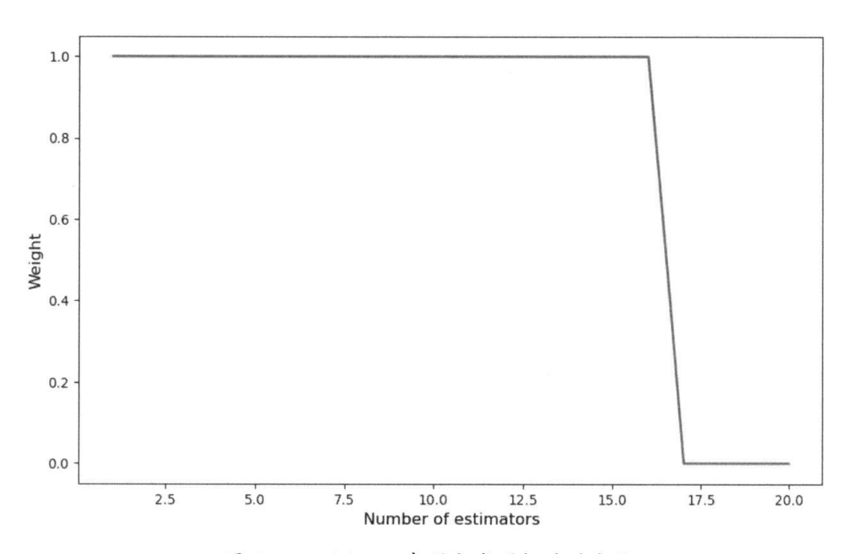

图 6-2　Adaboost 中弱分类器权重的变化

在图 6-2 中，x轴表示分类器数量，y轴表示分类器的权重。我们可以看到，分类器数量增加到 16 个时，后面的分类器权重都显著减少了，这表明前 15 个分类器对整体模型的贡献更加重要，而AdaBoost模型正是通过组合这些分类器提高整体性能的。

6.3 高级的集成学习算法

在 6.2 节中，我们探索了一些基本的集成学习算法，包括Stacking算法、随机森林算法和AdaBoost算法。在这一节中，我们再来研究一些高级的集成学习算法。在ChatGPT对话框中输入“有哪些高级集成学习算法”，会得到如下答复。

ChatGPT 除了常见的基本集成学习算法，还有一些高级的集成学习算法，这些算法主要用于解决更复杂和具有挑战性的问题，包括以下几种。

1. Gradient Boosting Decision Tree（GBDT）：是一种基于Boosting思想的集成学习算法，采用CART决策树作为弱学习器，在每一轮训练中通过梯度下降优化损失函数，进而训练一个新的弱学习器。GBDT在实际应用中表现优秀，被广泛应用于数据挖掘、图像识别、自然语言处理等领域。

2. XGBoost（eXtreme Gradient Boosting）：是一种基于GBDT算法的高性能、可扩展的Boosting

框架，它通过多线程并行计算和分布式计算加速模型的训练和预测过程，同时还提供了一些额外的正则化和损失函数优化方法，可以更好地避免过拟合和提高模型泛化能力。

3. LightGBM：是微软公司开发的一种基于GBDT算法的高性能、低内存占用的Boosting框架，它采用基于梯度的单边直方图算法进行特征分裂，可以大大加快模型的训练速度，同时还提供了一些额外的正则化和并行计算方法，可以更好地避免过拟合和提高模型泛化能力。

4. CatBoost：是一种基于GBDT算法的Boosting框架，它采用一些特殊的技术处理类型特征和缺失值，并利用对称二叉树结构和随机排列等方法加快模型的训练和预测过程，可以在复杂数据集上表现出色。

5. Neural Network Ensembles：是一种利用多个神经网络模型进行集成的方法，包括Bagging、Boosting和Stacking等。它可以提供强大的非线性建模能力和特征自动提取能力，因此在一些需要进行高级特征工程和非线性建模的问题上表现优秀。

这些高级集成学习算法在实际应用中表现出色，并且在处理大规模、复杂和高维数据集时具有很强的优势，但需要更多的计算资源和经验技巧调整和优化算法参数，同时也需要结合更多的领域知识和实际经验选择合适的算法和建立合适的模型。

在ChatGPT列举的算法中，目前应用较多的有GBDT算法、XGBoost算法和LightGBM算法。下面我们进一步了解一下这几种算法。

6.3.1 GBDT算法

从ChatGPT的答复中可以看到，GBDT算法也是基于Boosting思想的集成学习算法。现在我们让ChatGPT再进一步介绍一下这个算法。在ChatGPT对话框中输入“简要介绍GBDT算法”，会得到如下答复。

ChatGPT GBDT（Gradient Boosting Decision Tree）是一种基于决策树的集成学习算法。它通过将多个决策树进行组合构建一个更加准确的模型。与随机森林不同，GBDT不是通过将多棵树进行并行训练，而是通过将多棵树进行串行训练。每一棵树都是基于前一棵树的残差进行训练的，从而逐步减少模型的残差。

GBDT算法的基本思想是，在训练过程中，通过使用梯度下降方法逐步改进模型的预测能力。在每次迭代中，GBDT都会构建一棵新的决策树，该树的目标是最小化当前模型的残差。然后，GBDT将新的树与之前的树组合起来，形成一个更强大的模型。这个过程会一直持续下去，直到达到一定的迭代次数或模型的残差不再显著降低为止。

GBDT算法的优点是可以处理各种类型的数据，包括连续型和离散型数据，而且对缺失数据和异常值也具有一定的鲁棒性。此外，由于它是通过逐步拟合残差训练模型的，可以很好地处理非线性问题和噪声数据。

然而，GBDT算法的缺点是容易过拟合，尤其是当训练数据集的规模很小时。为了避免过拟合，可以采用一些正则化方法。例如，控制树的深度、限制叶节点的最小样本数、限制每棵树的最大叶节点数等。此外，GBDT算法的计算复杂度较高，需要较长的训练时间和大量的计算资源。

通过ChatGPT的介绍，我们了解到GBDT算法虽然也是基于决策树的集成学习算法，但它采取的是串行训练的方法，这一点与并行训练的随机森林是不同的。同时，我们对GBDT的优缺点也有了比较清晰的认知。

接下来可以让ChatGPT用示例演示一下GBDT算法的实现。在ChatGPT对话框中输入"用示例演示GBDT算法，并将构建过程可视化"，可以得到如下答复。

ChatGPT 以下是使用Python的scikit-learn库演示GBDT算法，并可视化构建过程的示例代码。

```
import numpy as np
import matplotlib.pyplot as plt
from sklearn.datasets import make_classification
from sklearn.ensemble import GradientBoostingClassifier
from sklearn.tree import DecisionTreeClassifier

# 创建一个二分类的数据集
X, y = make_classification(n_samples=100, n_features=2, n_informative=2, n_
redundant=0, random_state=0)

# 创建一个GBDT分类器
gbdt = GradientBoostingClassifier(n_estimators=3,
learning_rate=1.0, max_depth=2)

# 绘制初始数据集
plt.scatter(X[:, 0], X[:, 1], c=y, cmap=plt.cm.coolwarm, s=20)

# 训练并可视化第一棵树
gbdt.fit(X, y)
plt.figure(figsize=(10, 5))
plt.subplot(131)
plt.title('Tree 1')
x_min, x_max = X[:, 0].min() - 1, X[:, 0].max() + 1
y_min, y_max = X[:, 1].min() - 1, X[:, 1].max() + 1
xx, yy = np.meshgrid(np.arange(x_min, x_max, 0.1), np.arange(y_min, y_max,
0.1))
Z = gbdt.estimators_[0][0].predict(np.c_[xx.ravel(), yy.ravel()]).reshape(xx.
shape)
plt.contourf(xx, yy, Z, cmap=plt.cm.coolwarm, alpha=0.8)
plt.scatter(X[:, 0], X[:, 1], c=y, cmap=plt.cm.coolwarm, s=20)
```

```
# 训练并可视化第二棵树
gbdt.fit(X, y - gbdt.predict(X))
plt.subplot(132)
plt.title('Tree 2')
Z = gbdt.estimators_[0][0].predict(np.c_[xx.ravel(), yy.ravel()]).reshape(xx.
shape)
plt.contourf(xx, yy, Z, cmap=plt.cm.coolwarm, alpha=0.8)
plt.scatter(X[:, 0], X[:, 1], c=y, cmap=plt.cm.coolwarm, s=20)

# 训练并可视化第三棵树
gbdt.fit(X, y - gbdt.predict(X))
plt.subplot(133)
plt.title('Tree 3')
Z = gbdt.estimators_[0][0].predict(np.c_[xx.ravel(), yy.ravel()]).reshape(xx.
shape)
plt.contourf(xx, yy, Z, cmap=plt.cm.coolwarm, alpha=0.8)
plt.scatter(X[:, 0], X[:, 1], c=y, cmap=plt.cm.coolwarm, s=20)

plt.show()
```

这段代码生成了一个二分类的数据集，然后创建了一个GBDT分类器，使用它训练了三棵树，并可视化了每棵树的分类效果。

将上面的代码粘贴到Jupyter Notebook中并运行，会得到如图 6-3 所示的结果。

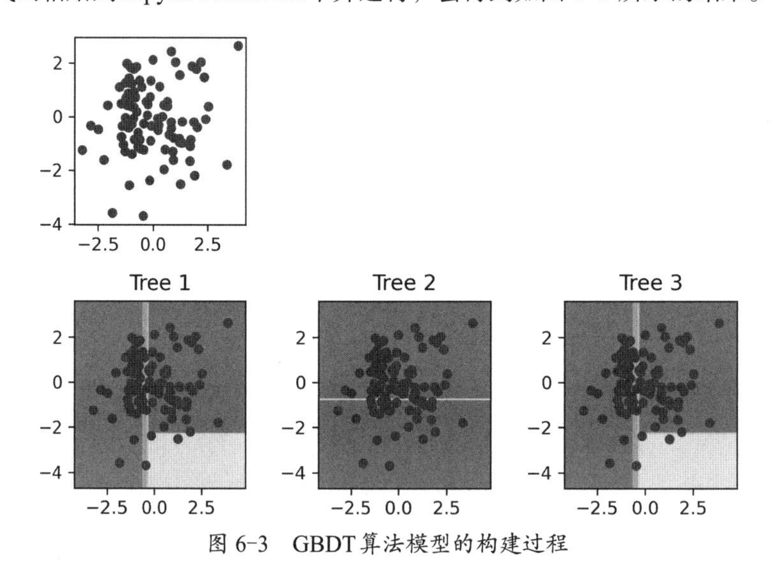

图 6-3　GBDT 算法模型的构建过程

在图 6-3 中可以看到，代码首先绘制初始数据集的散点图。其次训练并可视化第一棵树，使用contourf函数绘制树的分类边界，并使用scatter函数绘制数据点的散点图。最后训练并可视化第二棵树和第三棵树。通过这个过程我们就可以比较直观地观察到GBDT算法的模型是如何构建的了。

6.3.2 XGBoost算法

从前文中，我们已经知道XGBoost算法是基于GBDT算法的一种Boosting框架。现在我们再深入了解一下这个算法。在ChatGPT对话框中输入“简要介绍XGBoost算法”，可以得到如下答复。

ChatGPT XGBoost(eXtreme Gradient Boosting)是一种基于梯度提升决策树的机器学习算法。与传统的梯度提升决策树相比，XGBoost在损失函数中引入了正则化项，以减少过拟合的风险；同时，XGBoost在训练时通过并行计算提高了计算效率。

XGBoost支持二分类、多分类和回归任务，并可以处理缺失值和稀疏数据。在训练时，XGBoost通过迭代的方式不断增加树的数量，并利用梯度下降逐步优化模型参数。同时，XGBoost可以在训练过程中进行早期停止，以避免过拟合。

XGBoost还提供了许多高级功能，如自定义目标函数、特征重要性评估、模型解释等，使其在实际应用中具有较高的灵活性和可扩展性。

从上面的答复中可以看到，XGBoost算法相对于GBDT算法来说，更不容易出现过拟合的问题。它的计算效率也有所提高，且具备更高的灵活性和扩展性。为了了解XGBoost算法模型的构建，我们也可以要求ChatGPT给出示例。在ChatGPT对话框中输入“用示例演示XGBoost算法，并将构建过程可视化”，会得到如下答复。

ChatGPT 下面是一个简单的使用XGBoost进行二分类任务的示例，并且使用Matplotlib库将模型训练过程中的损失可视化。

```
import numpy as np
import xgboost as xgb
import matplotlib.pyplot as plt

# 生成随机数据
np.random.seed(10)
X = np.random.rand(100, 10)
y = np.random.randint(0, 2, size=100)

# 将数据转换为DMatrix格式
dtrain = xgb.DMatrix(X, label=y)

# 设置参数
param = {'max_depth': 2, 'eta': 1, 'objective': 'binary:logistic'}

# 训练模型
num_round = 10
bst = xgb.train(param, dtrain, num_round)
```

```
# 可视化模型训练过程中的损失
evals_result = {}
bst = xgb.train(param, dtrain, num_round, evals=[(dtrain, 'train')], evals_
result=evals_result)
train_metric = evals_result['train']['logloss']
plt.plot(train_metric)
plt.xlabel('Iterations')
plt.ylabel('Train Error')
plt.show()
```

将ChatGPT给出的代码粘贴到Jupyter Notebook中并运行，会得到如图6-4所示的结果。

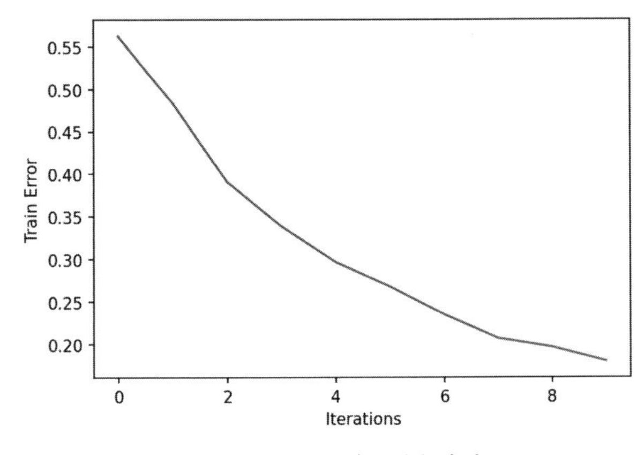

图 6-4 XGBoost模型的损失变化

在上面的示例代码中，首先，我们使用NumPy生成了一个100行10列的随机矩阵作为特征矩阵X，使用np.random.randint()函数生成了一个长度为100的随机标签向量y。然后，我们将特征矩阵X和标签向量y转换为XGBoost要求的DMatrix格式，并定义了一个字典类型的参数param，用于指定XGBoost的参数。在这个例子中，我们使用了max_depth=2、eta=1和objective=binary:logistic这三个参数，分别表示树的最大深度、学习率和损失函数。接下来，我们使用xgb.train()函数训练模型，其中num_round表示树的数量。最后，我们使用Matplotlib库将模型训练过程中的损失可视化。在图6-4中可以看到，随着训练轮次的增加，模型的损失也逐步降低了。

温馨提示

如果Anaconda版本没有内置XGBoost库，可以通过pip命令“pip install xgboost”安装XGBoost。如果需要GPU支持，可以使用“pip install xgboost-gpu”命令安装，但安装GPU版本的XGBoost还需要GPU支持，以及安装配置CUDA和cuDNN。

6.3.3 LightGBM算法

除了前面介绍的GBDT算法和XGBoost算法，还有一种非常常用的高级集成学习算法——LightGBM。接下来，我们就跟随ChatGPT一起了解一下这个算法的相关知识。在ChatGPT对话框中输入“简要介绍LightGBM算法”，会得到如下答复。

ChatGPT LightGBM是一个基于梯度提升决策树（GBDT）算法的高效、快速、分布式的机器学习框架。与传统的GBDT算法相比，LightGBM有以下优势。

1. 更快的训练速度：LightGBM采用了基于直方图的决策树算法，能够快速建立决策树并有效地压缩内存，从而显著提高训练速度。

2. 更低的内存占用：LightGBM采用了分层的决策树算法，能够在保证准确率的情况下减少决策树的层数，从而降低内存占用。

3. 更好的准确率：LightGBM能够自动处理类别不平衡的问题，更好地拟合数据，从而提高准确率。

4. 可以处理大规模数据：LightGBM支持并行计算和分布式计算，能够处理大规模的数据集。

总之，LightGBM是一个高效、准确、易于使用的机器学习框架，广泛应用于推荐系统、搜索引擎、广告投放、金融风控等领域。

在上面的答复中，我们可以看到LightGBM采用了基于直方图的决策树算法。我们可以让ChatGPT进一步介绍。在ChatGPT对话框中输入“详细解释LightGBM是如何基于直方图的决策树算法的”，会得到如下答复。

ChatGPT LightGBM的直方图算法是基于特征离散化的决策树算法。与传统的决策树算法不同，LightGBM在构建决策树时，不需要对每个特征都进行离散化处理，而是针对每个特征选择一些分割点，将特征值划分为不同的区间。然后，LightGBM会为每个特征构建一个直方图，将样本分布在不同的直方图中，并对直方图进行精细化处理，以提高训练速度和准确率。

具体来说，LightGBM的直方图算法包括以下几个步骤。

1. 对每个特征选择一些分割点，将特征值划分为不同的区间，使用“局部最优”贪心算法计算每个特征的梯度的一阶导数，将梯度按照从小到大的顺序排序，然后选择最佳的分割点，将特征值划分为左右两个区间。

2. 将每个特征的样本分布在不同的直方图中，使用“按照特征值排序”的方法将每个样本按照特征值的大小排序，然后将排名相同的样本放在同一个直方图中。

3. 对直方图进行精细化处理，以提高训练速度和准确率，使用“互斥桶”技术将相邻的直方图合并为一个桶，然后在桶内进行精细化处理，以提高训练速度和准确率。

通过以上步骤，LightGBM的直方图算法能够快速而精确地构建决策树，并有效地压缩内存，从而显著提高训练速度和准确率。

虽然ChatGPT给出了LightGBM中直方图算法的解释，但为了能够更直观地理解它的原理，我们还是要求ChatGPT进行示例演示。在ChatGPT对话框中输入“用Python代码演示LightGBM的原理，并可视化”，会得到如下答复。

ChatGPT LightGBM的实现方式比较复杂，需要先安装LightGBM库。以下是一个简单的示例代码，用于演示LightGBM的原理和可视化。

```
import lightgbm as lgb
import numpy as np
import matplotlib.pyplot as plt

# 生成数据集
X = np.random.randn(1000, 10)
y = np.random.randint(0, 2, 1000)

# 定义LightGBM参数
params = {
    'boosting_type': 'gbdt',
    'objective': 'binary',
    'metric': 'binary_logloss',
    'num_leaves': 11,
    'learning_rate': 0.05,
    'feature_fraction': 0.9
}

# 创建LightGBM数据集
train_data = lgb.Dataset(X, label=y)

# 训练模型
gbm = lgb.train(params, train_data, num_boost_round=10)

# 可视化决策树
ax = lgb.plot_tree(gbm, tree_index=0, figsize=(20, 10), show_info=['split_
gain'])
plt.show()
```

这段代码生成了一个大小为(1000,10)的随机数组作为特征矩阵X，以及一个大小为 1000 的随机0/1 标签向量y。然后，定义了LightGBM的一些参数，并创建了一个LightGBM数据集train_data。接下来，训练模型并输出第一棵树。最后，使用LightGBM自带的plot_tree()函数可视化第一棵决策树的分裂过程。

运行代码，会得到如图 6-5 所示的结果。

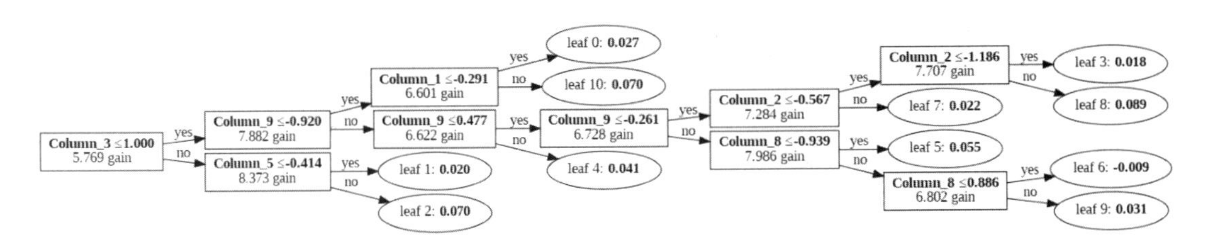

图 6-5　LightGBM基于直方图的决策树算法构建

图 6-5 表现了LightGBM是如何基于直方图的决策树算法构建的。首先，根据所有特征的值创建一个初始直方图。其次，LightGBM根据分割点的信息增益选择最佳的分裂点，将直方图划分为左右两个子直方图。最后，LightGBM在每个子直方图上递归地执行相同的操作，直到达到停止条件（如达到最大深度或每个叶节点的样本数不小于指定阈值）。

温馨提示

在笔者使用的Anaconda版本中，并未内置LightGBM库。而LightGBM的安装相对比较复杂，要在这里解释清楚需要很长的篇幅。读者可以求助ChatGPT如何安装LightGBM，或者用更简便的方法——使用Google CoLab进行这部分内容的试验。

6.4 习题

在本章中，我们一起学了集成学习的基本概念，并了解了该类算法的一些优缺点；与此同时，我们还了解了一些基本的集成学习算法，包括Stacking算法、随机森林算法、AdaBoost算法；此外，我们也研究了一些常用的高级集成学习算法，如GBDT算法、XGBoost算法、LightGBM算法。为了帮助大家巩固本章的知识，我们让ChatGPT准备了一些习题。

1. 什么是集成学习算法？列出一些常见的集成学习算法。
2. 集成学习算法的优势和劣势是什么？
3. 如何避免集成学习算法的劣势？
4. Bagging算法和Boosting算法有什么区别？
5. 什么是Stacking算法？它的实现步骤是什么？
6. 什么是随机森林算法？它与决策树算法有什么不同？
7. 什么是AdaBoosting算法？它与Boosting算法有什么不同？
8. 什么是GBDT算法？它与决策树算法有什么不同？
9. 什么是XGBoost算法？它与GBDT算法有什么不同？
10. 什么是LightGBM算法？它与GBDT算法有什么不同？

第7章 让ChatGPT带我们玩转模型优化

本章导读

在前面的几章中，我们一起学习了诸多监督学习算法，包括最简单的线性模型及相对复杂的集成学习算法。在这个过程中，我们了解了各类算法如何用于分类和回归等任务。在实际应用中，大部分时间模型的训练都不会“一帆风顺”，而是需要我们反复调优，直到达到理想的效果。因此本章将与读者一起研究如何对模型进行优化。

知识要点

通过对本章内容的学习，您将掌握以下知识：

- 模型优化的重要性和基本概念。
- 损失函数的相关知识。
- 模型的学习率。
- 模型超参数的调优。

7.1 让ChatGPT介绍模型优化的基本概念

我们先了解一下模型优化的定义，在ChatGPT对话框中输入“机器学习模型优化的定义”，会得到如下答复。

ChatGPT 机器学习模型优化是指对机器学习模型进行调整和改进，以提高其性能和精度的过程。优化的目的是最大化模型的预测准确性，同时保持模型的泛化能力和可解释性。

在机器学习中，模型优化通常涉及多个方面，包括选择合适的算法、调整算法的超参数、选择合适的特征、处理数据的噪声和异常值、进行数据预处理和增强等。这些步骤都是为了使机器学习模型能够更好地适应数据，并产生更好的预测结果。

需要注意的是，机器学习模型优化是一个迭代的过程，需要不断尝试不同的方法和技术，对模型进行调整、改进和评估，以确定最佳的模型和参数设置。

通过上面的答复，我们可以看到ChatGPT给出了模型优化的基本定义，也能了解到模型优化涉及很多方面的技术——从选择算法到数据预处理等。接下来，我们再深入了解一下模型优化的重要性和其所涵盖的内容。

7.1.1 模型优化的重要性和基本概念

在ChatGPT对话框中输入“介绍机器学习模型优化的重要性和基本概念”，可以得到如下答复。

ChatGPT 机器学习模型优化是提高机器学习模型准确性和效率的重要手段，其重要性体现在以下几个方面。

1. 提高模型的预测能力：模型优化可以提高模型的预测能力和准确性，使模型能够更好地应对实际应用场景中的数据变化和复杂性。

2. 减少模型的复杂度：模型优化可以减少模型的复杂度，使模型更加可解释、易于理解和调试，从而提高模型的可靠性和可用性。

3. 节约时间和成本：优化的模型可以更快地进行训练和预测，从而节约时间和成本，提高工作效率和生产效益。

机器学习模型优化的基本概念如下。

1. 目标和指标：优化的目标是要达到什么效果，如最小化损失函数、最大化预测准确率等。而指标是用于衡量模型性能的量化指标，如精度、召回率、F1 分数等。

2. 优化方法的分类：优化方法可以分为梯度下降法、随机优化、进化优化等不同的类别，每种方法都有其优缺点，需要根据具体情况选择最合适的方法。

3. 超参数：超参数是模型训练过程中需要手动设置的参数，如学习率、正则化系数等，这些参数对模型的性能和效率有着重要的影响。

4. 损失函数：损失函数是模型预测误差的度量，优化模型的过程就是最小化损失函数的过程。

综上所述，机器学习模型优化是一项非常重要的任务，需要掌握基本概念和优化方法，才能够构建高效准确的机器学习模型。

从ChatGPT的答复中我们可以看到，在机器学习领域中，模型优化是至关重要的。而要对模型进行优化，我们需要学习的知识点包括目标和指标、优化方法的分类、超参数和损失函数。下面我们就了解一下模型优化的目标和指标。

7.1.2 模型优化的目标和指标

在ChatGPT对话框中输入“简要介绍模型优化的目标和指标”，可以得到如下答复。

ChatGPT 模型优化的目标是要达到什么效果，通常涉及以下几个方面。

1. 最小化损失函数：损失函数是模型预测误差的度量，优化模型的过程就是最小化损失函数的过程，以提高模型的准确性和性能。

2. 最大化预测准确率：预测准确率是衡量模型预测能力的重要指标，优化模型的目标之一就是提高预测准确率，使模型能够更好地适应实际应用场景。

3. 最大化收益：在一些商业应用场景中，模型的优化目标可能是最大化收益，如广告投放、推荐系统等。

4. 最小化成本：在一些工业应用场景中，模型的优化目标可能是最小化成本，如生产质量控制、设备维护等。

5. 优化模型的目标通常需要根据具体的应用场景进行设置，以最大化模型的应用效果和价值。

而模型优化的指标则是用于衡量模型性能的量化指标，常见的指标如下。

1. 精度：模型正确预测的样本占总样本的比例。

2. 召回率：所有真实样本中被正确预测的比例。

3. F1 分数：精度和召回率的调和平均数，综合衡量模型的准确率和召回率。

4. ROC 曲线和 AUC 值：用于衡量二分类问题中模型的性能。

5. 平均绝对误差和均方误差：用于衡量回归问题中模型的性能。

不同的应用场景和任务通常需要选择不同的指标进行衡量，以便更好地评估模型的性能和优化效果。

从上面的答复中，我们了解到模型优化在不同的场景会有不同的目标；与此同时，模型优化也可以使用多种不同的指标衡量模型的性能。接下来，我们再来了解一下模型优化方法的分类。

7.1.3 模型优化方法的分类

在 ChatGPT 对话框中输入“简要介绍模型优化方法的分类”，可以得到如下答复。

ChatGPT 模型优化方法主要可以分为以下几类。

1. 一阶优化方法：包括随机梯度下降（SGD）、动量法、自适应学习率优化方法（如 Adagrad、Adadelta、Adam 等），这些方法主要利用梯度信息更新模型参数，适用于大规模数据集和深度神经网络等复杂模型。

2. 二阶优化方法：包括牛顿法、拟牛顿法等，这些方法除了利用梯度信息，还利用了二阶导数信息，能够更快地收敛最优解，但在大规模数据集和高维参数空间中计算代价较高，通常用于小规模数据集和简单模型。

3. 正则化方法：包括 L1 正则化、L2 正则化、Elastic Net 等，这些方法通过对模型的复杂度进行惩罚，促使模型更加简洁，避免过拟合现象。

4. Dropout 方法：该方法通过随机删除神经元的方式，使模型在训练过程中强制学习多个独立的隐含层表示，以避免过拟合现象。

5. 数据增强方法：包括随机裁剪、旋转、缩放、加噪声等，这些方法能够扩充训练数据集的大小，增加模型的泛化能力和鲁棒性。

6. 模型集成方法：包括Bagging、Boosting、Stacking等，这些方法通过结合多个基础模型的预测结果提高模型的性能和泛化能力。

不同的优化方法适用于不同的模型和任务，需要根据具体情况选择合适的方法进行优化。

从上面的答复中可以看到，模型优化的方法主要分为 6 类。在前面的章节中，我们已经学习了 L1 正则化、L2 正则化及集成学习模型的相关知识，本章将主要学习其他内容。

7.2 让ChatGPT介绍损失函数

经过前面几章的学习，相信大家对损失函数这个名称并不陌生了。在这一节中，我们就深入了解一下损失函数的相关知识。在 ChatGPT 对话框中输入“用最通俗的语言让我理解损失函数”，会得到如下答复。

ChatGPT 损失函数可以理解为用来衡量机器学习模型预测结果与真实结果之间差距的函数。通俗点说，就好像你在考试中的得分与正确答案之间的差距，得分越高，与正确答案的差距就越小，得分越低，与正确答案的差距就越大。

在机器学习中，模型的目标是最小化损失函数，也就是使模型预测结果尽可能接近真实结果。这就好比你在考试中想要尽可能接近满分，那么就需要通过练习和学习不断提高自己的得分。

在实际应用中，选择适合的损失函数可以帮助我们更好地训练和优化模型，从而达到更好的性能和泛化能力。

从上面的答复中可以看到，ChatGPT 用一个考试的例子帮助我们理解损失函数。可以说这个例子还是非常恰当的——我们在上学的时候就是用知识训练大脑中的各种模型，然后再调用这个模型对题目的答案做出“预测”，而考试的得分可以帮我们评估大脑中模型的“性能”。这和机器学习的流程是不是很类似呢？

接下来，我们再深入了解一下损失函数的相关知识。

7.2.1 损失函数的基本概念

现在我们在 ChatGPT 对话框中输入“简要介绍一下损失函数的概念”，会得到如下答复。

ChatGPT 损失函数（Loss Function）是机器学习中用来衡量模型预测结果与真实结果之间差距的函数。它是一种标量函数，其输入为模型的预测结果和真实结果，输出为衡量两者之间差距的数值。损失函数通常作为优化目标函数用于训练模型，目标是最小化损失函数的值，使模型预测结果尽可能接近真实结果。

在监督学习中，常用的损失函数包括均方误差（Mean Squared Error，MSE）、交叉熵（Cross Entropy）、对数损失（Log Loss）等。在非监督学习中，常用的损失函数包括K-Means聚类的均方误差（MSE）等。不同的损失函数适用于不同的模型和任务，需要根据具体情况选择合适的损失函数。

损失函数的选择直接影响模型的性能和泛化能力。一般来说，选择合适的损失函数可以帮助我们更好地训练和优化模型，提高模型的预测准确率和稳定性。

在上面的答复中，我们可以看到ChatGPT告诉了我们损失函数的基本概念，也列举了一部分常用的损失函数。接下来我们让它进一步介绍损失函数的类型。

7.2.2 损失函数的种类

在ChatGPT对话框中输入“损失函数的种类”，会得到如下答复。

ChatGPT 损失函数的种类取决于不同的任务和模型。下面是几种常见的损失函数。

1. 均方误差：适用于回归问题，衡量模型预测结果与真实结果之间的平均差距。

2. 交叉熵：适用于分类问题，衡量模型预测结果与真实结果之间的差距。常用的交叉熵损失函数包括二元交叉熵和多元交叉熵。

3. 对数损失：适用于二分类问题，衡量模型预测结果为正类的概率与真实结果为正类的概率之间的差距。

4. Hinge Loss：适用于支持向量机模型，用于分类问题。

5. 感知机损失：适用于感知机模型，用于分类问题。

除了以上常见的损失函数，还有很多其他的损失函数，如Huber损失、平均绝对误差（Mean Absolute Error，MAE）等。选择合适的损失函数可以帮助我们更好地训练和优化模型，提高模型的预测准确率和泛化能力。

在上面的答复中，ChatGPT给我们列出了一些常见的损失函数。其中，在回归任务中常用的均方误差我们在前面的章节中已经有所了解，这里我们可以让ChatGPT介绍一下其他的损失函数。例如，在ChatGPT对话框中输入“请介绍二元交叉熵，不要用Markdown格式”，会得到如下结果。

ChatGPT 二元交叉熵是一种常用的损失函数，主要用于二分类问题。它衡量了模型对于每个样本预测出来的概率分布与真实标签之间的差距。对于一个样本来说，它有两个可能的标签，假设它的真实标签为y，模型对该样本预测为正类的概率为p，则二元交叉熵的计算公式为

$$L(y, p) = -y\log(p) - (1 - y)\log(1 - p)$$

其中，L表示损失函数，y表示样本的真实标签，p表示模型对于该样本预测为正类的概率。

从公式可以看出，当真实标签$y=1$时，损失函数L的值与模型预测为正类的概率p成正比，p越接近1，损失函数L的值越小；当真实标签$y=0$时，损失函数L的值与模型预测为正类的概率p成反比，p越接近0，损失函数L的值越小。

因此，对于一个二分类问题，我们可以通过最小化所有样本的二元交叉熵训练和优化模型，使模型能够更准确地预测每个样本的标签。

在上面的答复中，ChatGPT 给我们详细介绍了二元交叉熵的概念及计算公式。如果读者想要了解其他损失函数的概念，可以自行与 ChatGPT 交互，获得相关的答复。

7.2.3 如何选择损失函数

前面我们已经知道，损失函数的选择直接影响模型的性能和泛化能力，接下来我们就了解一下选择损失函数的知识。在 ChatGPT 对话框中输入“如何选择损失函数”，会得到如下答复。

ChatGPT 选择损失函数的主要考虑因素包括以下几点。

1. 问题类型：不同的问题类型适合使用不同的损失函数。例如，对于二分类问题，可以使用二元交叉熵；对于多分类问题，可以使用多元交叉熵或交叉熵等；对于回归问题，可以使用均方误差、平均绝对误差等。

2. 问题本身的特点：问题本身的特点会影响选择损失函数的决策。例如，如果问题中存在异常值（Outliers），则平均绝对误差可能比均方误差更适合，因为它对异常值不那么敏感。

3. 模型的特点：模型的特点会影响选择损失函数的决策。例如，如果模型采用 Sigmoid 作为激活函数，那么交叉熵比均方误差更适合作为损失函数，因为它可以更好地处理概率分布。

4. 训练效果：在实际的训练过程中，不同的损失函数可能会对训练效果产生不同的影响。因此，可以通过试验比较不同的损失函数对训练效果的影响，以选择最适合的损失函数。

总之，选择损失函数需要综合考虑问题本身的特点、模型的特点及训练效果等因素，并根据实际情况进行选择。

在上面的答复中，ChatGPT 给出了选择损失函数的原则。当然，如果我们有具体的场景，也可以让 ChatGPT 给出更具体的建议。例如，我们提问“假设你在训练一个模型，可以预测某个客户的购买意向，你会选择哪个损失函数”，会得到如下答复。

ChatGPT 如果这是一个二分类问题，即模型需要预测客户是否会购买，那么就选择二元交叉熵作为损失函数。因为二元交叉熵是衡量分类模型效果的常用损失函数，它可以衡量模型预测出来的概率分布与真实标签之间的差距。而在这个问题中，我们需要预测客户的购买意向，即客户是否会购买，这是一个二分类问题，因此二元交叉熵是比较合适的损失函数。

另外，如果模型在训练过程中，需要处理类别不平衡问题，可以采用加权二元交叉熵或 Focal Loss 等损失函数，缓解类别不平衡问题的影响。

在上面的提问中，我们设定了一个具体的任务——训练模型预测客户的购买意向。ChatGPT 在收到这个问题后，分析出我们要训练的是二分类模型，并给出了使用二元交叉熵作为损失函数的建议。

7.3 让ChatGPT介绍学习率

在了解了损失函数的相关知识后，这一节我们再来研究一下另外一个重要的概念——模型的学习率。在ChatGPT对话框中输入“用通俗易懂的语言介绍模型的学习率”，会得到如下答复。

ChatGPT 模型的学习率是指在训练模型时，每次更新模型参数时所使用的步长大小，可以将其类比为我们找到目的地时所采用的步伐大小。如果步伐过大，我们可能会跳过目标或错过更优的路径；如果步伐过小，我们可能需要花费更多的时间才能到达目的地。

同样，在模型的训练中，学习率的大小会直接影响模型参数的更新速度和稳定性。如果学习率过大，模型在参数更新时可能会错过最优解，导致模型无法收敛；如果学习率过小，模型的收敛速度会变慢，训练时间也会相应地增加。

因此，选择合适的学习率非常重要，可以通过调整学习率平衡模型的训练速度和稳定性，以达到更好的训练效果。通常来说，我们可以通过试验和调参确定合适的学习率。

在上面的答复中，ChatGPT用一个步伐大小的例子生动地解释了学习率的概念。从答复中我们也可以明白，在训练模型的过程中需要在模型的训练速度和稳定性之间找到一个平衡点，这也是我们要调整学习率的一个重要原因。

7.3.1 学习率的基本概念

如果我们希望ChatGPT给出关于学习率更加严谨的解释，可以在ChatGPT对话框中输入“学习率的基本概念”，会得到如下答复。

ChatGPT 学习率是指在训练机器学习模型时，用于控制模型参数更新的步长大小。在训练过程中，模型会根据训练数据不断调整参数，使模型能够更好地拟合数据。学习率控制模型参数每次更新的步长，如果学习率设置得过大，则模型参数可能会在训练过程中发生不必要的大幅度波动，导致模型无法收敛；如果学习率设置得过小，则模型需要花费更多的时间达到最优解，训练时间也会相应变长。

在实践中，选择合适的学习率是一个非常重要的任务。通常，我们需要根据具体情况，通过试验和调参确定合适的学习率。常用的调参方法包括网格搜索、随机搜索、贝叶斯优化等。

此外，为了克服学习率的变化对模型训练过程的影响，还可以采用学习率衰减（Learning Rate Decay）等技术调整学习率的大小，使模型的训练更加稳定和有效。

在上面的答复中，ChatGPT不仅给出了学习率的基本概念，还给出了常见的调参方法，如网格搜索、随机搜索等。如果我们希望详细了解这些概念，可以进一步提问。例如，在ChatGPT对话框中输入“用通俗易懂的语言解释网格搜索”，会得到如下答复。

ChatGPT 网格搜索是一种超参数调优方法，它通过穷举给定的超参数组合，寻找最佳的超参数组合以达到最优的模型效果。

具体来说，网格搜索会将要调优的超参数值域划分为若干个等分的格子，每个格子表示一组超参数的取值。然后，遍历所有的超参数组合，计算每个超参数组合对应的模型表现，最终选取表现最好的超参数组合作为最优的超参数。

网格搜索虽然简单易懂，但是需要对每个超参数设定取值范围和步长，因此需要耗费大量的计算资源和时间。在实践中，为了加快超参数调优的速度，我们可以采用一些高效的算法，如随机搜索、贝叶斯优化等。

上面的答复可以让我们快速理解网格搜索的概念。在实际工作中，虽然网格搜索比较消耗时间，但对于小型模型的训练仍然是很常用的方法。读者也可以自行向ChatGPT提问，让它解释其他的优化方法。

7.3.2　学习率对模型的影响

为了直观地了解学习率对于模型的影响，我们可以要求ChatGPT用代码的方式进行演示。例如，在ChatGPT对话框中输入“用Python代码演示学习率对scikit-learn模型的影响，需要可视化”，会得到如下答复。

ChatGPT 下面是一个使用scikit-learn中的GradientBoostingClassifier模型，并可视化不同学习率对模型拟合效果的Python示例代码。

```
import numpy as np
import matplotlib.pyplot as plt
from sklearn.datasets import make_classification
from sklearn.model_selection import train_test_split
from sklearn.ensemble import GradientBoostingClassifier
from sklearn.metrics import accuracy_score
# 生成分类数据集
X, y = make_classification(n_samples=1000, n_features=10, n_classes=2,
 random_state=42)

# 划分训练集和测试集
X_train, X_test, y_train, y_test = train_test_split(X, y, test_size=0.2,
random_state=42)

# 定义不同的学习率
learning_rates = [0.0001, 0.001, 0.01, 0.1, 1]

# 训练模型并计算精度
train_accs = []
test_accs = []
```

```
for rate in learning_rates:
    # 定义模型并训练
    model = GradientBoostingClassifier(learning_rate=rate)
    model.fit(X_train, y_train)

    # 计算训练集和测试集的精度
    train_acc = accuracy_score(y_train, model.predict(X_train))
    test_acc = accuracy_score(y_test, model.predict(X_test))

    # 保存训练集和测试集的精度
    train_accs.append(train_acc)
    test_accs.append(test_acc)
# 可视化学习率对模型精度的影响
plt.figure(dpi=300)
plt.plot(learning_rates, train_accs, label='Train')
plt.plot(learning_rates, test_accs, label='Test')
plt.xscale('log')
plt.xlabel('Learning Rate')
plt.ylabel('Accuracy')
plt.title('Effect of Learning Rate on Model Accuracy')
plt.legend()
plt.grid()
plt.show()
```

在这个例子中，我们使用了 scikit-learn 中的 GradientBoostingClassifier 模型拟合随机生成的数据集。我们定义了 5 个不同的学习率，分别为 0.0001、0.001、0.01、0.1 和 1，并将它们依次传入模型进行训练，预测测试集上的结果。最后，我们将不同学习率的预测结果可视化出来，与真实值进行比较。运行代码，得到如图 7-1 所示的结果。

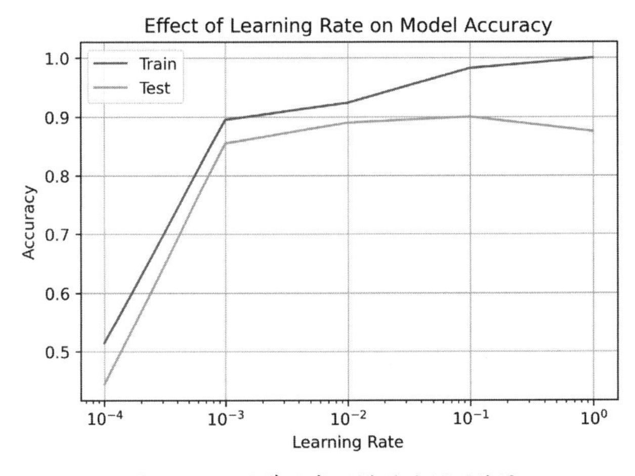

图 7-1　不同学习率下模型的预测结果

图7-1展示了不同学习率下模型的预测结果。我们可以看到，学习率较小时，模型拟合效果比较差，而学习率较大时，模型出现了过拟合现象。这说明，在训练机器学习模型时，需要选择合适的学习率，以获得最佳的拟合效果。

7.3.3　使用随机搜索找到最优学习率

通过前面的例子，我们已经清晰地了解了不同的学习率对于模型的影响。实际上，在这个例子中，我们就是使用了网格搜索，让模型遍历了5种不同的学习率。接下来我们可以试试用随机搜索的方法确定最优学习率。我们可以先了解一下随机搜索与网格搜索的区别。在ChatGPT对话框中输入“随机搜索与网格搜索的区别”，会得到如下答复。

ChatGPT 随机搜索是一种模型参数优化的方法，通过随机抽样的方式从一定范围内的参数空间中选择一组参数组合，训练模型，并评估其性能。与网格搜索不同的是，随机搜索不需要遍历所有可能的参数组合，因此更适用于高维参数空间。

具体来说，随机搜索在每次迭代中，随机从参数空间中采样一组参数组合，使用这组参数训练模型，并评估模型的性能。这个过程会重复执行多次，每次迭代都会记录下模型性能最好的参数组合。

随机搜索通常比网格搜索更高效，尤其是当参数空间很大时。同时，它也可以帮助我们找到在网格搜索中可能被忽视的重要参数组合。

从上面的答复中可以看到，随机搜索并不像网格搜索那样需要遍历所有的参数组合。它尤其适用于较大的参数空间。接下来我们可以要求ChatGPT用代码演示使用随机搜索找到最优学习率。在ChatGPT对话框中输入“请用Python代码演示用随机搜索优化学习率”，会得到如下答复。

ChatGPT 下面是一个使用随机搜索优化学习率的Python示例代码。

```
from sklearn.model_selection import RandomizedSearchCV
from sklearn.ensemble import GradientBoostingClassifier
from scipy.stats import uniform

# 定义超参数搜索空间
param_dist = {'learning_rate': uniform(0, 1)}

# 定义模型
model= GradientBoostingClassifier()

# 定义随机搜索
rs = RandomizedSearchCV(model, param_distributions=param_dist, n_iter=10)

# 进行随机搜索训练
rs.fit(X_train, y_train)
```

```
# 输出最优参数
print(rs.best_params_)
```

在上面的代码中，我们使用scikit-learn中的RandomizedSearchCV类，定义了一个学习率的取值范围，然后对GradientBoostingClassifier模型进行了 10 次随机搜索，最终输出了最优的学习率参数。注意，这个例子仅仅是为了演示使用随机搜索进行学习率优化，实际应用中，需要根据具体情况选择不同的模型和超参数搜索空间。

把代码粘贴到Jupyter Notebook中并运行，会得到如下结果。

```
{'learning_rate': 0.01009898926538566}
```

通过使用随机搜索的方法，我们找到了模型最佳的学习率，可以看到这个最佳的学习率大约是0.01。

7.4 让ChatGPT介绍模型的超参数

在 7.3 节中，我们一起了解了学习率的概念、对模型的影响，以及使用随机搜索找到最佳的学习率。实际上，学习率是模型的超参数之一。这里就要让ChatGPT引入超参数的概念了。在ChatGPT对话框中输入“用通俗易懂的语言介绍模型的超参数”，会得到如下答复。

ChatGPT 超参数是在机器学习算法中，需要手动设置并不断调整的参数。这些参数不能直接从数据中学习得到，而是需要在训练过程中不断优化以达到更好的性能表现。

超参数的选择通常基于经验和试错的过程，通过不断地调整超参数并评估模型性能找到最优的超参数组合。一些常见的超参数包括学习率、正则化参数、决策树的深度、神经网络的层数、批量大小等。

选择适当的超参数可以显著影响模型的性能和泛化能力，从而提高模型的准确率和鲁棒性。然而，找到最优的超参数组合通常是一个非常耗时和困难的过程，需要使用交叉验证等技术进行评估和比较。

从上面的答复中我们可以看到，在机器学习模型中，需要我们手动设置超参数。这些超参数对于模型来说是非常重要的。与此同时，找到合适的超参数费时费力，这也是很多从业人员将模型训练的工作戏称为“炼丹”的原因。

7.4.1 一些常见的超参数及其概念

现在我们可以让ChatGPT多列举一些超参数，并简要地对它们进行介绍。在ChatGPT对话框中输入“请列举一些常见的超参数，并简要介绍它们的概念”，会得到如下答复。

ChatGPT 以下是一些常见的超参数及其概念。

1. 学习率（Learning Rate）：控制每次迭代中更新权重的步长。过小的学习率可能导致模型收敛缓慢，而过大的学习率可能导致模型在最小点周围震荡。

2. 正则化参数（Regularization Parameter）：用于控制模型的复杂度，以防止过度拟合。常见的正则化方法包括L1 正则化和L2 正则化。

3. 决策树的深度（Max Depth）：决策树中允许的最大深度。如果深度太大，可能导致过度拟合，而如果深度太小，则可能无法捕获足够的信息。

4. 神经网络的层数（Number of Layers）：神经网络中隐藏层的数量。层数太少可能导致模型欠拟合，而层数太多可能导致模型过拟合。

5. 批量大小（Batch Size）：在每次迭代中处理的样本数。较小的批量大小可能导致噪声较大，而较大的批量大小可能导致内存不足或计算时间过长。

6. 卷积核大小（KerneL Size）：卷积神经网络中卷积核的大小。卷积核的大小可以影响模型的感受野和特征提取能力。

7. 学习率衰减（Learning rate Decay）：随着迭代次数的增加，逐渐降低学习的速度，从而帮助模型更好地收敛，避免震荡或发散。

以上只是一些常见的超参数，不同的模型可能会有不同的超参数需要调整。对于每个超参数，需要了解其影响和取值范围，以便选择最优的超参数组合。

在上面的答复中，ChatGPT列举了若干种不同模型的超参数。第一个就是我们在上一节中探讨的学习率。当然，我们还可以针对某种类型的算法，让ChatGPT给出常见的超参数。例如，在ChatGPT对话框中输入“列举一些集成学习算法中的超参数，并简要介绍”，会得到如下答复。

ChatGPT 集成学习是一种将多个基学习器（Base Estimator）组合成一个更强大的元学习器（Meta-learner）的方法。在集成学习算法中，常见的超参数包括以下几个。

1. 基学习器的类型和参数：基学习器是集成学习中的基础组成部分，常见的基学习器包括决策树、随机森林、Adaboost、GBDT等，每种基学习器需要调整的参数各不相同。

2. 集成方式：集成学习可以采用不同的组合方式对基学习器进行整合，常见的集成方式包括Bagging、Boosting、Stacking等。

3. 样本抽样方式：集成学习中通常会采用不同的样本抽样方式提高模型的泛化能力，如随机采样、无放回抽样等。

4. 学习率：学习率是在Adaboost和GBDT等Boosting方法中使用的超参数，用于控制每个基学习器对最终预测结果的贡献程度。

5. 树的深度和数量：在决策树和随机森林中，通常需要调整树的深度和数量平衡模型的拟合能力和泛化能力。

6. 正则化参数：在集成学习中，通常需要使用正则化方法防止模型过拟合，如L1 正则化、L2 正则化等，需要调整正则化参数。

调整超参数可以帮助我们优化模型性能，提高预测精度和泛化能力。通常可以使用网格搜索、随机搜索等方法进行超参数的调整。

在上一章中，我们已经研究了集成学习算法的相关知识，而上面的答复让我们对集成学习算法中的超参数有了更深入的了解。在集成学习算法中，我们不仅要调节元学习器的超参数，还要考虑基学习器的超参数。

7.4.2 使用交叉验证法调整超参数

现在我们知道，超参数对于模型的性能是十分重要的。那么在实际工作中，我们如何对超参数进行调优呢？这就不得不提到一个很常用的方法——交叉验证法。我们先让ChatGPT解释一下它的基本概念，在ChatGPT对话框中输入“请简要介绍交叉验证法”，会得到如下答复。

ChatGPT 交叉验证是一种常用的模型评估方法，它可以有效地利用数据集，评估模型的泛化能力。在交叉验证中，将原始数据集分成若干份，其中一份作为测试集，其余的作为训练集。重复进行这个过程，每次选取不同的数据子集作为测试集和训练集，最终得到多个模型，并将它们的性能评估结果综合起来作为模型的性能评估指标。

最常用的交叉验证法是K折交叉验证，它将数据集分成K个相等的子集，每次将其中一个子集作为测试集，其余子集作为训练集进行模型训练和评估。重复进行K次，每次选取不同的子集作为测试集，最终得到K个模型，并将它们的性能评估结果综合起来作为模型的性能评估指标。

除了K折交叉验证，还有留一交叉验证和自助法交叉验证等其他交叉验证法。留一交叉验证将数据集分成n份，其中n-1份作为训练集，剩下的1份作为测试集。这种方法的缺点是计算量大，因为要对每个数据点都进行一次训练和评估。自助法交叉验证是一种有放回抽样的交叉验证法，将原始数据集中的每个样本随机抽取，形成新的训练集和测试集。这种方法的优点是能够充分利用数据集，但也会产生一些重复样本。

上面的答复比较详细地介绍了交叉验证法的基本概念。接下来，我们要求ChatGPT用示例演示一下如何用交叉验证法找到模型的最优超参数组合。在ChatGPT对话框中输入“请给出一个使用交叉验证法调整模型超参数的示例，需要有可视化的部分”，会得到如下答复。

ChatGPT 下面是一个使用交叉验证法调整模型超参数的示例，我们将以决策树模型为例。代码将使用Python和scikit-learn库实现。

首先，我们加载一个数据集进行演示。这里我们使用scikit-learn自带的加利福尼亚房价数据集。

```
from sklearn.datasets import fetch_california_housing
housing= fetch_california_housing()
X, y = housing.data, housing.target
```

其次，我们使用GridSearchCV函数搜索模型的最佳超参数。这个函数可以对超参数进行网格搜索，找到最佳的超参数组合。我们使用一个决策树模型作为示例。

```
from sklearn.tree import DecisionTreeRegressor
from sklearn.model_selection import GridSearchCV

# 定义决策树模型
tree = DecisionTreeRegressor(random_state=0)

# 定义搜索的超参数范围
param_grid = {
    'max_depth': [1, 2, 3, 4, 5],
    'min_samples_split': [2, 3, 4, 5, 6, 7, 8, 9, 10],
    'min_samples_leaf': [1, 2, 3, 4, 5],
    'max_features': [None, 'sqrt', 'log2']
}

# 进行网格搜索
grid_search = GridSearchCV(tree, param_grid, cv=5)
grid_search.fit(X, y)
```

在上面的代码中，我们先定义了一个决策树模型，然后定义了一组超参数的搜索范围。这些超参数包括最大深度、最小样本分裂数、最小叶子样本数和最大特征数。我们使用 GridSearchCV 函数进行网格搜索，其中 cv=5 表示使用 5 折交叉验证评估每个超参数组合的性能。

完成网格搜索后，我们可以通过 grid_search.best_params_ 属性获取最佳的超参数组合。

```
print(grid_search.best_params_)
```

最后，我们使用 Matplotlib 库将交叉验证的结果可视化，以便更好地理解模型超参数的影响。这里我们绘制了最大深度和模型的均方误差（MSE）之间的关系。

```
import matplotlib.pyplot as plt

# 绘制最大深度和MSE之间的关系
max_depths = [params['max_depth'] for params in grid_search.cv_results_
['params']]
means = grid_search.cv_results_['mean_test_score']
stds = grid_search.cv_results_['std_test_score']

plt.figure()
plt.errorbar(max_depths, means, yerr=stds)
plt.title('GridSearchCV Results')
plt.xlabel('Max Depth')
plt.ylabel('MSE')
plt.show()
```

将上面的代码粘贴到Jupyter Notebook中并运行，最终得到如图7-2所示的结果。

在上面的代码中，我们先从grid_search.cv_results_中获取最大深度、平均测试得分和标准差。然后使用Matplotlib绘制最大深度和平均测试得分之间的关系。从图7-2中可以看到，当决策树模型的最大深度为4时，模型的均方误差处于最优的范围。

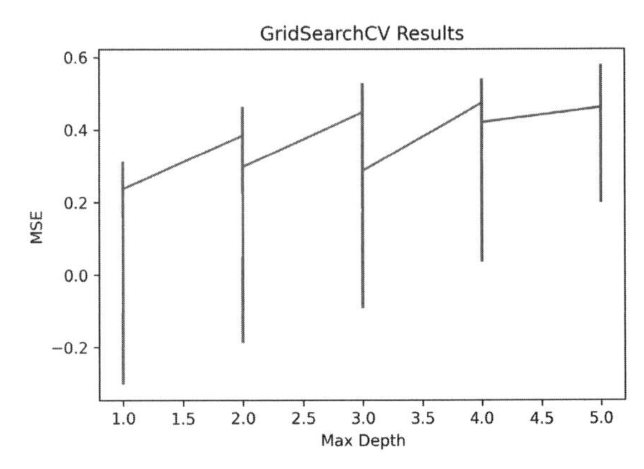

图7-2 最大深度和模型的均方误差之间的关系

同样，读者也可以绘制其他超参数与均方误差之间的关系。如果要看到全部超参数的最优组合，运行下面这行代码即可。

```
print(grid_search.best_params_)
```

这行代码的运行结果如下。

```
{'max_depth': 4, 'max_features': None, 'min_samples_leaf': 1, 'min_samples_
split': 2}
```

从上面的代码运行结果可以看到，程序返回了决策树模型的最优超参数组合。其中max_depth为4，max_features为不限，min_samples_leaf为1，min_samples_split为2时，模型的性能是最佳的。如果读者希望对这几个参数有更加深入的了解，可以自行与ChatGPT交互，获得详细的解释。

温馨提示

在ChatGPT生成的这段代码中，原本使用的是波士顿房价数据集进行演示。而笔者所使用的scikit-learn版本已经停用了波士顿房价数据集，因此此例中换成了加利福尼亚房价数据集进行演示。

7.5 习题

在本章中，我们在ChatGPT的帮助下学习了模型优化的基本概念，以及损失函数、学习率和模型超参数的基本知识，也初步掌握了使用交叉验证法寻找最优超参数组合的方法。为了让大家能够巩固所学到的知识，ChatGPT又一次为大家准备了“习题大礼包”。

1. 什么是模型优化？
2. 为什么模型优化是机器学习中非常重要的一步？
3. 简要介绍模型优化的目标和指标。
4. 什么是损失函数？为什么在模型优化中需要使用损失函数？

5. 请列举一些常见的损失函数，并简要介绍它们的概念和应用场景。
6. 什么是学习率？学习率对模型优化有什么影响？
7. 什么是超参数？请列举一些常见的超参数，并简要介绍它们的概念和应用场景。
8. 请简要介绍网格搜索和随机搜索两种调参方法。
9. 什么是交叉验证法？为什么需要使用交叉验证法？
10. 请列举一些常见的集成学习算法中的超参数，并简要介绍它们的概念和应用场景。
11. 使用交叉验证法调整模型超参数的步骤是什么？请给出一个示例并进行可视化。

第8章 让ChatGPT带我们玩转数据降维

本章导读

通过前几章的学习，我们掌握了多种算法模型，并了解了一些对模型进行调优的方法。而近年来，数据集的规模不断增加，给分析和建模带来了诸多困难。因此数据降维的技术就变得尤为重要。本章我们将和ChatGPT一起，研究和探索与数据降维相关的知识。

知识要点

通过对本章内容的学习，您将掌握以下知识：

- 数据降维的基本概念。
- 主成分分析（Principal Component Analysis，PCA）。
- 独立成分分析（Independent Component Analysis，ICA）。
- t-SNE算法。

8.1 让ChatGPT介绍数据降维的基本概念

近年来数据集规模不断增加，导致了一种叫作“维度诅咒”的现象出现。那么什么是维度诅咒，它会带来哪些挑战呢？让我们向ChatGPT提问“什么是维度诅咒”，可以得到如下答复。

ChatGPT 维度诅咒（Curse of Dimensionality）是指高维数据在处理和分析时所面临的问题。当数据的维度（特征数）增加时，数据变得稀疏且容易过拟合，同时计算复杂度也会大大增加，这使在高维数据中进行有效的分析和建模变得困难。

具体而言，维度诅咒主要表现在以下几个方面。

1. 数据稀疏性：当数据的维度增加时，数据点在高维空间中分布更加稀疏，这使在数据上进行有效的建模和分析变得更加困难。

2. 计算复杂度：随着数据维度的增加，计算复杂度呈指数级增长，使在高维数据中进行有效的计算变得极其困难。

3. 过拟合：高维数据中存在更多的冗余特征和噪声特征，这使模型容易过拟合，影响模型的泛化能力和性能。

4. 数据难以可视化：当数据的维度增加时，数据变得难以可视化，这给数据分析带来了很大的困难。

综上所述，维度诅咒是高维数据在处理和分析中所面临的问题，其限制了高维数据的应用和发展。因此，为了解决维度诅咒问题，数据降维成为一种重要的数据预处理技术，可以将高维数据映射到低维空间中，从而提高数据分析和建模的效率和质量。

从 ChatGPT 的答复中，我们可以知道，过高维度的数据会让我们面临很多困难，因此数据降维技术就成为非常重要的数据预处理技术。这一节我们就来了解一下数据降维的相关知识。

8.1.1　数据降维的定义和背景

我们先研究一下数据降维的基本概念，在 ChatGPT 对话框中输入“数据降维的定义和背景”，会得到如下答复。

ChatGPT 数据降维是指将高维数据映射到低维空间中的过程，目的是在保留数据重要信息的同时，减少数据中的冗余和噪声信息。数据降维可以简化数据分析和建模的过程，同时提高计算效率和模型的可解释性。

在数据科学和机器学习领域，由于数据集的规模不断增加，高维数据的处理和分析变得越来越困难。数据降维技术应运而生，成为解决高维数据分析难题的重要工具。

数据降维可以应用于各种领域，如图像处理、自然语言处理、信号处理、生物信息学等。例如，在图像处理中，对于高像素的图像，使用数据降维可以减少图像处理的时间和计算成本，同时提高图像分类和识别的准确性。在生物信息学中，对于基因表达数据的分析，使用数据降维可以减少维度，提高模型的可解释性和预测能力。

从上面的答复中，我们可以看到 ChatGPT 给出了数据降维的定义，以及该技术目前所应用的一些领域。读者也可以追问该技术在某个具体领域中的应用。例如，在 ChatGPT 对话框中输入“简要说明数据降维如何处理基因表达数据”，会得到如下答复。

ChatGPT 基因表达数据是高维数据的典型例子，通常包含数千个基因和数百个样本。由于基因表达数据的高维特征和噪声的存在，分析和建模基因表达数据通常需要进行数据降维处理。

数据降维在处理基因表达数据中具有以下重要的应用价值。

1. 识别基因特征：基因表达数据中包含大量的基因特征，而数据降维可以将这些特征转化为更少的、具有代表性的特征，从而更容易地识别不同样本中的基因表达。

2. 降低噪声：基因表达数据中存在大量的噪声，数据降维可以帮助我们去除这些噪声，提高数据质量。

3. 建模和分类：数据降维可以帮助我们更好地理解和建模基因表达数据，以及对基因表达数据进行分类和预测。

在处理基因表达数据时，常用的数据降维技术包括主成分分析（PCA）、独立成分分析（ICA）、因子分析（FA）和t-SNE等。这些技术可以将高维基因表达数据转化为低维表示形式，以便于数据分析和可视化。例如，使用PCA可以将基因表达数据转化为主成分，其中每个主成分代表一组基因的线性组合，从而可以更好地理解基因之间的关系和变化趋势。t-SNE可以将高维基因表达数据映射到低维空间中，并保持样本之间的距离，从而便于可视化和分类。

总之，数据降维在处理基因表达数据中具有重要的应用价值，可以帮助我们更好地理解基因表达数据，并提高基因表达数据的分析和建模效果。

在上面的答复中，ChatGPT给出了数据降维技术对于生物信息领域中基因表达数据的处理。可以看到，从特征识别到建模，数据降维技术都扮演了非常重要的角色。而这项技术的重要性还远不止这些，下面我们进一步进行研究。

8.1.2 数据降维在数据分析中的重要性

在ChatGPT对话框中输入“数据降维在数据分析中的重要性”，可以得到如下答复。

ChatGPT 数据降维在数据分析中的重要性主要体现在以下几个方面。

1. 提高计算效率和减少存储空间：随着数据量的不断增加，高维数据的处理和分析需要更多的计算资源和存储空间。数据降维可以减少数据集的维度，从而降低计算和存储成本。

2. 降低维度灾难的影响：高维数据在分析和建模时容易出现维度灾难问题，导致模型效果不佳。数据降维可以降低数据维度，提高模型的效率和精度。

3. 增强数据可解释性：高维数据难以理解和解释，数据降维可以将数据转化为更易于理解和解释的低维表示形式，从而提高数据可解释性。

4. 去除冗余和噪声：高维数据中可能存在冗余和噪声信息，数据降维可以过滤掉这些信息，提高数据质量和模型的稳定性。

5. 改善模型效果和泛化能力：数据降维可以减少模型的复杂度，降低过拟合的风险，提高模型的泛化能力和效果。

因此，数据降维在数据分析中是一个非常重要的技术，可以提高数据分析的效率和质量，同时也可以增强模型的可解释性和泛化能力。

在上面的答复中，ChatGPT分别从5个方面论述了数据降维技术在数据分析中的重要性。我们还可以进行追问，如在ChatGPT对话框中输入“为什么数据降维可以增强数据可解释性”，可以得到如下答复。

ChatGPT 数据降维可以增强数据的可解释性，原因如下。

1. 降低维度后，数据变得更加简单和易于理解。降维可以将原始数据从高维空间中映射到低维空间中，这可以使数据的维度大大降低，使数据的特征更加简单和易于理解。

2. 去除冗余信息，保留重要信息。在降维过程中，一些冗余信息和噪声特征可能会被过滤掉，只保留对数据有重要影响的特征，这可以使数据更加清晰和易于解释。

3. 可以进行可视化。数据降维可以将高维数据映射到低维空间中，并可视化展示，从而使数据更加直观和易于解释。

4. 更好地理解数据之间的关系和变化趋势。降维可以将原始数据从高维空间映射到低维空间中，更好地展示数据之间的关系和变化趋势，从而提高数据的可解释性。

综上所述，数据降维可以使数据更加简单和易于理解、去除冗余信息和噪声、可视化展示，并更好地展示数据之间的关系和变化趋势，从而提高数据的可解释性。

在上面的答复中，ChatGPT 给出了数据降维可以增强数据可解释性的 4 个原因，笔者在实际工作中也深有体会。例如，我们收到一份全部渠道商的数据报告，如果想要快速了解渠道商的哪些维度会影响他们的销售业绩，就可以使用降维的方法，找到最重要的特征。

8.1.3　常见的数据降维方法

在了解了数据降维的基本概念和重要性之后，我们再来探讨一下这项技术具体的实施方法。在 ChatGPT 对话框中输入“常见的数据降维方法”，会得到如下答复。

ChatGPT 以下是常见的数据降维方法。

1. 主成分分析（PCA）：通过线性变换将原始数据投影到新的坐标系中，使每个主成分与其他成分正交且具有不同的方差大小，从而实现降维。

2. 线性判别分析（LDA）：在保留数据类别信息的同时，通过线性变换将数据投影到新的低维空间中，从而实现降维。

3. 因子分析（FA）：通过对原始数据进行矩阵分解，将数据分解为多个因子，每个因子代表一个特征的线性组合，从而实现降维。

4. 独立成分分析（ICA）：通过将数据分解为多个相互独立的成分，从而实现降维。

5. t-SNE：通过非线性映射，将高维数据映射到低维空间中，并保持样本之间的距离，从而实现降维和可视化。

6. 非负矩阵分解（NMF）：将数据矩阵分解为两个非负矩阵的乘积，从而实现降维和特征提取。

7. 随机投影（RP）：通过对原始数据进行随机投影，将数据从高维空间中投影到低维空间中，从而实现降维。

8. 核主成分分析（Kernel PCA）：通过在高维空间中应用核函数，将原始数据映射到低维空间中，从而实现降维。

这些方法在不同的数据降维应用场景中都有着广泛的应用。根据具体问题的不同，选择合适的数据降维方法非常重要。

在上面的答复中，ChatGPT 列举了一些常见的数据降维方法。同时也阐明，我们需要根据具体的问题选择合适的数据降维方法。那么该如何选择合适的方法呢？让我们在 ChatGPT 对话框中输入"选择数据降维方法的基本原则"，会得到如下答复。

ChatGPT 选择数据降维方法的基本原则包括以下几点。

1. 目的和需求：根据降维的目的和需求，选择适合的数据降维方法。例如，如果目的是减少数据的维度，那么 PCA 可能是一个不错的选择，而如果需要降维同时保留数据类别信息，则 LDA 可能更合适。

2. 数据类型：不同类型的数据适合不同的数据降维方法。例如，PCA 适合处理线性相关的数据，而 t-SNE 适合处理非线性相关的数据。

3. 数据量：不同的数据降维方法对数据量有不同的要求。例如，PCA 适合处理大规模数据，而 t-SNE 则需要更小的数据集。

4. 计算效率：不同的数据降维方法有不同的计算复杂度，因此在选择方法时需要考虑计算效率。例如，RP 方法计算速度较快，但它的准确性相对较低，而 LDA 计算速度较慢，但精度较高。

5. 结果可解释性：选择的数据降维方法应该能够提供有意义的结果，使结果对于实际应用有意义和可解释性。例如，PCA 结果可以解释为新的主成分，LDA 结果可以解释为新的类别区分特征。

综上所述，选择合适的数据降维方法应该综合考虑数据的目的和需求、数据类型、数据量、计算效率及结果的可解释性，并根据具体问题的不同进行选择。

在上面的答复中，ChatGPT 建议从 5 个角度考量选择数据降维的方法。相信大家看完后，会对选择数据降维的方法有大概的认知。在本章后面的内容中，将会详细介绍一些数据降维方法的原理与实现。

8.2 让ChatGPT带我们玩转PCA

通过前面的学习我们已经知道，PCA 是最常见的数据降维方法之一。下面我们让 ChatGPT 先通俗地讲解一下的它的基本概念。在 ChatGPT 对话框中输入"用通俗易懂的语言解释 PCA"，会得到如下答复。

ChatGPT PCA（Principal Component Analysis）是一种常用的数据降维方法，其目的是将高维数据转换为低维数据，并且保留原始数据中的大部分信息。在具体实现上，PCA 会找到原始数据中最具有代表性的主要特征，也就是"主成分"，并将原始数据投影到这些主成分上，从而实现数据降维。

举个例子，假设你想要对一组学生的成绩进行分析，而学生的成绩可以用数学、语文、英语三个维度描述。这样，每个学生的成绩就可以表示为一个三维向量，也就是一个在三维空间中的点。

但是，三维空间中的数据不仅难以直观理解，而且在分析时计算量也很大。这时，我们可以用PCA将这个三维数据降维为二维数据，从而使数据更加简洁、易于理解。

具体而言，PCA会通过计算数据的协方差矩阵找到最具有代表性的主要特征，也就是"主成分"。这些主成分是原始数据中方差最大的方向，它们描述了数据中最大的变化方向。在我们的例子中，这些主成分可能表示为数学和语文成绩的综合分数和英语成绩，这两个维度可以用一个二维坐标系表示。

通过将原始数据投影到这个坐标系中，我们可以得到一个新的二维数据集，其中每个点都代表一个学生的成绩。这个新的二维数据集可以保留原始数据的大部分信息，而且在分析时计算量也大大减少。此外，我们还可以根据这个新的二维数据集推断出学生的成绩排名、学生之间的相似性等信息。

总之，PCA是一种非常有用的数据降维方法，它可以将高维数据转换为低维数据，并且保留原始数据中的大部分信息，从而使数据更加简洁、易于理解。

从上面的答复中可以看到，ChatGPT用了一个学生成绩分析的例子介绍PCA算法，可以说是比较通俗易懂。接下来我们还是要让ChatGPT从更加学术的角度对PCA算法进行讲解。

8.2.1 PCA的定义和基本思想

在ChatGPT对话框中输入"PCA的定义和基本思想"，会得到如下答复。

ChatGPT PCA是一种常用的数据降维方法，其基本思想是通过线性变换将原始数据从高维空间映射到低维空间，从而得到一组新的、具有代表性的变量，这些变量被称为"主成分"。

具体而言，PCA通过计算数据的协方差矩阵，找到最具有代表性的主要特征，也就是"主成分"。这些主成分是原始数据中方差最大的方向，它们描述了数据中最大的变化方向。在进行数据降维时，我们可以只选择前几个主成分作为新的变量，从而将原始数据从高维空间映射到低维空间。

这个过程中，主成分是按照方差大小排列的，也就是说，第一个主成分是方差最大的，第二个主成分是方差次大的，以此类推。因此，前几个主成分包含了大部分数据的信息，可以用来表示原始数据中的大部分变化。而剩余的主成分则包含的信息较少，可以忽略不计。

PCA的目标是最大化保留原始数据信息的同时降低维度。通常情况下，我们会选择保留一定比例的方差，如保留数据方差的90%，或者保留前k个主成分，从而达到数据降维的目的。由于PCA使用了线性变换的方法，它可以应用于各种类型的数据，包括数值型数据、文本数据、图像数据等。

在上面的答复中，ChatGPT给出的描述还是比较容易理解的。但如果有读者没有学习统计学相关的知识，可能会对"协方差"这个概念不太了解。这里我们可以让ChatGPT对这个术语进一步作出解释。在ChatGPT对话框中输入"简要介绍什么是协方差，不要Markdown格式"，会得到如下答复。

ChatGPT 协方差是一种衡量两个随机变量相关程度的统计量，它描述了两个随机变量的联合变化程度。如果两个随机变量的值同时增加或同时减少，它们之间的协方差就是正的；如果一个增加而另一个减少，协方差就是负的；如果它们之间没有明显的关系，协方差就是0。

协方差的绝对值越大，表示两个变量之间的关系越密切。在PCA中，协方差矩阵是非常重要的，因为它描述了数据中不同变量之间的相关性。在计算协方差矩阵时，我们需要将每个变量的均值减去，以消除数据中的偏差，从而得到更准确的相关性测量结果。

从ChatGPT给出的答复中可以看到，协方差这个指标其实就是告诉我们两个变量之间是否存在相关性。而且ChatGPT从前面的对话中了解到我们更关心协方差在PCA中的应用，所以它特别解释了协方差矩阵对于PCA算法的重要性。

8.2.2 PCA的数学原理和算法

在了解了PCA算法的定义和基本思想之后，我们就可以着手研究它背后的原理了。在ChatGPT对话框中输入“PCA的数学原理和算法”，可以得到如下答复。

ChatGPT PCA的数学原理和算法比较复杂，但可以简要概括为以下几个步骤。

1. 去中心化：将每个变量的均值减去，以消除数据中的偏差，从而得到更准确的相关性测量结果。

2. 计算协方差矩阵：对于一个n维的数据集，协方差矩阵是一个$n \times n$的对称矩阵，其中每个元素是相应变量之间的协方差。

3. 计算协方差矩阵的特征值和特征向量：通过求解协方差矩阵的特征值和特征向量，可以找到最具有代表性的主成分。特征值表示每个主成分的方差大小，而特征向量表示每个主成分的方向。

4. 选择主成分：根据特征值的大小，可以选择保留前k个主成分，从而降低数据的维度。通常情况下，我们会选择保留数据方差的90%，或者保留前k个主成分。

5. 投影：将原始数据从高维空间映射到低维空间，得到一组新的、具有代表性的变量，即主成分。

在实际实现中，我们可以使用各种数学库和工具计算PCA，如NumPy、scikit-learn等。在计算过程中，还可以使用一些优化技巧提高计算效率，如奇异值分解（SVD）等。

在上面的答复中，我们可以看到ChatGPT对PCA的工作流程进行了讲解。如果希望ChatGPT把协方差矩阵的计算更详细地展开解释，可以在ChatGPT对话框中输入“如何计算协方差，不要Markdown格式”，会得到如下答复。

ChatGPT 协方差是一种衡量两个随机变量相关程度的统计量，它描述了两个随机变量的联合变化程度。假设我们有两个变量X和Y，它们的均值分别为μx和μy，那么它们的协方差可以通过以下公式计算：

$$\mathrm{Cov}(X,Y)=\frac{\sum_{i=1}^{n}(X_i-\mu x)(Y_i-\mu y)}{n-1}$$

其中，n表示数据样本的数量，X_i和Y_i表示第i个样本的取值。这个公式中，分子表示每个样本与均值之间的偏差乘积之和，分母则是样本数量减1，这是为了更准确地估计样本之间的相关性。

在实际计算中，协方差矩阵可以通过对每个变量之间的协方差进行组合得到。例如，对于一个 n 维的数据集，协方差矩阵可以表示为以下形式：

$$\boldsymbol{\Sigma}=\begin{bmatrix}\operatorname{Cov}(X_1,X_1) & \cdots & \operatorname{Cov}(X_1,X_n)\\ \vdots & \ddots & \vdots\\ \operatorname{Cov}(X_n,X_1) & \cdots & \operatorname{Cov}(X_n,X_n)\end{bmatrix}$$

在计算协方差矩阵时，我们需要将每个变量的均值减去，以消除数据中的偏差，从而得到更准确的相关性测量结果。

在上面的答复中我们可以看到，ChatGPT用公式展示了协方差和协方差矩阵的计算方法。而PCA算法就是通过这个协方差矩阵来进行主成分的选择的。接下来，我们可以让ChatGPT给我们演示PCA算法的实现。

8.2.3 PCA算法的实现

为了直观了解PCA算法的实现，我们可以要求ChatGPT“用scikit-learn生成示例数据，演示PCA的实现，需要对过程进行可视化”，会得到如下答复。

ChatGPT 好的，下面用scikit-learn生成示例数据，用PCA对数据进行降维的演示，并对过程进行可视化。

首先，我们需要导入必要的库和生成示例数据。我们将生成一个三维的数据集，共有200个样本，其中前两个维度与样本标签相关，第三个维度则是噪声。

```
import numpy as np
import matplotlib.pyplot as plt
from sklearn.datasets import make_classification
from sklearn.decomposition import PCA

# 生成示例数据
X, y = make_classification(n_samples=200, n_features=3, n_redundant=0, n_
informative=2, random_state=42, n_clusters_per_class=1)
```

接下来，我们可以用PCA对数据进行降维。在这个例子中，我们希望将数据降为二维，以便将其可视化。我们使用scikit-learn中的PCA模块实现。

```
# 使用PCA进行降维
pca = PCA(n_components=2)
X_pca = pca.fit_transform(X)
```

现在我们已经得到了降维后的数据，可以将其可视化。我们可以将前两个维度的值作为坐标轴，用颜色表示样本标签。

```
# 可视化降维后的数据
fig, ax = plt.subplots()
scatter = ax.scatter(X_pca[:, 0], X_pca[:, 1], c=y, cmap='viridis')
legend1 = ax.legend(*scatter.legend_elements(), loc="lower right",
title="Classes")
ax.add_artist(legend1)
plt.xlabel('PC1')
plt.ylabel('PC2')
plt.show()
```

将上面的代码粘贴到Jupyter Notebook中并运行，会得到如图 8-1 所示的结果。

从图 8-1 中可以看到降维后的数据可视化结果。虽然我们生成数据的时候指定了数据是三维的，但经过PCA的处理，数据降为了二维（PC1 和 PC2），并且仍然保留了原始数据中的大部分信息。除此之外，数据点已经根据它们的标签进行了着色。一些读者可能已经发现，现在数据点已经可以训练模型来进行分类了。

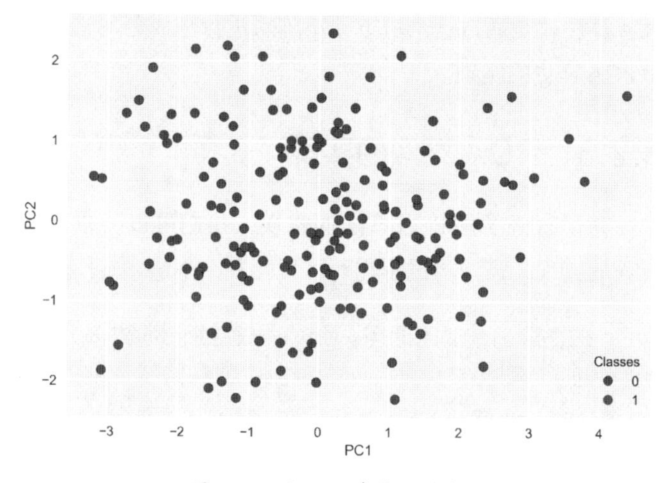

图 8-1　用PCA降维后的数据

温馨提示

在上面的代码中，为了图像的美观，笔者进行了一些样式调整。读者直接运行ChatGPT给出的代码得到的图像样式可能与图 8-1 不同，但并不影响对PCA算法实现的理解。

8.3 让ChatGPT带我们玩转ICA

在了解了PCA算法后，我们再来探索一下ICA算法。这个算法的全称是“独立成分分析”（Independent Component Analysis）。我们先让ChatGPT给出通俗的解释。在ChatGPT对话框中输入“请用通俗易懂的语言解释ICA算法”，会得到如下答复。

ChatGPT ICA 算法是一种用于从混合信号中分离出独立信号的算法。我们可以将混合信号想象成多个人在一个房间里同时说话，而接收器只能接收到混合的信号。ICA 算法的目标是从这些混合信号中分离出每个人说话的独立信号。

ICA 算法的基本思路是，在混合信号中找到一个变换矩阵，使变换后的信号之间是独立的。这个变换矩阵可以通过最大似然估计方法求解。具体而言，假设变换后的信号是独立分布的，并且它们的概率密度函数都是非高斯的。然后，通过对数据逐步进行非线性变换，使变换后的信号更加接近于独立分布，并最终得到每个独立信号。

在实际应用中，ICA 算法可以用于音频信号分离、图像分离等领域。例如，在音频信号分离中，可以将混合的音频信号看作多个乐器的声音混合在一起，而通过 ICA 算法，可以将每个乐器的声音信号分离出来，从而实现对音频信号的分离和重构。

从上面的答复中，我们看到ICA实际是一种将混合信号进行分离的算法。这似乎并不是我们需要的数据降维算法。不要紧，我们继续深入了解这个算法。

8.3.1　ICA的定义和基本思想

我们先了解一下ICA算法的基本概念。在ChatGPT对话框中输入“ICA的定义和基本思想”，会得到如下答复。

ChatGPT ICA是一种经典的盲源分离（Blind Source Separation）方法。与PCA不同，ICA不是寻找数据的主成分，而是通过线性变换将数据分解为独立的非高斯分布的源信号，从而实现对数据的分离。

ICA的基本思想是，假设存在多个源信号，它们经过一些混合矩阵的线性组合后形成了我们观测的多维信号。这些混合矩阵是未知的，而我们的目标是找到一个解混矩阵，将观测的多维信号分离为多个独立的源信号。

在实际应用中，ICA可以用于信号处理、图像处理、语音处理等领域。例如，在语音处理中，ICA可以将一段混合语音分离为多个单独的语音信号，从而实现语音信号的分离和去噪。

在上面的答复中，ChatGPT给出了ICA算法的一般定义，同时也阐述了ICA与PCA算法的区别。那么ICA算法是如何用于数据降维的呢？在ChatGPT对话框中输入“ICA算法是如何对数据进行降维的”，会得到如下答复。

ChatGPT ICA 算法本身并不是一种专门用于数据降维的算法，它更多地用于信号处理中的独立分量分析。不过，有时候我们可以将 ICA 算法应用于数据降维。

在使用 ICA 算法进行数据降维时，我们通常需要将数据中的特征看作混合信号，并且假设这些特征是由一些独立的因素（或特征）所组成的。我们可以通过 ICA 算法对这些特征进行分离，得到一组相互独立的新特征，从而实现对数据的降维。

具体来说，对于一个包含n个特征的数据集，我们可以通过ICA算法将其转换为一个包含$k(k<n)$个独立特征的新数据集，从而实现对数据的降维。新数据集中的每个独立特征都是由原始数据集中的一些特征线性组合而成的，因此可以看作是对原始特征的一种压缩表示。

需要注意的是，ICA 算法的数据降维效果和 PCA 等降维算法不同，它更加注重的是发现数据中的独立因素。因此，在实际应用中，需要根据具体问题的特点选择合适的降维算法。

从上面的答复中我们可以看到，如果一些不同特征的数据混合在一起，那么使用ICA可以将它们分离开，而分离后的特征维度低于混合的特征，从而实现了数据降维的目的。接下来，我们来了解一下ICA算法背后的原理。

8.3.2 ICA的数学原理和算法

现在我们让ChatGPT讲解ICA算法的原理，在ChatGPT对话框中输入"ICA的数学原理和算法，请使用LaTeX格式的公式"，会得到如下答复。

ChatGPT ICA的基本思想是将多维数据X分解为m个独立的非高斯分布的源信号。

$$S = [s_1, s_2, \cdots, s_m]^T$$

源信号的线性组合为

$$X = A \cdot S$$

其中，A是混合矩阵，A^{-1}表示解混矩阵。因为S是非高斯分布的，所以X在经过混合矩阵A的作用后会损失一部分信息，而我们的目标就是通过反推出混合矩阵A的逆矩阵A^{-1}，找到源信号S。

ICA的算法流程如下。

1. 中心化：将数据X的每一维都减去该维的均值，使数据的均值为0。

2. 预处理：对中心化后的数据进行白化处理，将数据的每一维都按照其方差进行缩放，使数据的各个维度之间互不相关。

3. 独立性度量：寻找一个线性变换矩阵W，使变换后的数据$Y=W \cdot X$的每一维之间的互信息最小，即最大化独立性度量函数$J(W)$，其中互信息是一个用于度量两个随机变量之间相关性的指标。

4. 非高斯化：由于独立的非高斯分布是实现盲源分离的基础，在ICA中需要通过非线性变换使数据的每一维都更加接近于非高斯分布。常用的非线性函数包括logistic函数、tanh函数、高斯函数等。

5. 迭代优化：通过反复迭代优化独立性度量函数$J(W)$，直到满足停止条件为止。

最终，通过找到最优的线性变换矩阵W，得到分离后的源信号$S = W \cdot X$。

在上面的答复中，我们看到ChatGPT详细介绍了ICA算法的数学原理。可能对于部分读者来说，其中一些术语不容易理解。对于不理解的地方，我们可以追问ChatGPT。例如，在ChatGPT对话框中输入"用通俗易懂的语言解释数据的白化处理"，会得到如下答复。

ChatGPT 在机器学习和数据处理中，数据的白化处理是一种常见的数据预处理技术。白化处理的目的是将输入数据的各个特征之间的相关性降到最低，并使这些特征之间具有相同的方差。

白化处理可以看作一种特殊的数据标准化方法。在白化处理中，我们首先对原始数据进行中心化，即将每个特征的均值都减去其对应的样本均值，使数据的均值为0。接下来，计算出数据的协方差矩阵，并将其进行特征值分解，得到特征值和特征向量。然后，通过对特征向量进行线性变换，将原始数据转化为新的数据，使新数据的协方差矩阵为单位矩阵。最后，对新数据进行标准化处理，使每个特征的方差都为1。

通过白化处理，可以减少数据中的冗余信息，提高特征的独立性，从而有助于提高机器学习算法的性能。在图像处理等领域，白化处理也可以用于减少图像中的冗余信息，提高图像识别的准确性。

从上面的答复中可以看到，经过白化处理的数据均值为 0，方差为 1。相信有统计学基础的读者会想到，如果将一组正态分布的数据处理为均值为 0，方差为 1，就会得到符合标准正态分布的数据。这样我们就理解了数据白化处理的概念。读者也可以让 ChatGPT 解释其他自己不清楚的概念。

8.3.3 ICA 算法的实现

在了解了 ICA 算法的基本概念及其原理后，我们可以探究一下如何实现 ICA 算法。在 ChatGPT 对话框中输入“请用 Python 代码演示 ICA 算法的实现，需要对过程可视化”，会得到如下答复。

ChatGPT 以下是使用 Python 和 scikit-learn 库实现 ICA 算法并可视化的示例代码。我们先生成一个模拟数据集，对其进行 ICA 降维处理，并将处理后的数据进行可视化展示。

```
import numpy as np
import matplotlib.pyplot as plt
from sklearn.decomposition import FastICA

# 生成模拟数据集
np.random.seed(0)
n_samples = 2000
time = np.linspace(0, 8, n_samples)
s1 = np.sin(2 * time)  # 信号 1：正弦信号
s2 = np.sign(np.sin(3 * time))  # 信号 2：方波信号
S = np.c_[s1, s2]
S += 0.2 * np.random.normal(size=S.shape)  # 添加噪声

# 可视化原始数据集
plt.figure(dpi=300)
plt.subplot(2, 1, 1)
plt.plot(time, S[:, 0], label='Signal 1')
plt.plot(time, S[:, 1], label='Signal 2')
plt.xlabel('Time')
plt.ylabel('Amplitude')
plt.title('Original signals')
plt.legend()

# 对数据进行 ICA 降维处理
ica = FastICA(n_components=2)
S_ica = ica.fit_transform(S)
```

```
# 可视化ICA降维处理后的数据集
plt.subplot(2,1,2)
plt.plot(time, S_ica[:, 0], label='Independent component 1')
plt.plot(time, S_ica[:, 1], label='Independent component 2')
plt.title('ICA recovered signals')
plt.xlabel('Time')
plt.ylabel('Amplitude')
plt.legend()
plt.tight_layout()
plt.show()
```

该示例代码首先生成一个模拟数据集，其中包含两个信号——一个正弦信号和一个方波信号，并添加了一些噪声。然后使用FastICA类对数据进行ICA降维处理，并将处理后的数据进行可视化展示。

将代码粘贴到Jupyter Notebook中并运行，得到如图 8-2 所示的结果。

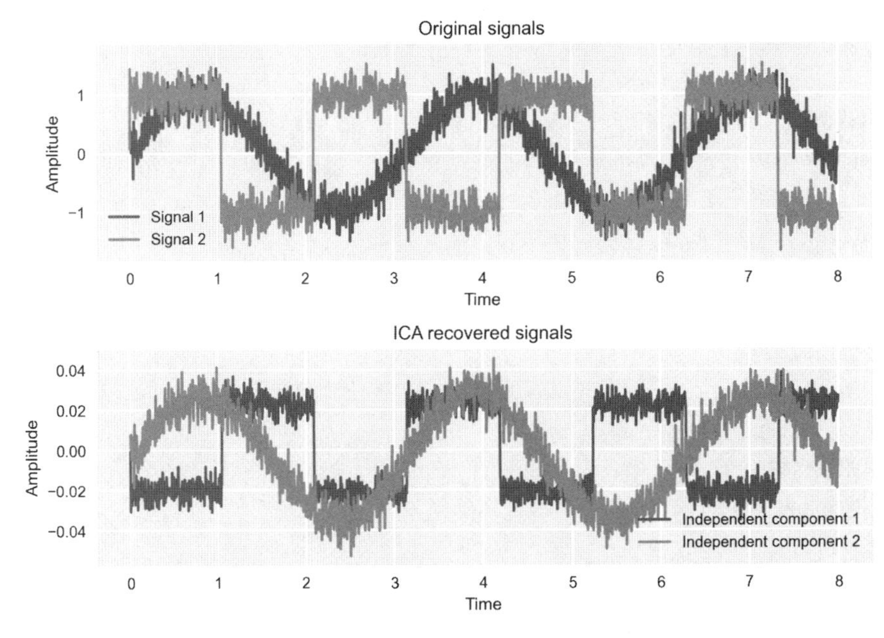

图 8-2　使用ICA算法进行数据处理

从图 8-2 中可以看到，ICA算法成功地将原始数据降维到两个独立的信号，并消除了噪声的影响（注意图中纵轴坐标的变化）。

看到这里，不知道读者会不会有这样的问题——ICA和PCA算法可以相互替代吗？我们看看ChatGPT是如何答复的。

ChatGPT ICA和PCA在某些方面可以相互替代，但在大多数情况下它们是有所区别的，因为它们的基本思想和应用场景不同。

PCA 是一种无监督的线性降维方法，通过寻找数据的主成分减少数据的维度，从而实现对数据的压缩和简化。PCA 假设数据中的主要信息都集中在数据的方差较大的方向上，并通过线性变换将数据映射到一个新的坐标系上，从而找到最能表达数据差异的轴。因此，PCA 适用于数据中存在线性相关性的情况。例如，当数据中存在多个特征，且这些特征之间存在较强的相关性时，PCA 可以将这些特征压缩到较少的主成分上，并减少数据的维度。

ICA 是一种盲源分离的方法，通过寻找数据中的独立源信号实现对数据的分离和重构。ICA 假设数据中的每个信号都是独立的，且由于这些信号都是非高斯分布的，可以通过非线性变换将其分离出来。因此，ICA 适用于数据中存在独立信号源的情况。例如，在生物医学领域中，当需要从复杂的生理信号中提取各个组成部分时，ICA 就是一种非常有用的方法。

虽然 ICA 和 PCA 在某些方面可以相互替代，但在大多数情况下它们是有所区别的，因此需要根据具体的数据和应用场景选择合适的方法。

从ChatGPT给出的答复中可以看到，它并不建议ICA和PCA相互替代，主要的原因是它们的基本思想和应用场景有很大的区别。在实际应用中，我们确实也很少见到ICA和PCA可以相互替代的情况。

8.4 让ChatGPT带我们玩转t-SNE

在了解了PCA和ICA算法后，我们再探讨一个很常用的数据降维算法——t-SNE算法。首先还是让ChatGPT进行通俗的讲解，以便我们对其有初步的认知。在ChatGPT对话框中输入“用通俗易懂的语言解释t-SNE算法”，会得到如下答复。

ChatGPT t-SNE算法是一种用于数据降维和可视化的方法。它的基本思想是，将高维数据映射到低维空间中，使数据点在高维空间中的相对距离尽可能被保留在低维空间中。这种方法的优点是能够更好地保留数据的局部结构，因此在可视化高维数据时，可以更好地发现数据的聚类和分布。

具体来说，t-SNE 算法首先计算高维空间中数据点之间的相似度，并将其转换为概率分布。然后，在低维空间中随机初始化每个数据点的位置，计算它们之间的相似度，并将其转换为概率分布。接下来，通过最小化高维概率分布和低维概率分布之间的KL散度，调整低维数据点的位置，使低维空间中的数据点尽可能与高维空间中的相似数据点靠近，与不相似的数据点远离。

t-SNE 算法需要选择的超参数有两个，一个是高维空间中数据点之间的相似度计算方法，另一个是低维空间的维度。在应用t-SNE 算法时，需要根据数据的特性选择合适的参数，以达到更好的数据降维和可视化效果。

在上面的答复中，我们可以初步了解t-SNE算法的基本概念——它也是将高维数据映射到低维空间，但它使用的方法和其他数据降维的方法还是比较不同的。接下来让ChatGPT带我们继续深入研究这个算法。

8.4.1 t-SNE的定义和基本思想

在ChatGPT对话框中输入“t-SNE的定义和基本思想”，会得到如下答复。

ChatGPT t-SNE是t-distributed Stochastic Neighbor Embedding的缩写，是一种用于数据降维和可视化的非线性降维算法。

其基本思想是将高维数据映射到低维空间中，使高维空间中相似的数据在低维空间中依然相似，并且保留数据之间的局部结构。具体而言，t-SNE算法首先计算高维空间中数据点之间的相似度，并将其转换为概率分布。然后，在低维空间中随机初始化每个数据点的位置，计算它们之间的相似度，并将其转换为概率分布。接下来，通过最小化高维概率分布和低维概率分布之间的KL散度，调整低维数据点的位置，使低维空间中的数据点尽可能与高维空间中的相似数据点靠近，与不相似的数据点远离。

t-SNE算法在可视化高维数据时具有很好的效果，特别是能够更好地保留数据的局部结构，因此在数据分析和机器学习中得到了广泛的应用。但需要注意的是，t-SNE算法计算量较大，不适合处理大规模数据集。

在上面的答复中，ChatGPT解释了t-SNE的全称。值得注意的是，ChatGPT指出t-SNE算法的计算量较大，不适合处理大规模数据集。这一点我们稍后让ChatGPT给出详细解释。下面我们可以再了解一下t-SNE算法与PCA算法的不同。在ChatGPT对话框中输入“请简要说明t-SNE与PCA的区别”，会得到如下答复。

ChatGPT t-SNE和PCA都是常用的数据降维算法，但它们的思想和处理方式有所不同。

首先，PCA是一种线性降维算法，主要通过线性变换将高维数据映射到低维空间中，保留尽可能多的原始数据信息。而t-SNE是一种非线性降维算法，可以更好地处理非线性数据结构，以保留数据的局部结构。

其次，PCA通过计算数据集的协方差矩阵确定数据的主要成分，即数据在新空间中最重要的方向。而t-SNE则主要通过计算高维数据点之间的相似度，并将其转换为概率分布，调整低维数据点的位置，以保留数据的局部结构。

最后，PCA通常被用于数据预处理和特征提取，而t-SNE通常被用于数据可视化和聚类分析。

从上面的答复中可以看到，ChatGPT从三个角度阐述了t-SNE和PCA的区别：第一，PCA是线性降维算法，而t-SNE是非线性的；第二，两者的算法是不同的；第三，两种算法的用途也是不同的。

8.4.2 t-SNE的数学原理和算法

前面我们得知，t-SNE的计算量比较大。那么下面我们就研究一下t-SNE的数学原理。在ChatGPT对话框中输入“t-SNE的数学原理和算法”，会得到如下答复。

ChatGPT t-SNE的数学原理和算法较为复杂，需要一定的数学基础。下面是t-SNE的基本原理和算法步骤。

t-SNE的基本思想是将高维数据点之间的相似度转换为低维数据点之间的相似度，主要分为两个步骤。

1. 计算相似度：首先，计算高维数据点之间的相似度，一般使用高斯核函数或t分布进行相似度计算。

2. 转换相似度：其次，将高维数据点之间的相似度转换为低维数据点之间的相似度。这里采用的是条件概率分布的方式，即将高维数据点i和j在低维空间的相似度定义为

$$p(j|i) = \exp(-||x_i - x_j||\text{^}2 / 2\sigma_i\text{^}2) / \Sigma k \neq i \exp(-||x_i - x_k||\text{^}2 / 2\sigma_i\text{^}2)$$

其中，x_i和x_j分别表示高维和低维空间中的数据点，σ_i是高维空间中的方差参数。

同样，将低维数据点i和j在高维空间的相似度定义为

$$q(j|i) = \exp(-||y_i - y_j||\text{^}2) / \Sigma k \neq i \exp(-||y_i - y_k||\text{^}2)$$

其中，y_i和y_j分别表示低维空间中的数据点，没有方差参数。

再次，通过最小化KL散度最小化两个分布之间的差异，从而实现低维数据点的位置调整，保留数据的局部结构。

KL散度的定义为

$$\mathrm{KL}(P||Q) = \Sigma i\ P(i)\log(P(i)/Q(i))$$

因此，t-SNE的目标函数可以表示为

$$C = \mathrm{KL}(P||Q) = \Sigma i\ \Sigma j\ p(j|i)\log(p(j|i)/q(j|i))$$

最后，通过梯度下降等优化算法求解目标函数，得到低维数据点的位置。

总之，t-SNE算法主要通过计算高维数据点之间的相似度，并将其转换为概率分布，调整低维数据点的位置，以保留数据的局部结构。

从上面的答复中可以看到，ChatGPT给出了t-SNE的计算过程，涉及较多数据公式。如果读者觉得难以理解也不要担心。我们只要记住一个关键的信息即可——t-SNE把高维数据点的相似度转换为低维数据点的相似度，由于保留了数据点之间的相似度，t-SNE可以更好地体现数据的局部结构。

8.4.3 t-SNE算法的实现

关于t-SNE算法，理论的部分我们就先了解这么多。接下来还是学习一下如何将t-SNE算法进行实现。在ChatGPT对话框中输入“请用Python代码演示t-SNE算法的实现，需要对过程可视化”，会得到如下答复。

ChatGPT 好的，需要安装scikit-learn和Matplotlib库，代码如下。

```
import matplotlib.pyplot as plt
```

```
from sklearn.datasets import load_digits
from sklearn.manifold import TSNE

# 加载手写数字数据集
digits = load_digits()

# 初始化t-SNE模型，设置参数
tsne = TSNE(n_components=2, perplexity=30.0, random_state=42)

# 对数据进行降维
X_tsne = tsne.fit_transform(digits.data)

# 可视化降维结果
plt.figure(figsize=(10, 10))
plt.scatter(X_tsne[:, 0], X_tsne[:, 1], c=digits.target, cmap=plt.cm.get_
cmap('jet', 10))
plt.colorbar(ticks=range(10))
plt.clim(-0.5, 9.5)
plt.show()
```

此代码将加载scikit-learn中的手写数字数据集，并使用t-SNE对其进行降维，将结果可视化为二维散点图。

这段代码中，我们使用了scikit-learn中的手写数字数据集。这也是本书首次用这个数据集进行实验。这里读者只要知道该数据集中的样本维度是64维即可。因为数据维度很高，所以无法用2维的平面图像进行可视化分析，这就需要使用t-SNE算法进行降维了。

将代码粘贴到Jupyter Notebook中运行，会得到如图8-3所示的结果。

从图8-3中我们可以看到，原本64维的数据被降到了2维，因此可以在2维平面进行可视化。同时，大部分数据点还是可以归入相邻的类别中（读者可以在自己的Jupyter Notebook中仔细观察）。这说明t-SNE算法很好地保留了原始数据点的相似度。

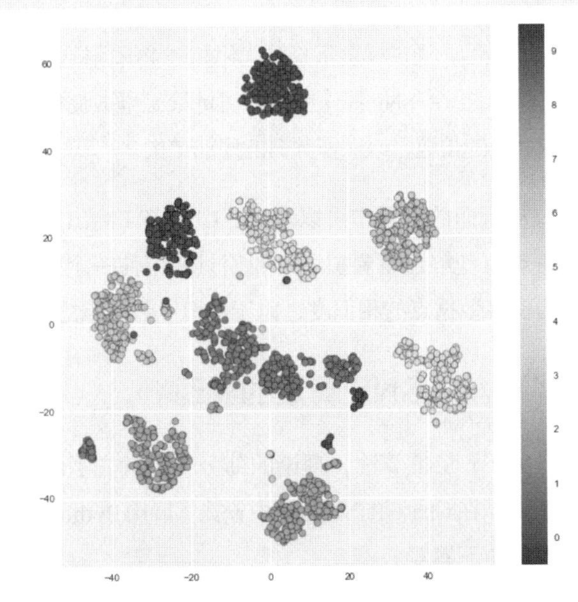

图 8-3　使用t-SNE算法进行数据降维

8.5 习题

在本章中，我们在ChatGPT的帮助下学习了数据降维的基本概念，以及一些常用的数据降维算法。要提醒大家注意的是，ChatGPT列出的数据降维算法远不止本章所讲解的这些。对其他算法感兴趣的读者可以自行和ChatGPT交互，了解更多的降维算法知识。同样，ChatGPT也准备了习题。

1. 什么是数据降维？为什么需要进行数据降维？
2. 请简要说明主成分分析（PCA）的数学原理及其实现方法。
3. 请简要说明独立成分分析（ICA）的数学原理及其实现方法。
4. 请简要说明t-SNE算法的数学原理及其实现方法。
5. 数据降维有哪些常见的应用场景？请列举其中的两个。
6. 在使用PCA降维时，如何确定需要保留多少个主成分？
7. 在使用LDA进行数据降维时，如何选择最佳的投影维度？
8. t-SNE的perplexity参数是如何影响降维结果的？请进行说明。
9. 请使用Python实现PCA、ICA、t-SNE算法中的一个，并对其进行可视化展示。

第9章 让ChatGPT带我们玩转聚类算法

本章导读

在第 8 章中，我们一起学习了数据降维的方法。实际上，数据降维中的PCA、t-SNE等都属于无监督学习算法。无监督学习是机器学习的一个分支，它不需要给定标记的数据作为训练样本，而是试图从未标记的数据中寻找数据集本身的内在结构和规律。在无监督学习领域，还有一类非常实用的算法——聚类算法。本章将和大家一起对聚类算法展开研究。

知识要点

通过对本章内容的学习，您将掌握以下知识：

- 聚类算法的基本概念。
- K-Means算法。
- 层次聚类算法。
- 密度聚类算法。

9.1 让ChatGPT介绍聚类算法的基本概念

我们先简单了解一下聚类算法的通俗解释。在ChatGPT对话框中输入“请用通俗易懂的语言解释什么是聚类算法”，会得到如下答复。

ChatGPT 聚类算法是一种无监督学习技术，它可以将一组数据划分为不同的组或簇，使每组内的数据相似度都较高，而组间的数据相似度较低。就像是把一群人按照他们的相似特征分成不同的小组，如按照年龄、兴趣、职业等。聚类算法可以帮助我们更好地理解数据集的结构和特征，并且在很多领域有广泛的应用，如图像分割、社交网络分析、推荐系统等。

从上面的答复中，我们可以看到ChatGPT用“人以群分”的例子生动地讲解了什么是聚类算法。通过这个例子我们能够理解聚类算法大致的功能和应用场景。这看起来是一种非常有使用价值的算法。接下来我们就深入了解一下聚类算法的相关知识。

9.1.1　聚类算法的定义和背景

在ChatGPT对话框中输入“聚类算法的定义和背景”，会得到如下答复。

ChatGPT 聚类算法是一种无监督学习技术，它试图将一组数据划分为不同的组或簇，使组内的数据相似度高，组间的数据相似度低。聚类算法背后的基本思想是将相似的数据聚集在一起，从而形成有意义的子集。相似性可以根据不同的应用领域和问题进行定义。例如，在图像分割中，可以使用像素的颜色和亮度作为相似性的度量指标；在社交网络分析中，可以使用用户的兴趣爱好和社交关系作为相似性的度量指标。

聚类算法在很多领域都有广泛的应用，举例如下。

图像分割：将图像中的像素划分为不同的区域，以便进行后续的分析和处理。

社交网络分析：将社交网络中的用户分成不同的社区，以便进行社交关系和用户行为的分析。

推荐系统：将用户分成不同的群组，以便推荐不同的商品和服务。

聚类算法和分类算法的不同在于，聚类算法不需要事先指定类别或标签，而是根据数据本身的相似性进行自动分类。因此，聚类算法常常被用于探索数据集的内在结构和规律，以及对数据集进行初步的分析和处理。

在上面的答复中，ChatGPT给出了聚类算法的定义，同时它再次强调了聚类算法在图像分割、社交网络分析和推荐系统领域的应用。接下来，我们再了解一下聚类算法的历史。在ChatGPT对话框中输入“聚类算法是什么时候提出的”，会得到如下答复。

ChatGPT 聚类算法的历史可以追溯到20世纪50年代，当时统计学家J. L. Ward提出了最早的聚类算法之一——Ward聚类算法。在之后的几十年中，聚类算法得到不断发展和完善，出现了很多不同的聚类算法，如K-Means聚类、DBSCAN聚类、层次聚类等。

随着数据挖掘和机器学习的发展，聚类算法得到了越来越广泛的应用。现在，聚类算法已经成为数据挖掘和机器学习领域中最为基础和重要的技术之一，被广泛应用于图像处理、文本分析、社交网络分析、推荐系统等众多领域。

在上面的答复中，ChatGPT介绍了聚类算法的起源。可以看到，实际上聚类算法也是一个历史很长的算法——它已经存在了数十年，且至今仍在数据挖掘领域有着广泛应用。

9.1.2　介绍聚类算法的应用领域

虽然前面ChatGPT已经大致介绍了目前聚类算法的一些常见应用领域，但我们还是想要了解具体到某一领域，聚类算法是如何被应用的，因此我们继续追问ChatGPT。在ChatGPT对话框中输入“详细介绍聚类算法的应用领域”，会得到如下答复。

ChatGPT 聚类算法不需要事先指定类别或标签，而是根据数据本身的相似性进行自动分类，因此在各个领域都有广泛的应用。下面介绍几个聚类算法的应用领域。

1. 图像处理领域：在图像处理领域，聚类算法被广泛应用于图像分割、目标检测等任务。例如，在医学图像处理中，聚类算法可以将图像中的组织划分为不同的区域，以便进行病变的检测和诊断；在计算机视觉领域，聚类算法可以将图像中的像素划分为不同的区域，以便进行后续的物体识别和跟踪。

2. 文本挖掘领域：在文本挖掘领域，聚类算法被广泛应用于文本聚类、主题分析等任务。例如，在社交媒体上，聚类算法可以将用户的帖子和评论划分为不同的主题，以便进行用户行为和兴趣的分析；在文本分类中，聚类算法可以将相似的文档划分为同一类别，以便进行后续的分类和标注。

3. 推荐系统领域：在推荐系统领域，聚类算法可以将用户划分为不同的群组，以便推荐不同的商品和服务。例如，在电商平台上，聚类算法可以将用户按照购买历史、浏览记录等信息划分为不同的群组，以便针对不同的群组进行个性化推荐。

4. 社交网络分析领域：在社交网络分析领域，聚类算法可以将社交网络中的用户划分为不同的社区，以便进行社交关系和用户行为的分析。例如，在社交网络中，聚类算法可以将用户按照兴趣、职业等信息划分为不同的社区，以便进行社交关系和用户行为的分析。

总之，聚类算法在各个领域都有广泛的应用，可以帮助我们更好地理解数据集的结构和特征，并且在数据挖掘和机器学习中起到非常重要的作用。

从上面的答复中可以看到，ChatGPT给出了聚类算法在若干个常用领域中的应用场景。当然，读者也可以进一步了解聚类算法在自己感兴趣的领域有怎样的应用。例如，提问“聚类算法如何应用在金融领域”，会得到如下答复。

ChatGPT 聚类算法在金融领域的应用十分广泛，可以帮助银行、证券公司和保险公司等金融机构更好地理解客户群体、风险管理、产品定价等。

以下是聚类算法在金融领域的一些应用。

1. 客户分类：聚类算法可以将银行客户按照不同的特征划分为不同的群组，如根据客户的年龄、收入、职业、存款额等信息，将客户划分为不同的群组。这有助于银行更好地了解客户需求和行为，为不同的客户提供个性化的金融产品和服务。

2. 风险管理：聚类算法可以帮助银行更好地进行风险管理。例如，将不同的信用卡用户按照其信用评级、欠款金额、偿还历史等信息划分为不同的群组，以便对不同的用户采取不同的风险管理策略。

3. 投资组合管理：聚类算法可以帮助投资者根据不同的投资特征将股票、债券等资产划分为不同的群组，以便更好地管理投资组合。例如，根据资产的风险和收益特征，将资产划分为不同的群组，以便实现更好的资产配置和风险控制。

4. 信用评级：聚类算法可以帮助信用评级机构根据不同的客户特征将客户划分为不同的信用评级，以便评估客户的信用风险。例如，根据客户的财务状况、信用历史、收入等信息将客户划分为不同的群组，并为每个群组分配一个相应的信用评级。

总之，聚类算法在金融领域的应用十分广泛，可以帮助金融机构更好地了解客户需求和行为、进行风险管理和资产配置，为客户提供更好的金融产品和服务。

通过类似的追问，我们可以让ChatGPT给出聚类算法在更多行业和领域的应用案例。

9.1.3 聚类算法和分类算法的区别

看到这里，可能有读者会问：既然聚类算法也是将不同的样本划分到不同的组或簇，那它和分类算法有什么区别呢？这个问题我们也交给ChatGPT回答。在ChatGPT对话框中输入“请解释聚类算法和分类算法的区别”，会得到如下答复。

ChatGPT 聚类算法和分类算法都是机器学习中常用的算法，但它们的任务和方法有所不同。

聚类算法的任务是将数据集中的样本按照某种相似度度量划分为若干个类别，使每个类别内部的样本相似度尽可能高，不同类别之间的相似度尽可能低。聚类算法通常不需要预先定义类别，而是自动学习样本的内部结构，生成合适的类别。聚类算法的输出结果是若干个类别或簇，每个簇包含一组相似的样本。

分类算法的任务是根据已知的样本特征和标签，学习一个分类模型，用于对未知样本进行分类。分类算法的目标是将样本分为已知的几个类别之一。分类算法通常需要有先验知识和标签数据，以便训练出具有较好泛化性能的分类模型。

总之，聚类算法和分类算法的区别在于，聚类算法没有预先定义的类别，根据样本相似度生成类别；而分类算法需要预先定义好的类别标签，并学习一个分类模型对未知样本进行分类。聚类算法可以帮助我们发现数据中的隐藏结构，而分类算法则是对已知结构进行预测和分类。

上面的答复可以理解为聚类算法的作用类似于给一群人按照相似度分组，将相似的人分到同一组中，不相似的人分到不同组中。这样，每个组内的人彼此之间都比较相似，而不同组之间的人则差异较大。分类算法的作用类似于给一些东西贴标签，如将苹果和橘子分别贴上“苹果”和“橘子”的标签，以便在未来识别它们。

那么有哪些常见的聚类算法呢？我们看看ChatGPT怎么说。在ChatGPT对话框中输入“请列举几个最常用的聚类算法”，会得到如下答复。

ChatGPT 以下是几个常用的聚类算法。

1. K-Means聚类算法：是一种基于距离度量的迭代聚类算法，将数据划分为k个簇。它以样本的均值为中心点进行迭代，并通过最小化各个簇内样本和簇中心的距离之和优化聚类结果。

2. 层次聚类算法：是一种基于距离度量的聚类算法，将数据分为一棵层次化的聚类树。该算法可以分为凝聚聚类和分裂聚类两种类型，分别从不同方向构建聚类树。

3. DBSCAN聚类算法：是一种基于密度的聚类算法，将密度较高的样本点聚集到一起。该算法能够自动发现任意形状的簇，并能够排除离群点的干扰。

4. GMM聚类算法：是一种基于概率模型的聚类算法，将样本看作由多个高斯分布组成的混合分布，利用EM算法求解分布的参数，从而对数据进行聚类。

这些算法各有优缺点，适用于不同的场景和数据类型。选择合适的聚类算法，可以有效地发现数据中的模式和结构。

在上面的答复中，ChatGPT列举了几个最常用的聚类算法。接下来我们对其中一些算法进行深入研究。

9.2 让ChatGPT带我们玩转K-Means

从前文中我们得知K-Means算法是一种用于将数据集划分为k个簇的算法，其中k是我们预先设定的簇数。K-Means算法具有简单、高效、易于实现的特点，在实际应用中得到了广泛的使用，我们先来了解一下这个算法。

9.2.1 K-Means算法的基本思想

在ChatGPT对话框中输入“K-Means算法的基本思想”，会得到如下答复。

ChatGPT K-Means算法的基本思想是将数据集划分为k个簇，其中k是预先指定的。算法会通过迭代的方式调整簇的中心点，直到簇内所有样本点与簇中心点的距离最小化。

具体而言，K-Means算法包含以下几个步骤。

1. 随机选择k个数据点作为k个簇的中心点。
2. 对于每个数据点，计算其与k个簇中心点的距离，将其分配到距离最近的簇中。
3. 更新每个簇的中心点，即将该簇内所有数据点的均值作为新的簇中心点。
4. 重复步骤2和步骤3，直到簇内样本点与簇中心点的距离不再发生变化或达到预设的迭代次数。

K-Means算法的目标是最小化簇内样本点与簇中心点之间的平方误差和（SSE）。

在上面的答复中，我们可以看到K-Means的主要思想是，K-Means算法首先随机选择k个数据点作为k个簇的中心点，然后将每个数据点分配到距离其最近的中心点所在的簇中。接下来，重新计算每个簇的中心点，将其更新为该簇内所有数据点的平均值。这也是K-Means名称的由来。

在ChatGPT的答复中涉及一个术语——平方误差和（SSE），如果读者对这个术语不太熟悉，可以让ChatGPT给出解释。在ChatGPT对话框中输入“用通俗易懂的语言解释平方误差和”，会得到如下答复。

ChatGPT 平方误差和（Sum of Squared Errors，SSE）是用于衡量聚类算法效果的一个指标。它衡量的是每个数据点与其所属簇的中心点之间的距离的平方和，距离越小则SSE值越小，表示聚类效果越好。

举个例子，如果我们将一组数据点分成了两个簇，其中一个簇的中心点是(3,4)，另一个簇的中心点是(8,10)，而每个数据点与其所属簇的中心点之间的距离分别是 1、2、3、4、5、6、7、8，则这两个簇的SSE值为 $1^2+2^2+3^2+4^2+5^2+6^2+7^2+8^2=204$。如果我们使用另一种聚类方法得到的簇与这个结果相比，其SSE值更小，则说明这个新的聚类方法效果更好。

因此，SSE值是聚类算法中用于评估聚类效果的一个重要指标。

从上面的答复中，我们可以看到ChatGPT对平方误差和进行了通俗的解释，即SSE值可以用来评估聚类效果，其值越小说明效果越好。

9.2.2　K-Means算法的步骤和流程

在了解了K-Means算法的基本思想后，我们可以继续了解它的具体实现，这有助于我们更直观地感受它的工作原理。在ChatGPT对话框中输入“请用Python代码演示K-Means算法的步骤和流程，需要对过程进行可视化”，会得到如下答复。

ChatGPT 以下是使用Python实现K-Means算法的步骤和流程，并对过程进行可视化的示例代码。在本示例中，我们将使用scikit-learn库中的KMeans类实现K-Means算法，并使用Matplotlib库中的scatter函数可视化聚类结果。

```
import numpy as np
import matplotlib.pyplot as plt
from sklearn.cluster import KMeans

# 生成随机数据
np.random.seed(0)
X = np.random.rand(50, 2)

# 调用KMeans函数进行聚类
kmeans = KMeans(n_clusters=3, random_state=0).fit(X)
labels = kmeans.labels_
centers = kmeans.cluster_centers_

# 可视化聚类结果
fig, ax = plt.subplots()
scatter = ax.scatter(X[:,0], X[:,1], c=labels, s=50)
for i, j in centers:
    ax.scatter(i, j, s=200, marker='x', color='black')
```

```
plt.show()
```

将代码粘贴到Jupyter Notebook中并运行，会得到如图9-1所示的结果。

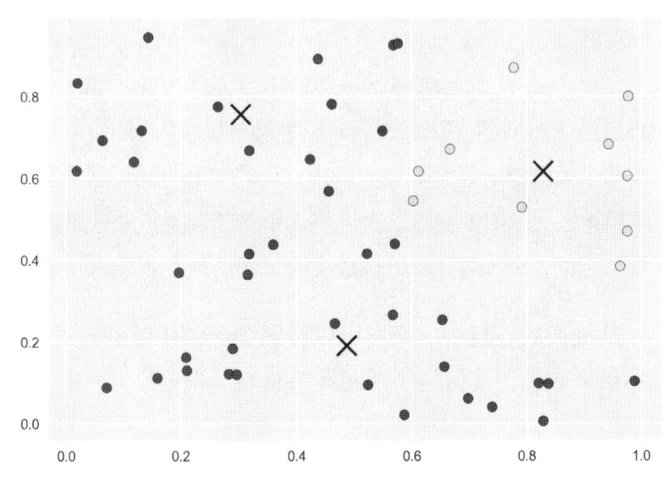

图 9-1　使用K-Means算法进行聚类

在ChatGPT给出的代码中，首先生成了50个二维随机数据点，存储在一个二维NumPy数组X中。接着，调用scikit-learn库中的KMeans函数，指定簇的数量为3，随机种子为0，对数据进行聚类操作，并将结果保存在变量kmeans中。通过kmeans.labels_获取每个数据点所属的簇编号，通过kmeans.cluster_centers_获取每个簇的中心点。最后，使用Matplotlib库中的scatter函数将每个数据点按照其所属的簇进行可视化，同时在图中显示每个簇的中心点，也就是图9-1中的×号所代表的点。

9.2.3　K-Means算法的优缺点

作为非常经典的聚类算法，K-Means算法具有很多优点。当然辩证地说，它也有一些不足。下面我们让ChatGPT讲解一下。在ChatGPT对话框中输入“K-Means算法的优缺点”，会得到如下答复。

ChatGPT K-Means算法是一种简单而高效的聚类算法，它具有以下优点。

1. 算法简单：K-Means算法非常易于理解和实现，只需要通过迭代不断优化聚类结果，因此非常适合处理大量数据。

2. 可扩展性强：K-Means算法的计算量和时间复杂度随着数据集的大小和特征数量的增加而线性增加，因此可以很容易地扩展到大规模数据集上。

3. 适用性广泛：K-Means算法可以应用于各种不同的数据类型，如数值型、离散型和二元型等。

然而，K-Means算法也存在一些缺点。

1. 需要预设簇数量：K-Means算法需要预先确定簇的数量，但在实际应用中，很难事先知道最佳的簇数，因此需要通过试验和经验选择簇数。

2. 对初始值敏感：K-Means算法的聚类结果很大程度上依赖于初始聚类中心的选择，不同的初始聚类中心会得到不同的聚类结果，因此需要进行多次聚类并选择最佳结果。

3. 对噪声和异常值敏感：K-Means算法假设每个簇都是凸的，并且具有相似的大小和密度。因此，如果数据中存在噪声或异常值，这些数据点可能会被错误地聚类到一个簇中，从而导致聚类结果失真。

因此，在使用K-Means算法时，需要根据具体应用场景和数据类型进行权衡和调整，以获得更好的聚类效果。

那么在实际应用中，我们该如何避免K-Means算法的缺点呢？我们可以向ChatGPT提问。在ChatGPT对话框中输入“如何避免K-Means算法的不足”，会得到如下答复。

ChatGPT K-Means算法存在一些不足，如对初始值敏感、需要预设簇数量、对噪声和异常值敏感等，但我们可以通过以下方法来尽可能避免这些问题。

1. 选择合适的初始值：可以使用一些启发式算法或随机选择初始聚类中心，然后进行多次聚类，选择SSE最小的聚类结果。例如，K-Means++算法可以有效地选择合适的初始聚类中心。

2. 选择合适的簇数量：可以使用一些聚类评估指标，如轮廓系数、Davies-Bouldin指数、Calinski-Harabasz指数等，评估不同簇数下的聚类效果，选择最优的簇数。

3. 使用层次聚类算法：层次聚类算法可以根据数据点之间的相似度将它们分组成不同的层次结构，避免了预先确定簇数的问题，同时可以检测并处理异常值和噪声。

4. 使用密度聚类算法：密度聚类算法（如DBSCAN）可以自动识别簇的形状和大小，并且可以处理噪声和异常值，相对于K-Means更为鲁棒。

5. 数据预处理：可以使用数据规范化、特征选择和降维等技术减少数据的维度和复杂度，从而提高聚类效果和减少算法敏感性。

综上所述，通过选择合适的初始值、簇数量、算法和数据预处理方法，可以有效避免K-Means算法的不足，提高聚类效果和鲁棒性。

在上面的答复中，ChatGPT给出了若干规避K-Means算法不足之处的建议。其中比较有趣的是第 3 条和第 4 条。通俗地讲，ChatGPT的意思是“要想避免K-Means的不足，那别用它就好了”。接下来，我们就了解一下这两条建议中涉及的聚类算法。

9.3 让ChatGPT带我们玩转层次聚类

在前文中，ChatGPT提到了层次聚类算法。层次聚类算法是一种聚类方法，它根据数据点之间的相似度将它们分成不同的层次结构。这个层次结构可以用一个树状图表示，也称为“聚类树”。在聚类树中，每个叶节点表示一个单独的数据点，而内部节点表示数据点的聚类。

下面我们让ChatGPT详细介绍层次聚类算法的相关知识。

9.3.1 层次聚类算法的基本思想

在ChatGPT对话框中输入“请详细解释层次聚类算法的基本思想”，可以得到如下答复。

ChatGPT 层次聚类算法是一种基于相似性度量的聚类方法，其基本思想是通过对数据点之间的相似度进行度量，将数据点分成不同的层次结构。这个层次结构可以用树状图表示，也称为“聚类树”。在聚类树中，每个叶节点表示一个单独的数据点，而内部节点表示数据点的聚类。

层次聚类算法有两种方法：自上而下和自下而上。自上而下算法从将所有数据点作为单独的聚类开始，然后逐步将它们合并成较大的聚类，直到整个数据集成为一个聚类。自下而上算法从将每个数据点作为单独的聚类开始，然后逐步将它们合并成较大的聚类，直到整个数据集成为一个聚类。

在每个聚类合并步骤中，需要计算每对聚类之间的相似度，并将它们组合成更大的聚类。这个相似度可以通过不同的方法计算，如欧几里得距离、曼哈顿距离、相关系数等。

具体而言，自下而上算法（也称为凝聚层次聚类）的基本思路是从将每个数据点作为单独的聚类开始，然后将它们逐步合并成更大的聚类。在每一次合并中，都需要计算所有聚类对之间的相似度，选择相似度最高的两个聚类进行合并，直到所有数据点都合并到一个聚类中。这个过程可以用树状图表示，即聚类树。

自上而下算法（也称为分裂层次聚类）则是从将所有数据点作为单独的聚类开始，然后将它们逐步分裂成更小的聚类。在每一次分裂中，都需要计算所有聚类对之间的相似度，选择相似度最低的一个聚类进行分裂，直到每个聚类都只包含一个数据点。

在上面的答复中，ChatGPT介绍了层次聚类的基本思想，并列举了两种不同的层次聚类算法，分别是凝聚层次聚类和分裂层次聚类。如果我们要比较层次聚类与K-Means的不同，可以在ChatGPT对话框中输入“请用通俗易懂的语言介绍层次聚类与K-Means的区别”，将得到如下所示的答复。

ChatGPT 层次聚类与K-Means的区别在于聚类的方式不同。K-Means是一种划分式聚类算法，它将数据集分成k个簇，每个数据点属于其中一个簇。这种方法需要先指定簇的数量k，然后将数据点分配给最近的簇中心。簇中心是根据每个簇中数据点的均值计算得出的，聚类过程迭代更新簇中心和分配数据点，直到收敛。

而层次聚类是一种聚合式聚类算法，它不需要预先指定簇的数量k。该算法从每个数据点开始，逐步将它们合并成更大的簇，直到所有的数据点都在同一个簇中。具体而言，它将每个数据点视为一个单独的簇，然后根据相似性逐步合并这些簇，直到得到一个大的簇。合并过程可以用树状图表示，每个节点代表一个簇，从根节点到叶节点的路径表示簇的合并过程。

因此，K-Means需要指定簇的数量，只能得到平坦的聚类结果，而层次聚类不需要指定簇的数量，可以得到树状的聚类结果。同时，层次聚类可以根据需要选择不同的合并方法和距离度量方式，更加灵活。但是，层次聚类的计算复杂度较高，不适用于处理大规模数据。

从上面的答复中，我们可以看到层次聚类和K-Means还是有很大区别的。从实际应用的角度来说，层次聚类不像K-Means一样需要指定簇的数量，会更加便利一些。

接下来我们还是通过一些示例直观理解层次聚类的工作方式。

9.3.2 凝聚层次聚类算法的原理与实现

前文中提到，层次聚类算法中有一种自下而上的算法，叫作凝聚层次聚类。为了能够清晰直观地了解它的原理，我们可以在ChatGPT对话框中输入“请用Python可视化凝聚层次聚类算法的原理"，得到的答复如下。

ChatGPT 这里提供一份使用Python可视化凝聚层次聚类算法的代码示例，其中用到了Scipy库和Matplotlib库。

```
import numpy as np
from scipy.cluster.hierarchy import linkage, dendrogram
import matplotlib.pyplot as plt

# 生成数据
np.random.seed(10)
X = np.random.randn(20, 2)

# 计算距离矩阵
Z = linkage(X, 'single')

# 绘制树状图
plt.figure(figsize=(10, 5))
plt.title('Hierarchical Clustering Dendrogram')
plt.xlabel('Sample Index')
plt.ylabel('Distance')
dendrogram(Z, leaf_rotation=90., leaf_font_size=8.)
plt.show()
```

将代码粘贴到Jupyter Notebook中并运行，会得到如图 9-2 所示的结果。

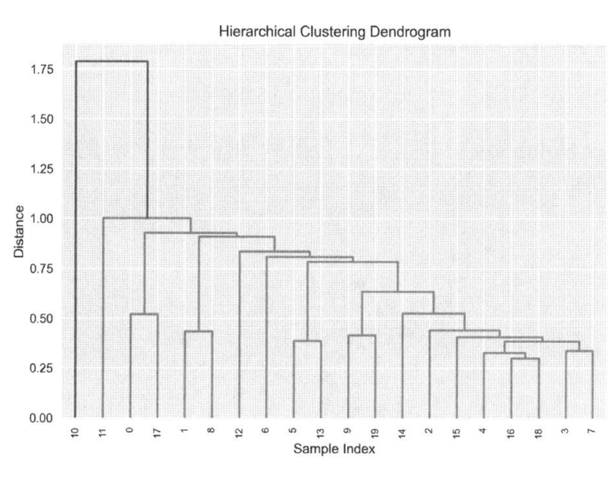

图 9-2　凝聚层次聚类的原理

在这个示例中，我们首先生成一个随机数据集X，然后使用Scipy库的linkage()函数计算数据点之间的距离矩阵$\boldsymbol{Z}$，并将其作为输入传递给dendrogram()函数。在图 9-2 中，dendrogram()函数绘制了一个树状图，其中每个叶节点代表一个数据点，根节点代表所有数据点的合并簇。距离越近的节点在树上越接近，节点之间的距离表示合并簇的距离。

通过可视化，我们可以更好地理解凝聚层次聚类算法的原理。当然在实际工作中，我们使用scikit-learn库可以很轻松地应用凝聚层次聚类。具体的操作方式我们可以这样要求ChatGPT——“请用scikit-learn库演示凝聚层次聚类算法，需要进行可视化”，会得到如下答复。

ChatGPT 以下是使用scikit-learn库演示凝聚层次聚类算法的代码和可视化。我们使用scikit-learn库中的AgglomerativeClustering类实现凝聚层次聚类算法，并使用Matplotlib库可视化聚类结果。

```
import numpy as np
from sklearn.cluster import AgglomerativeClustering
import matplotlib.pyplot as plt

# 生成数据
np.random.seed(0)
n_samples = 150
X = np.random.randn(n_samples, 2)

# 初始化聚类算法
agg_clustering = AgglomerativeClustering(n_clusters=3)

# 聚类并预测结果
y_pred = agg_clustering.fit_predict(X)

# 可视化聚类结果
plt.scatter(X[:, 0], X[:, 1], c=y_pred, cmap='viridis')
plt.title('Agglomerative Clustering')
plt.show()
```

将代码粘贴到Jupyter Notebook中并运行，会得到如图9-3所示的结果。

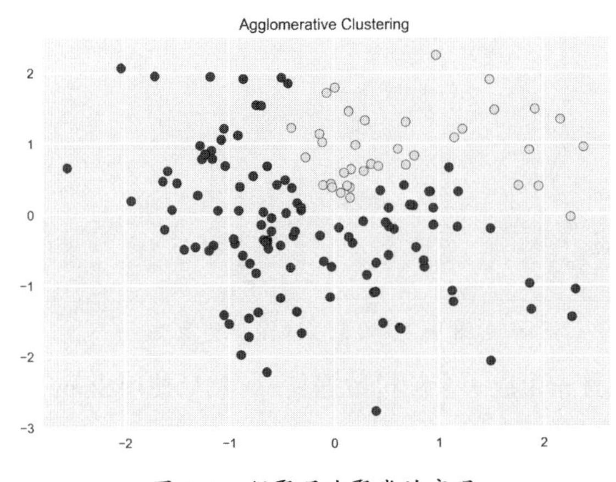

图9-3 凝聚层次聚类的实现

在ChatGPT生成的代码中，我们首先生成一个具有150个样本的二维数据集，然后使用AgglomerativeClustering类初始化凝聚层次聚类算法，并将聚类数目设为3。然后，使用fit_predict方法对数据进行聚类，并将聚类结果可视化，在图9-3中不同颜色的圆点表示不同的聚类簇。

9.3.3 分裂层次聚类算法的原理与实现

通过前面的学习，我们已经知道了凝聚层次聚类是一种自下而上的层次聚类算法。下面我们再来了解一种自上而下的层次聚类算法——分裂层次聚类。这次我们仍然用代码进行可视化，以便直观地了解这个算法的原理。在ChatGPT对话框中输入"请用Python可视化分裂层次聚类算法的原理"，会得到如下答复。

ChatGPT 分裂层次聚类是一种不同于凝聚层次聚类的聚类算法，它采用自上而下的分裂策略，从整个数据集开始，将其划分成一个个子集，直到每个子集只包含一个数据点为止。

分裂层次聚类算法的可视化可以使用Scipy库中的fcluster()和dendrogram()函数实现。以下是一个Python代码示例。

```
import numpy as np
import matplotlib.pyplot as plt
from scipy.cluster.hierarchy import fcluster, dendrogram, linkage

# 生成数据
np.random.seed(123)
X = np.random.randn(20, 2)

# 构建距离矩阵
Z = linkage(X, method='ward', metric='euclidean')

# 根据距离矩阵和指定阈值，将数据集划分为不同簇
max_dist = 1.5  # 指定阈值
clusters = fcluster(Z, max_dist, criterion='distance')

# 绘制树状图
plt.figure(figsize=(10, 5))
plt.title('Hierarchical Clustering Dendrogram')
plt.xlabel('Sample Index')
plt.ylabel('Distance')
dendrogram(Z, leaf_rotation=90., leaf_font_size=8.)
plt.axhline(y=max_dist, c='k', ls='--', lw=0.5)
plt.show()
```

把代码粘贴到Jupyter Notebook中运行，会得到如图 9-4 所示的结果。

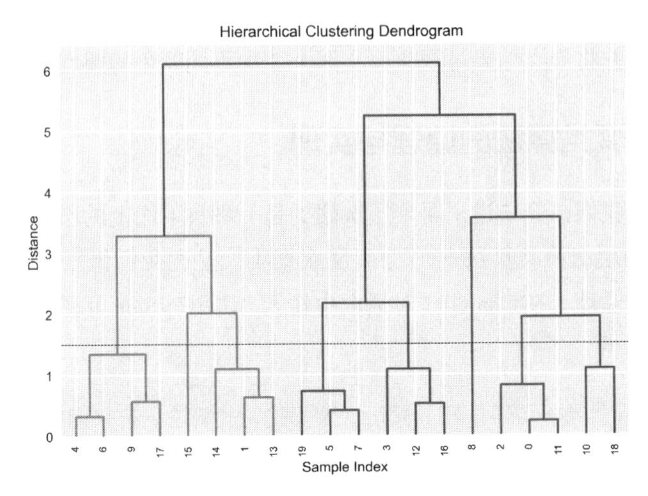

图 9-4　分裂层次聚类算法的原理

在这个示例中，我们首先生成一个随机数据集*X*，然后使用Scipy的linkage()函数计算数据点之间的距离矩阵***Z***，并将其作为输入传递给dendrogram()函数绘制树状图。我们还通过指定一个阈值max_dist将数据集划分为不同的簇，并将簇的标签用颜色编码。最后，使用Matplotlib库绘制数据点和簇的划分结果。通过图 9-4，我们可以更好地理解分裂层次聚类算法的原理。

同样，在scikit-learn中，也内置了分裂层次聚类的工具。我们可以让ChatGPT给出示例代码。在ChatGPT对话框中输入“请使用scikit-learn演示分裂层级聚类算法的实现”，会得到如下答复。

ChatGPT 以下是使用scikit-learn实现分裂层级聚类算法的示例代码。

```
import numpy as np
import matplotlib.pyplot as plt
from sklearn.cluster import AgglomerativeClustering

# 生成随机数据
np.random.seed(0)
X = np.random.randn(50, 2)

# 构建模型
model = AgglomerativeClustering(n_clusters=None, distance_threshold=2,
linkage='ward')

# 拟合数据并预测聚类标签
model.fit(X)
labels = model.labels_
```

```
# 可视化结果
plt.scatter(X[:, 0], X[:, 1], c=labels, cmap='rainbow')
plt.show()
```

把代码粘贴到 Jupyter Notebook 当中并运行，会得到如图 9-5 所示的结果。

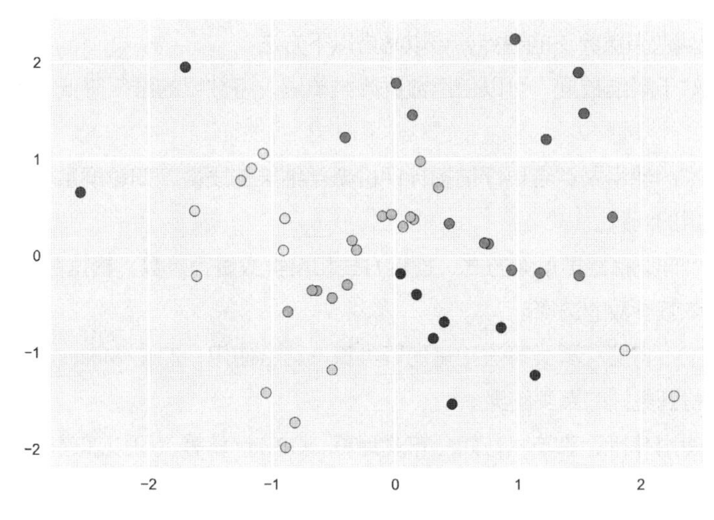

图 9-5　分裂层级聚类的结果

在这个示例中，我们生成了 50 个二维随机数据点，并使用 scikit-learn 的 AgglomerativeClustering 实现了分裂层级聚类算法。我们将 n_clusters 参数设置为 None，表示算法应该根据给定的距离阈值决定最终聚类数量。在这里，我们将距离阈值设置为 2，并选择 ward 作为连接方式，这意味着算法将尽量使每个聚类内部的方差最小化。最后，我们使用 labels_ 属性获取每个数据点的聚类标签，并将结果可视化。

9.3.4　层次聚类算法的优缺点

俗话说“人无完人”，算法也是如此。层次聚类固然有不少优点，但同 K-Means 一样，它也有一些不足之处。在 ChatGPT 对话框中输入“层次聚类算法的优缺点”，会得到如下答复。

ChatGPT 层次聚类算法的优点如下。

1. 可以直观地展示数据的层次结构和聚类结果，对于数据的理解和分析有很大帮助。
2. 可以灵活地选择距离度量方式、连接方式和聚类数量等参数，适用于不同类型的数据。
3. 相对于 K-Means 等算法，层次聚类算法不需要预先指定聚类数量，具有较强的自适应性。

层次聚类算法的缺点如下。

1. 计算时间复杂度较高，可能无法处理大规模数据集。
2. 对于某些数据分布，可能存在聚类过度或聚类不足的问题。
3. 算法结果较为依赖距离度量方式和连接方式等参数的选择。

因此，在使用层次聚类算法时需要根据具体情况选择合适的参数和方法，并结合其他算法和技术进行优化和改进。

在上面的答复中，ChatGPT列举了若干层次聚类算法的优点与缺点。总体来说，回答得还是比较客观全面的。我们可以继续追问“如何避免层次聚类算法的缺点”，会得到如下答复。

ChatGPT 要避免层次聚类算法的缺点，可以考虑以下方法。

1. 数据降维：对于高维数据，可以使用数据降维算法，将数据的维度降低，以减少计算时间和降低数据复杂度。

2. 聚类结果评估：使用聚类结果评估指标评价聚类结果的质量，如轮廓系数、互信息等，避免聚类过度或聚类不足的问题。

3. 参数选择：合理选择距离度量方式、连接方式和聚类数量等参数，根据数据的特点进行选择，避免算法结果过度依赖参数的选择。

4. 聚类算法结合：将层次聚类算法和其他聚类算法结合使用，如K-Means、DBSCAN等，可以克服各自的不足，得到更好的聚类结果。

5. 并行计算：使用并行计算技术，如分布式计算、GPU计算等，可以加速算法的运行，降低时间复杂度。

6. 剪枝策略：在层次聚类树的构建过程中，可以采用剪枝策略，将不必要的分支剪掉，以减少计算复杂度。

在上面的答复中，ChatGPT给出了一些具体的操作建议规避层次聚类算法的不足。例如，将数据进行降维，以降低计算的复杂度；以及与其他算法配合使用。其中也提到了另一个非常实用的聚类算法——DBSCAN。在下一节中，我们将一起研究以DBSCAN为代表的密度聚类算法。

9.4 让ChatGPT带我们玩转密度聚类

如果想要对密度聚类算法先有一个大体的认知，我们可以在ChatGPT对话框中输入“请用通俗易懂的语言介绍密度聚类算法”，会得到如下答复。

ChatGPT 密度聚类是一种基于样本密度的聚类方法，其基本思想是根据样本之间的密度，将样本点分为不同的簇。密度聚类假设簇内的样本点在高密度区域内，而不同簇之间的密度差异较大。

密度聚类算法的核心是寻找高密度区域，将高密度区域作为簇的中心点，从而确定每个簇的范围。在密度聚类中，每个样本点都有一个密度值，密度值越高，说明该点所在的区域越密集，可以认为该点越有可能成为簇的中心点。

具体而言，密度聚类算法通过计算每个样本点的密度，以及样本点之间的可达性和可联通性确定簇的数量和形状。一般而言，密度聚类算法需要设置两个参数：半径参数和密度参数。半径参数用于确定样本点之间的距离，密度参数用于控制簇内样本点的密度阈值。

密度聚类算法常用的方法有DBSCAN（基于密度的聚类算法）和HDBSCAN（分层基于密度的聚类算法），这些方法在不同的数据集上表现良好，并且不需要提前知道簇的数量。

在这段答复中，ChatGPT介绍了密度聚类的基本思想——寻找高密度区域，并将其作为簇的中心点。接下来，我们再了解一下其背后的数学原理。

9.4.1　密度聚类算法的数学原理

在ChatGPT对话框中输入“请简要介绍密度聚类算法的数学原理，公式请使用LaTeX格式”，会得到如下答复。

ChatGPT 密度聚类算法的数学原理是基于密度可达性的概念。给定一组数据点：

$$D = x_1, x_2, \cdots, x_n$$

密度聚类算法通过计算每个点的密度和点与点之间的密度可达性将数据点分组。

对于一个数据点x_i，定义以该点为中心，半径为ϵ的ϵ-邻域为

$$N_\epsilon(x_j) = x_j \in D | \text{dist}(x_i, x_j) \leqslant \epsilon$$

其中$\text{dist}(x_i, x_j)$为x_i和x_j之间的距离。数据点x_i的密度可以定义为其ϵ-邻域中数据点的数量，即$\rho(x_i) = |N_\epsilon(x_i)|$。

给定两个数据点x_i和x_j，如果x_j在x_i的ϵ-邻域中，且x_i的密度大于等于x_j的密度，则称x_j相对于x_i是密度可达的。如果存在一个数据点的序列$p_1, p_2, \cdots, p_k$，使$p_1 = x_i$，$p_k = x_j$，且对于任意的$1 \leqslant m < k$，都有$p_m + 1$相对于p_m是密度可达的，则称x_j相对于x_i是密度相连的。如果x_j相对于x_i是密度相连的，且x_i相对于x_j也是密度相连的，则称x_i和x_j是密度可合并的。

基于密度可达性和密度可合并性，可以通过密度聚类算法将数据点分成多个类别。

在上面的答复中，ChatGPT用大量的公式解释了密度聚类的数学原理。如果各位读者不喜欢看数学公式，其实可以这样简单地理解——首先对于某个数据点，我们给定一个半径，然后计算这个半径范围内一共有多少个数据点，得到密度。最后在这个半径范围内找到第 2 个数据点，如果第 2 个数据点的密度比第 1 个大，则第 1 个数据点对于第 2 个数据点是密度可达的。

如果读者还是觉得比较难以理解，我们可以要求ChatGPT给出图形来说明这个概念。在ChatGPT对话框中输入“请使用Markdown格式，使用Google接口，找到一张图形解释密度聚类的概念”，得到如图 9-6 所示的图片。

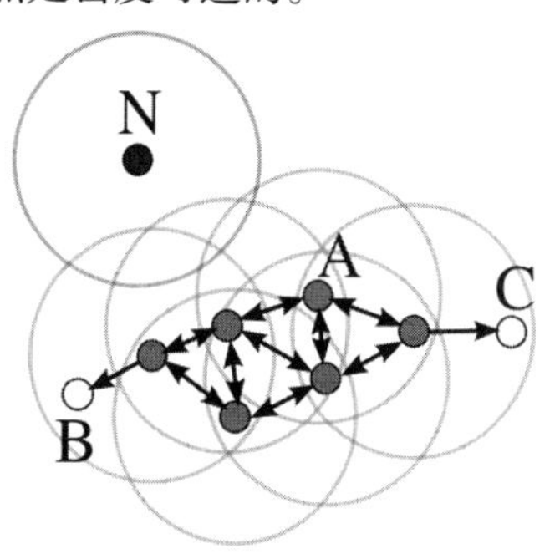

图 9-6　解释密度聚类概念的图形

图 9-6 中，以A为代表的点表示密度高的点（因为在它周围有很多其他数据点），B点和C点则表示密度较低的点；而N点密度最低，在某些算法中（如DBSCAN）会将其视为噪声。这张图很好地解释了密度聚类算法如何通过找到密度高的点形成的集群识别聚类簇。

9.4.2 DBSCAN算法的原理与实现

前文中提到，DBSCAN算法是一种非常实用的密度聚类算法。笔者在实际工作中，也曾经用DBSCAN算法帮助有关部门解决具体的问题。因此这一小节中，我们一起研究一下DBSCAN算法的原理及其实现。

在ChatGPT对话框中输入“请简要介绍DBSCAN算法的原理”，会得到如下答复。

ChatGPT DBSCAN算法是一种基于密度的聚类算法，它的全称是Density-Based Spatial Clustering of Applications with Noise。DBSCAN算法的基本思想是通过将数据点聚成密集的区域划分数据集，并且可以识别出任何噪声点。DBSCAN算法的核心思想是基于密度连接的聚类。

具体而言，DBSCAN算法通过定义一个半径为eps的圆形邻域，描述数据点的密度，如果在这个圆形邻域内存在至少min_samples个数据点，则这些数据点被称为核心点，如果在核心点的邻域内存在其他数据点，则这些数据点也被认为是核心点，并且这些核心点被聚类到同一个簇中。如果一个数据点不是核心点，但它在某个核心点的邻域内，那么它被称为边界点，边界点也会被分配到与之相邻的核心点所在的簇中。如果一个数据点既不是核心点，也不是边界点，那么它就是噪声点，不属于任何簇。

在DBSCAN算法中，通过控制eps和min_samples两个参数，可以调整聚类的结果，eps决定了核心点的邻域大小，min_samples决定了聚类的最小样本数。当eps过大时，会将本应该属于不同簇的数据点合并到同一个簇中；当eps过小时，则会将同一个簇的数据点划分到不同的簇中，所以在使用DBSCAN算法时需要根据实际情况选择合适的参数。

DBSCAN算法的优点是能够发现任意形状的簇，不需要预先指定簇的数量，能够识别和过滤掉噪声点。但是，DBSCAN算法对于高维数据和不同密度的簇难以处理，对参数的敏感度较高，需要对参数进行仔细的选择。

从上面的答复中我们可以看到，DBSCAN算法的全称翻译成中文可以是“有噪声的基于空间密度的聚类”。在DBSCAN算法中，数据点会被分为三类——核心点、边界点及噪声点。而通过控制eps和min_samples两个参数，可以调节聚类的结果。

下面我们尝试一下不同的参数会对结果产生什么样的影响。在ChatGPT对话框中输入“请用scikit-learn演示不同eps参数对于DBSCAN算法的影响，需要可视化”，会得到如下答复。

ChatGPT 好的，以下是使用scikit-learn演示不同eps参数对于DBSCAN算法的影响的Python代码及可视化结果。

```
import numpy as np
import matplotlib.pyplot as plt
from sklearn.datasets import make_moons
from sklearn.cluster import DBSCAN
```

```
# 生成样本数据
X, y = make_moons(n_samples=200, noise=0.05, random_state=0)

# DBSCAN 聚类
dbscan = DBSCAN(eps=0.2, min_samples=5)
labels = dbscan.fit_predict(X)

# 可视化结果
plt.scatter(X[:, 0], X[:, 1], c=labels, cmap='Paired')
plt.title('DBSCAN Clustering (eps=0.2)')
plt.show()

# 不同 eps 参数下的 DBSCAN 聚类
for eps in [0.1, 0.2, 0.5]:
    dbscan = DBSCAN(eps=eps, min_samples=5)
    labels = dbscan.fit_predict(X)

    plt.scatter(X[:, 0], X[:, 1], c=labels, cmap='Paired')
    plt.title(f'DBSCAN Clustering (eps={eps})')
    plt.show()
```

将代码粘贴到 Jupyter Notebook 中运行，会得到如图 9-7 所示的结果。

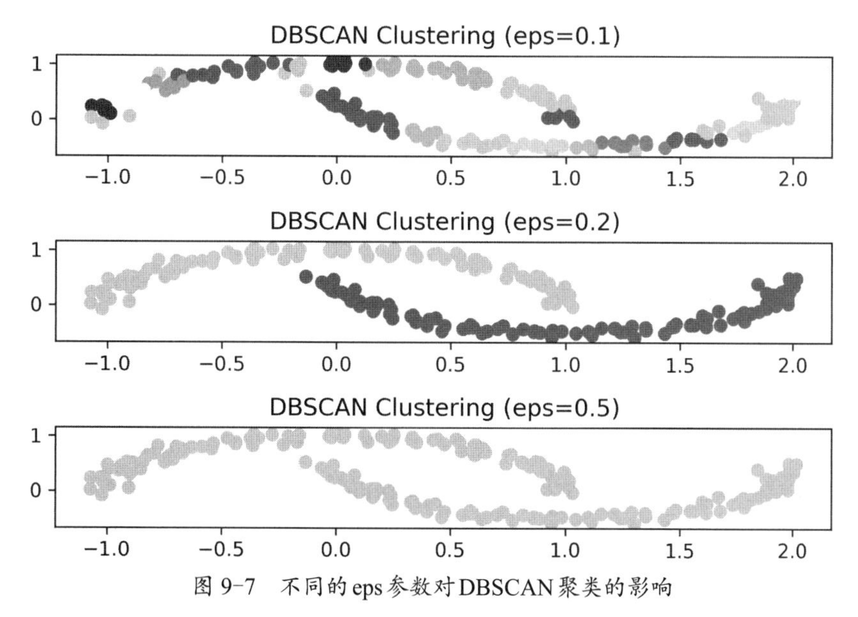

图 9-7　不同的 eps 参数对 DBSCAN 聚类的影响

在上面的代码中，先使用 make_moons 生成了一个月牙形的数据集，然后使用 DBSCAN 算法进行聚类，其中 eps 参数是 DBSCAN 算法的关键参数之一，表示两个样本点被视为邻居的最大距离。在代码中，我们分别尝试了 eps=0.1、eps=0.2 和 eps=0.5 三种不同的参数取值，并可视化聚类结果。

从图 9-7 可以看出，当eps取值较小时，算法将更多的点视为核心点，聚类出的簇更多；而当eps取值较大时，算法将更多的点视为噪声点，聚类出的簇更少。因此，eps参数需要根据具体数据集进行调整。

当然，大家也可以修改上面的代码，自行观察不同的min_samples参数对DBSCAN聚类结果的影响。

9.4.3 密度聚类算法的优缺点

与前面提到的两种聚类算法类似，密度聚类算法有不可替代的优势，但也有局限性。我们可以看一下ChatGPT怎么说。在ChatGPT对话框中输入“密度聚类算法的优缺点”，会得到如下答复。

ChatGPT 密度聚类算法的优点如下。

1. 可以识别任意形状的簇：相比K-Means算法等基于距离的聚类算法，密度聚类算法可以发现任意形状的簇，而不仅仅是凸形状或球形簇。

2. 不需要事先指定簇的数量：密度聚类算法可以自动确定簇的数量。

3. 鲁棒性强：相对于K-Means算法等对噪声敏感的聚类算法，密度聚类算法对噪声点具有较强的鲁棒性。

密度聚类算法的缺点如下。

1. 难以处理不同密度之间的边界：当不同密度之间的边界模糊时，密度聚类算法的表现会受到影响。

2. 对于高维数据，需要进行维度规约：密度聚类算法对于高维数据的处理需要进行维度规约，否则可能导致计算量过大。

从ChatGPT的答复中，我们可以看到密度聚类算法的优势显著。在实际工作中，不需要事先指定簇的数量会让我们的工作便利很多。但它的缺点也是客观存在的，尤其是当数据维度过高时，可能会遇到DBSCAN算法无法返回结果的情况。

既然有缺点，我们自然就要问问如何避免这些缺点。在ChatGPT对话框中输入“如何避免密度聚类算法的缺点”，会得到如下答复。

ChatGPT 密度聚类算法有一些缺点。例如，对于具有不同密度的簇的聚类效果可能不佳，对于高维数据的聚类效果可能较差，对于噪声数据敏感等。以下是避免密度聚类算法缺点的一些方法。

1. 调整算法参数：密度聚类算法的参数包括eps和min_samples，通过合理设置这些参数可以改善算法的聚类效果。例如，增大eps值可以使簇之间的距离增加，减少噪声数据的影响。

2. 数据降维：通过降低数据的维度，可以减小数据密度的变化，提高密度聚类算法的聚类效果。

3. 结合其他聚类算法：密度聚类算法可以和其他聚类算法结合使用。例如，将DBSCAN算法的结果作为初始簇中心，再使用K-Means算法进一步进行聚类。

4. 对噪声数据进行处理：由于密度聚类算法对噪声数据敏感，可以通过一些处理方法对噪声数据进行过滤或处理。例如，将噪声数据从聚类结果中排除或将其归为某个簇。

5. 尝试其他聚类算法：密度聚类算法并不是万能的，对于某些数据集可能不适用，因此可以尝试其他聚类算法，如层次聚类、K-Means等，以寻找更合适的聚类算法。

在上面的答复中，ChatGPT给出了一些很好的建议。例如，先用DBSCAN算法把噪声去掉，再用K-Means算法聚类，这样也避免了K-Means算法对噪声过于敏感的问题。当然，ChatGPT也建议与其他聚类算法进行对比，最终选择最合适的算法。

温馨提示

本章中的代码，为了方便展示，笔者做了一些样式的调整。读者直接运行ChatGPT给出的代码得到的图像样式可能与书中的不同，但并不影响对聚类算法的理解。

9.5 习题

在本章中，我们跟着ChatGPT一起学习了聚类算法的基本概念，并研究了一些常见的聚类算法，相信这些算法能够在大家的实际工作中发挥重要的作用。为了巩固所学的知识，下面还是让ChatGPT准备了相关的习题。

1. 什么是聚类算法？它的应用领域有哪些？
2. 请简要介绍K-Means算法的原理，以及它的优缺点。
3. 层次聚类算法和K-Means算法有什么区别？请简要介绍层次聚类算法的原理。
4. 什么是密度聚类算法？它的优缺点是什么？
5. DBSCAN算法的原理是什么？它和K-Means算法有哪些不同之处？
6. 如何避免聚类算法的缺点？
7. 如何选择聚类算法的合适参数？
8. 请使用Python演示K-Means、层次聚类和DBSCAN算法的实现。

第10章 让ChatGPT带我们玩转神经网络

本章导读

在第 9 章中，我们一起研究了聚类学习算法。本章将向读者介绍目前非常热门的神经网络算法。神经网络在过去几年中受到了越来越多的关注，因为它在许多领域表现出了卓越的性能，包括计算机视觉、自然语言处理、语音识别、游戏AI等。随着深度学习框架的发展，构建和训练神经网络的过程变得越来越简单，这进一步推动了神经网络的流行。此外，神经网络也受到了行业和学术界的广泛关注。例如，谷歌、微软等大公司都在这个领域进行了大量的研究和应用。因此，神经网络可以说是当前最热门的算法之一。

知识要点

通过对本章内容的学习，您将掌握以下知识：

- 神经网络的背景和历史。
- 神经元和神经网络的结构。
- 神经网络中的前向传播和反向传播。
- 神经网络的局限性和未来发展。

10.1 让ChatGPT介绍神经网络的基本概念

神经网络是机器学习和人工智能领域中最常用的算法之一。它可以用于计算机视觉、自然语言处理、语音识别、推荐系统等各种应用领域。相对于传统机器学习算法，神经网络可以处理更加复杂的数据结构，并且通常具有更高的准确率和泛化能力。随着人工智能和数据科学的迅速发展，越来越多的企业和组织需要拥有数据分析和机器学习的能力。掌握神经网络是增强职业竞争力的一种方式。人工智能和机器学习将在未来继续发展，这意味着神经网络和深度学习的应用前景非常广阔。

在这一节中，我们先了解一下神经网络的起源、发展历史，以及它的应用场景。

10.1.1　神经网络的起源

首先，我们让ChatGPT介绍一下神经网络的起源。在ChatGPT对话框中输入“请详细介绍神经网络的起源”，会得到如下答复。

ChatGPT 神经网络是一种模仿人脑神经元（Nerve Cell）网络的数学模型，其起源可以追溯到 20 世纪 40 年代。

1943 年，心理学家McCulloch和数学家Pitts提出了第一个神经网络模型，称为“MP神经元模型”。该模型是一个包含多个输入和一个输出的数学函数，通过将不同的输入加权相加并通过一个阈值函数生成输出。这个简单的模型展示了神经网络的潜力，并引发了许多后来的研究。

随后的几十年里，神经网络的研究和发展逐渐走上正轨。20 世纪 60 年代，神经网络的理论基础得到进一步的发展，包括反向传播算法（Backpropagation Algorithm）等重要的算法，使神经网络的训练变得更加高效。

20 世纪 80 年代，神经网络在工业和商业中开始得到广泛应用，特别是在图像和语音识别领域。但是，由于神经网络的训练需要大量的计算资源，限制了神经网络的发展。

20 世纪 90 年代初，支持向量机（SVM）等新的机器学习算法的出现，使神经网络的研究和应用受到一定程度的挑战。但是，随着计算机硬件的不断发展和深度学习算法的提出，神经网络重新成为研究和应用的热点。

总的来说，神经网络的起源可以追溯到 20 世纪 40 年代，经过几十年的发展和演变，现在已经成为机器学习和人工智能领域中最重要的算法之一。

在上面的答复中，我们可以看到神经网络的起源可以追溯到 20 世纪 40 年代。有趣的是，最早提出这个概念的并不是计算机科学家，而是心理学家和数学家。为了直观地理解什么是MP神经元模型，我们试着让ChatGPT用Markdown格式画一个图。在ChatGPT对话框中输入“请用Markdown格式绘制MP神经元模型的示意图”，就会得到如图 10-1 所示的图像。

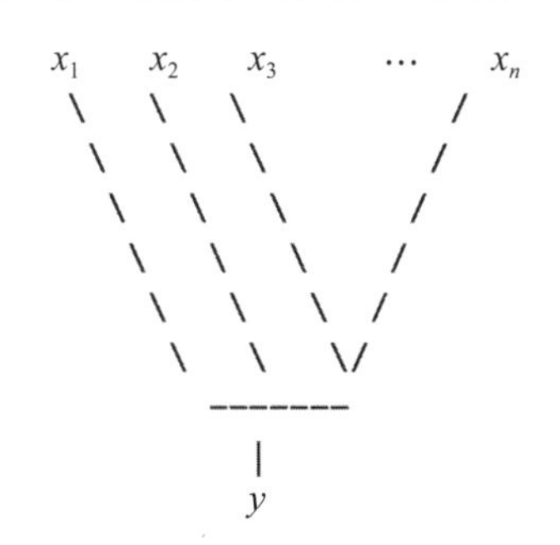

图 10-1　用Markdown格式绘制的MP神经元示意图

在图 10-1 中，$x_1, x_2, x_3, \cdots, x_n$是输入变量，$y$是输出变量。每个输入变量通过一个带有权重的连接与输出变量相连。y的值是输入变量的加权和的阈值函数，如Sigmoid函数。

不知道读者会不会好奇，McCulloch和Pitts是在什么样的历史背景下提出MP神经元的呢？这点我们也咨询一下ChatGPT。在ChatGPT对话框中输入“MP神经元诞生的背景”，会得到如下答复。

ChatGPT MP 神经元的诞生背景可以追溯到 20 世纪 40 年代的神经科学和数学领域。

当时，神经科学家对人脑的神经元进行了广泛的研究，并发现神经元之间的连接和交互可以解释人脑的复杂行为。同时，数学家也在探索如何用数学模型描述神经元之间的相互作用。

McCulloch和Pitts是首先将神经元的思想应用到数学模型中的学者。他们提出了一个理论框架，称为“逻辑神经元”，也称为“MP神经元模型”。这个模型可以将不同的输入加权相加并通过一个阈值函数生成输出，类似于人脑神经元的激活方式。

MP神经元模型的诞生背景可以概括为神经科学和数学领域的相互交叉，它为神经网络的发展打下了重要的理论基础。

在上面的答复中，我们可以看到，在20世纪40年代，学者对人脑的神经元进行了广泛研究，并且用数学模型表达神经元之间的交互。不知道这些学者如果看到他们的研究成果在现在如此大放异彩，会有怎样的感触。笔者也不禁感慨：正是人类对这个世界的好奇心推动了科技与社会的进步。所以希望读者也要保持好奇心，并不断探索，才能不断获得更大的成就！

10.1.2 神经网络的发展历史

在了解了神经网络的起源后，我们再了解一下神经网络的演变。在ChatGPT对话框中输入“请详细介绍神经网络的发展历史”，会得到如下答复。

ChatGPT 神经网络的发展历史可以追溯到20世纪40年代的神经科学和数学领域，随着计算机技术和机器学习的进步，神经网络逐渐发展成为一个独立的学科。以下是神经网络发展的主要里程碑事件。

1. 逻辑神经元（1943年）：McCulloch和Pitts提出了逻辑神经元的理论框架，也称为MP神经元模型。这个模型可以将不同的输入加权相加并通过一个阈值函数生成输出，类似于人脑神经元的激活方式。

2. 感知机（1957年）：Frank Rosenblatt提出了感知机模型，它可以通过输入数据进行二分类，并且可以自动学习权重参数。感知机是神经网络的第一个实际应用，但其只能解决线性可分问题，且在实际应用中受限于过拟合的问题。

3. 反向传播算法（1974年）：Paul Werbos首次提出了反向传播算法的概念，该算法可以通过调整权重参数最小化神经网络的误差。直到1986年，Rumelhart等人发表了*Learning representations by back-propagating errors*一文，反向传播算法才获得了广泛的关注和应用。

4. 深度学习的兴起（2006年）：Hinton等人提出了深度学习中的一种重要结构——深度信念网络（Deep Belief Networks），它采用逐层贪心的方式训练神经网络，为解决深层神经网络的训练问题提供了新的思路。

5. AlexNet的胜利（2012年）：Hinton和他的学生Krizhevsky等人设计了AlexNet神经网络模型，并在ImageNet数据集上取得了突破性的成果。这一成果使深度学习在计算机视觉领域得到了广泛应用。

6. AlphaGo的胜利（2016年）：DeepMind公司的AlphaGo模型在围棋比赛中击败了世界冠军李世石，这是神经网络在人工智能领域的重要突破。

随着技术的不断进步和神经网络理论的不断完善，神经网络正在逐步成为人工智能领域的核心技术之一。

在上面的答复中，ChatGPT介绍了一些神经网络发展的关键时间节点及里程碑事件。有趣的是，它并没有提及自己。我们让它介绍一下背后的模型原理。在ChatGPT对话框中输入“请简要介绍你所使用的Transformer模型”，会得到如下答复。

ChatGPT 作为一名AI语言模型，我使用的Transformer模型是一种自然语言处理领域中广泛使用的模型。Transformer模型于 2017 年被Vaswani等人提出，它是一种基于自注意力机制的序列到序列模型，旨在解决传统的循环神经网络模型中存在的梯度消失和计算复杂度高的问题。

Transformer模型主要由编码器和解码器两部分构成，其中编码器用于将输入序列编码成一种中间语义表示，解码器则用于根据中间语义表示生成输出序列。Transformer的核心创新在于引入了多头自注意力机制，能够有效地处理序列中的长距离依赖关系。同时，Transformer还采用了残差连接和层归一化等技术，使模型的训练更加稳定和高效。

在自然语言处理领域，Transformer模型已经成为各种任务的基础，如机器翻译、语言模型、文本分类等。同时，由于其良好的并行性和可扩展性，Transformer模型也被广泛应用于计算机视觉领域，如图像生成、图像分类等任务。

通过我们的“刨根问底”，ChatGPT“交代”了它背后所使用的Transformer模型的简单原理。可以看到，Transformer模型解决了传统循环神经网络的一些问题，并成为目前各种自然语言处理任务的基础。

10.1.3　神经网络的应用

在了解了神经网络的起源和演化后，我们再了解一下神经网络在哪些方面得到了应用。在ChatGPT对话框中输入“请简要介绍神经网络的应用场景”，会得到如下答复。

ChatGPT 神经网络是一种强大的机器学习模型，广泛应用于各种领域，以下是一些神经网络的应用场景。

1. 图像分类：神经网络可以识别和分类数字、物体、人脸等图像中的各种元素。
2. 语音识别：神经网络可以通过对声波信号的学习和处理实现语音识别。
3. 自然语言处理：神经网络可以实现文本分类、语言模型、机器翻译等自然语言处理任务。
4. 推荐系统：神经网络可以根据用户历史数据和喜好预测用户可能喜欢的产品或服务。
5. 医学诊断：神经网络可以分析医学图像和数据，用于疾病诊断和治疗方案制定。
6. 金融预测：神经网络可以分析历史数据，预测股票、汇率等金融市场的走势。
7. 自动驾驶：神经网络可以分析车辆传感器数据和环境信息，实现自动驾驶和辅助驾驶功能。
8. 游戏智能：神经网络可以学习玩家的游戏策略和行为，从而实现游戏智能和自动化。

总之，神经网络在各种领域中都具有广泛的应用，随着技术的不断进步和发展，我们相信神经网络的应用领域还将继续扩大和深化。

在上面的答复中，ChatGPT 列举了 8 种不同的神经网络应用场景，当然这只是所有应用中的一部分。如果读者想要深入了解神经网络在某一特定领域的应用，可以继续追问。例如，在 ChatGPT 对话框中输入“请详细介绍神经网络如何应用于推荐系统”，会得到如下答复。

ChatGPT 推荐系统是一种常见的应用场景，它通过分析用户的历史行为和偏好，向用户推荐他们可能感兴趣的物品。神经网络可以应用于推荐系统的多个方面，包括用户特征表示、物品特征表示和推荐算法等。

1. 用户特征表示：在推荐系统中，我们需要对用户的历史行为和偏好进行建模，并将其表示为一个向量。神经网络可以将用户的历史行为序列作为输入，通过一系列的层对其进行处理，得到一个固定长度的用户向量表示。这个向量表示包含了用户的历史行为和偏好信息，可以用于计算用户与物品之间的相似度。

2. 物品特征表示：类似地，神经网络也可以用于表示物品的特征向量。例如，在电商网站中，我们可以使用神经网络对商品的文本描述和图片特征进行编码，得到一个固定长度的物品向量表示。这个向量表示包含了物品的特征信息，可以用于计算物品之间的相似度。

3. 推荐算法：在推荐系统中，我们需要根据用户和物品的特征表示，预测用户对物品的兴趣。神经网络可以用于实现这个预测过程。例如，我们可以将用户和物品的特征向量作为输入，通过一系列的层对其进行处理，最终得到一个预测值，表示用户对该物品的兴趣度。根据这个预测值，我们可以为用户推荐最感兴趣的物品。

总之，神经网络可以应用于推荐系统的多个方面，从用户特征表示到物品特征表示，再到推荐算法的实现，都可以借助神经网络的优势提高推荐系统的效果。

从上面的答复中我们可以看到，神经网络可以在推荐系统中用于用户特征表示、物品特征表示和推荐算法。读者也可以让 ChatGPT 详细介绍神经网络在你所感兴趣的领域的应用情况。

10.2 神经网络的结构

在 10.1 节中，我们了解了神经网络的诞生借鉴了人类大脑神经元的概念。在这一节中，我们重点研究神经网络的结构及其组成部分。首先在 ChatGPT 对话框中输入“请用通俗易懂的语言介绍神经网络结构”，会得到如下答复。

ChatGPT 神经网络是一种模拟人脑神经元网络的计算模型，它由一组相互连接的神经元组成，每个神经元接收来自其他神经元的输入信号，并通过一定的计算和处理产生输出信号。神经网络的结构可以分为输入层、隐藏层和输出层三个部分。输入层接收输入数据，隐藏层对输入数据进行处理和计算，输出层将处理后的数据输出。隐藏层可以有多层，每层的神经元数量和连接方式不同，可以根据不同的问题进行调整。神经网络的训练过程是通过调整神经元之间的权重和偏置优化模型的性能，使其能够更好地拟合数据和预测结果。神经网络已经在图像识别、语音识别、自然语言处理等领域获得了广泛的应用。

从上面的答复中，我们可以看到ChatGPT讲解了神经网络的基本结构，其可以分为输入层、隐藏层和输出层三个部分。下面我们再让ChatGPT画一个图，直观展示神经网络的结构。在ChatGPT对话框中输入“请用Markdown格式展示神经网络结构的示意图”，会得到如图 10-2 所示的答复。

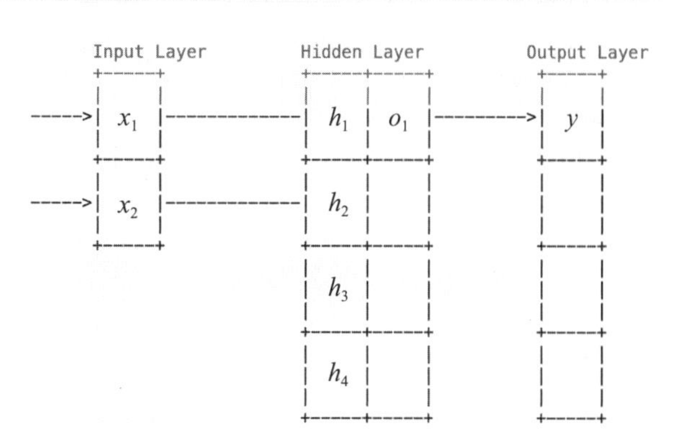

图 10-2　神经网络结构示意图

图 10-2 是一个简单的三层前馈神经网络的示意图，用来解决二分类问题。其中，输入层包含两个特征，隐藏层包含四个神经元，输出层包含一个神经元。每个神经元都连接着前一层的所有神经元，以及后一层的所有神经元，其中连接的强度通过权重进行调整。

10.2.1　神经元的定义和结构

在前文中ChatGPT已经告诉我们，神经网络是由一组互相连接的神经元组成的。接下来我们就了解一下神经元的相关概念。在ChatGPT对话框中输入“请简要介绍神经网络中神经元的定义”，会得到如下答复。

ChatGPT 神经元是神经网络中的基本组成单位，类似于生物学中的神经元，是一种将输入信号进行加权求和并通过激活函数产生输出信号的数学模型。每个神经元都有若干个输入和一个输出，其中每个输入都有一个对应的权重，用来表示该输入对神经元的重要程度。神经元的输出是通过将所有输入加权求和，然后通过激活函数进行处理产生的。激活函数一般是一个非线性函数，它的作用是将神经元的输出限制在一定的范围内，使神经网络能够更好地拟合复杂的非线性关系。神经元的输出也可以作为下一层神经元的输入，从而实现多层神经网络的计算。

神经元的命名参考了生物学中的术语。接下来，我们让ChatGPT画出神经元结构的示意图。在ChatGPT对话框中输入“请用Markdown格式展示脑神经元的示意图”，会得到如图 10-3 所示的答复。

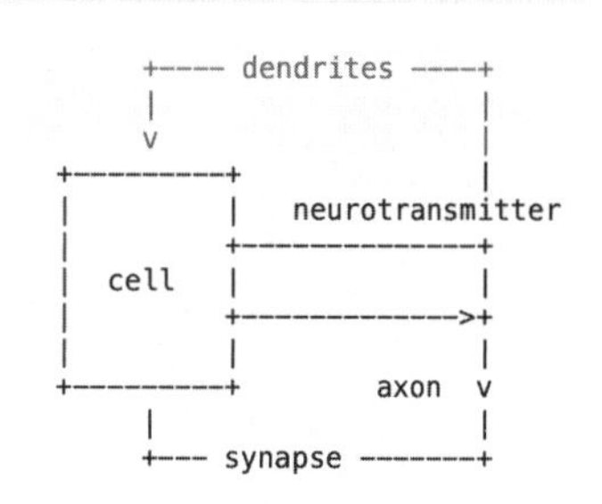

图 10-3　脑神经元结构示意图

图 10-3 展示了一个单个的神经元，它由以下部分组成。

- 树突（dendrites）：从其他神经元接收信号的分支。
- 突触（synapse）：连接树突和轴突的连接点，允许神经元之间的信息传递。

- 神经递质（neurotransmitter）：神经元释放的化学物质，通过突触传递信号。
- 轴突（axon）：神经元发送信号的长而细的结构。

这个简单的模型展示了神经元的基本组成部分，同时也揭示了神经元之间交互的基本原理。

图 10-3 只是一个示意图，不一定反映真实的脑神经元的结构。

10.2.2 神经网络的输入层

神经元是神经网络中最基本的组成元素。现在我们进一步了解它们是如何组合连接在一起，并组成一个完整的神经网络的。在ChatGPT对话框中输入“请简要介绍神经网络的组成部分”，会得到如下答复。

ChatGPT 神经网络的主要组成部分包括输入层、输出层和若干个隐藏层。输入层接收外界的输入数据，如图像、声音、文本等，然后将其转换成神经网络能够处理的格式。输出层输出最终的结果，如分类、回归、生成等。隐藏层则是在输入层和输出层之间进行计算和处理的地方，它们由若干个神经元组成，每个神经元都与前一层的所有神经元连接，并且带有一个激活函数，对输入信号进行加权求和并产生输出信号。

在神经网络中，每个神经元的输出可以作为下一层神经元的输入，从而形成多层的网络结构，因此神经网络也被称为多层感知机（Multilayer Perceptron，MLP）。此外，神经网络还包括连接权重和偏置项等参数，这些参数可以通过训练优化，以使神经网络能够更好地适应输入数据，并输出准确的结果。

在上面的答复中，我们可以看到在神经网络中，每个层都有不同的任务。例如，输入层将输入数据转换成神经网络能够处理的格式。我们可以要求ChatGPT用公式详细介绍输入层的工作原理。在ChatGPT对话框中输入“请详细介绍神经网络中的输入层，使用LaTeX格式公式”，会得到如下答复。

ChatGPT 神经网络的输入层是神经网络的第一层，用来接收外部输入的数据。输入层通常包括若干个神经元，每个神经元对应输入数据的一个特征。假设神经网络的输入数据有 n 个特征，那么输入层就需要包括 n 个神经元，记为$x_1, x_2, \cdots, x_n$。神经元接收输入数据后，会对其进行加权求和，并通过激活函数进行处理，产生一个输出信号 y。因此，输入层可以表示为如下公式：

$$\begin{bmatrix} y_1 \\ y_1 \\ \vdots \\ y_n \end{bmatrix} = \begin{bmatrix} w_{11} & w_{12} & \cdots & w_{1n} \\ w_{21} & w_{22} & \cdots & w_{2n} \\ \vdots & \vdots & \ddots & \vdots \\ w_{m1} & w_{m2} & \cdots & w_{mn} \end{bmatrix} \begin{bmatrix} x_1 \\ x_1 \\ \vdots \\ x_n \end{bmatrix} + \begin{bmatrix} b_1 \\ b_1 \\ \vdots \\ b_m \end{bmatrix}$$

ChatGPT 其中，w_{ij}表示第i个神经元与第j个输入特征之间的权重，b_i表示第i个神经元的偏置项，m表示输入层中的神经元数量。公式中的加权求和表示输入层对输入数据进行线性变换的过程，而激活函数则将线性变换的结果映射到一定范围内，以产生非线性的输出信号。

看到这里，大家会不会觉得这个公式有些眼熟？输出信号y是由输入数据加权求和后，再加入偏置项。这看起来是不是很像线性回归的原理？实际上确实是这样，如果我们把每个神经元看成一个线性回归模型，也是有助于对输入层的理解的。

10.2.3　神经网络的隐藏层

了解完输入层后，我们再了解一下神经网络中的隐藏层。同样，我们在ChatGPT对话框中输入"请详细介绍神经网络中的隐藏层，使用LaTeX格式公式"，会得到如下答复。

ChatGPT 神经网络中的隐藏层是介于输入层和输出层之间的一层或多层神经元。隐藏层的主要作用是对输入数据进行非线性变换，以提取出输入数据中的特征信息，并将其传递给输出层进行分类、回归等任务。

假设第L层神经网络有n_L个神经元，第$L-1$层有n_{L-1}个神经元，则第L层的第i个神经元的输出可以表示为

$$z_{L,i}=\sum_{j=1}^{n_{L-1}}w_{L,i,j}a_{L-1,j}+b_{L,i}$$

其中，$w_{L,i,j}$是第$L-1$层的第j个神经元到第L层的第i个神经元之间的权重；$a_{L-1,j}$是第$L-1$层的第j个神经元的输出；$b_{L,i}$是第L层的第i个神经元的偏置项。$z_{L,i}$称为第L层的加权输入，表示第L层的所有输入加权后的结果。

第L层的每个神经元都会将其输入进行非线性变换，这个变换可以用一个激活函数f表示：$a_{L,i}=f\left(z_{L,i}\right)$

其中，$a_{L,i}$是第L层的第i个神经元的输出。f可以是常用的激活函数，如Sigmoid函数、ReLU函数等。

通过对隐藏层的非线性变换，神经网络可以提取输入数据中的非线性特征信息，并将其传递到下一层神经网络中。通常情况下，神经网络的隐藏层数目越多，其能够提取的特征信息就越丰富，从而具有更强的表达能力。

从上面的答复中，我们可以看到ChatGPT对隐藏层的大致介绍。这里的介绍可能不是很全面——隐藏层也分为很多种类型。不过大家在这里着重理解隐藏层用于提取输入数据的特征信息，再传递给输出层完成分类或回归任务就可以了。

10.2.4　神经网络的输出层

下面我们再了解一下神经网络的输出层，这也是神经网络的最后一层。在ChatGPT对话框中输

入"请详细介绍神经网络中的输出层，使用LaTeX格式公式"，会得到如下答复。

ChatGPT 神经网络的输出层是神经网络最后一层的神经元，其主要作用是对隐藏层的输出进行进一步的变换，以得到最终的输出结果。

输出层的神经元数量通常根据具体的任务需求而定。例如，分类任务的输出层通常有 k 个神经元，其中 k 为类别数目；回归任务的输出层则只有一个神经元。

假设神经网络的最后一层为第 L 层，输出层有 n_L 个神经元，则第 i 个神经元的输出可以表示为

$$y_i = f\left(z_{L,i}\right) = f\left(\sum_{j=1}^{n_{L-1}} w_{L,i,j} a_{L-1,j} + b_{L,i}\right)$$

其中，$w_{L,i,j}$ 是第 $L-1$ 层的第 j 个神经元到输出层的第 i 个神经元之间的权重；$a_{L-1,j}$ 是第 $L-1$ 层的第 j 个神经元的输出；$b_{L,i}$ 是输出层的第 i 个神经元的偏置项。$z_{L,i}$ 是输出层的第 i 个神经元的加权输入。

与隐藏层类似，输出层的每个神经元也会对其输入进行非线性变换，这个变换同样可以用一个激活函数 f 表示。

不同类型的任务需要采用不同的输出层激活函数。例如，对于分类任务，常用的激活函数是 Softmax 函数，可以将输出层的输出转化为每个类别的概率分布；对于回归任务，常用的激活函数是恒等函数，直接输出一个数值。

在上面的答复中，ChatGPT 告诉了我们输出层的主要作用是什么，以及如何实现不同的作用——分类任务常用 Softmax 函数，而回归任务常用恒等函数。当然这里 ChatGPT 没有列举更多的激活函数，下面我们就看一看还有哪些常见的激活函数。

10.2.5 神经网络的激活函数

要了解常见的激活函数有哪些，我们可以在 ChatGPT 对话框中输入"神经网络中常用的激活函数有哪些"，会得到如下答复。

ChatGPT 神经网络中常用的激活函数有以下几种。

1. Sigmoid 函数：Sigmoid 函数是一个常用的激活函数，可以将输入值映射到 0 到 1 之间。其数学表达式为

$$\sigma(x) = \frac{1}{1+\mathrm{e}^{-x}}$$

2. ReLU 函数：ReLU（Rectified Linear Unit）函数是一种简单而常用的激活函数，可以将负值部分设为零，使激活函数的导数恒为 1 或 0。其数学表达式为

$$f(x) = \begin{cases} x, x \geqslant 0 \\ 0, x < 0 \end{cases}$$

3. Leaky ReLU 函数：Leaky ReLU 函数是 ReLU 函数的一种改进，可以解决 ReLU 函数在负值区域导数为零的问题。其数学表达式为

$$f(x)=\begin{cases}x, x\geqslant 0\\ ax, x<0\end{cases}$$

其中，α 是一个小于 1 的超参数。

4. Tanh 函数：Tanh 函数是一种类似于 Sigmoid 函数的激活函数，可以将输入值映射到 -1 到 1 之间。其数学表达式为

$$\mathrm{Tanh}(x)=\frac{\mathrm{e}^{x}-\mathrm{e}^{-x}}{\mathrm{e}^{x}+\mathrm{e}^{-x}}$$

5. Softmax 函数：Softmax 函数常用于分类任务的输出层，可以将输出值映射为各类别的概率分布。其数学表达式为

$$\mathrm{Softmax}(z_j)=\frac{\mathrm{e}^{zj}}{\sum_{k=1}^{K}\mathrm{e}^{zk}}$$

其中，z 表示输出层的输入向量，K 表示类别数目。

在上面的答复中，ChatGPT 列举了更多的激活函数，并给出了它们的计算公式。其中 Sigmoid 函数相信大家已经不再陌生，逻辑回归算法就是使用 Sigmoid 函数对线性回归模型的输入结果进行处理的。

为了直观对比几种激活函数的不同，我们可以要求 ChatGPT 使用可视化的方式进行展示。在 ChatGPT 对话框中输入“请用 Python 可视化几种激活函数的不同”，会得到如下答复。

ChatGPT 好的，我们可以使用 Python 中的 Matplotlib 库可视化几种激活函数的不同。下面是一个示例代码，展示了 Sigmoid、ReLU、LeakyReLU 和 Tanh 函数的图像。

```
import numpy as np
import matplotlib.pyplot as plt

def sigmoid(x):
    return 1 / (1 + np.exp(-x))

def relu(x):
    return np.maximum(0, x)

def leaky_relu(x, alpha=0.1):
    return np.maximum(alpha * x, x)

def tanh(x):
    return np.tanh(x)

x = np.linspace(-5, 5, 100)
```

```
fig, ax = plt.subplots(2, 2, figsize=(8, 8))

ax[0, 0].plot(x, sigmoid(x))
ax[0, 0].set_title("Sigmoid")

ax[0, 1].plot(x, relu(x))
ax[0, 1].set_title("ReLU")

ax[1, 0].plot(x, leaky_relu(x))
ax[1, 0].set_title("Leaky ReLU")

ax[1, 1].plot(x, tanh(x))
ax[1, 1].set_title("Tanh")

plt.show()
```

我们把这段代码粘贴到Jupyter Notebook中运行，会得到如图10-4所示的结果。

图10-4分别展示了Sigmoid、ReLU、Leaky ReLU和Tanh函数的图像。我们可以看到，不同的激活函数具有不同的特点。例如，Sigmoid函数的输出值在0到1之间，ReLU函数在正值部分的导数恒为1，Leaky ReLU函数在负值部分有一定的导数，而Tanh函数的输出值在-1到1之间。

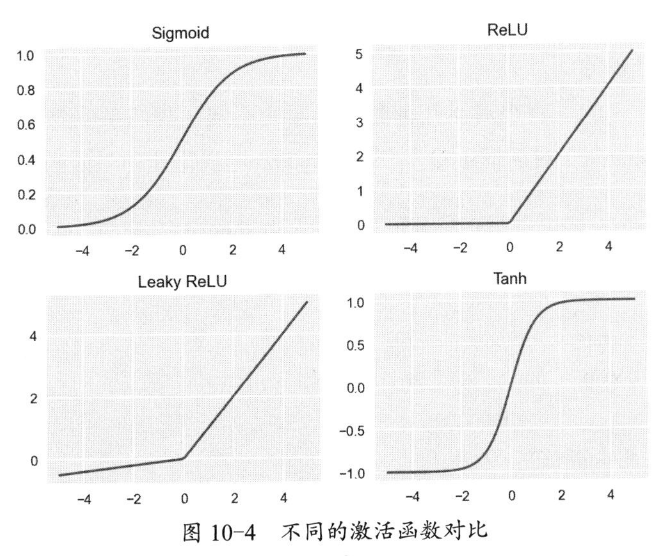

图 10-4　不同的激活函数对比

10.3 神经网络中的传播算法

在神经网络中，有前向传播和反向传播两种重要算法。前向传播是指从输入层开始，依次将输入信号通过神经网络的各个层，最终计算出输出结果的过程。在每一层中，先将输入信号与该层的权重进行加权和运算，再将加权和输入该层的激活函数进行非线性变换，得到该层的输出。这个输出又作为下一层的输入，直到最后一个输出层得到整个神经网络的输出结果。

而反向传播是指根据神经网络的输出结果和真实标签之间的误差，利用链式法则逆序计算每个参数的误差贡献，然后利用梯度下降法对每个参数进行更新的过程。具体地说，首先计算输出层的误差，然后逆序计算每一层的误差，并根据误差和每一层的激活函数求出每一层的参数的梯度。最后，根据梯度下降法，对每个参数进行迭代更新，从而使神经网络的预测结果不断逼近真实标签。

前向传播和反向传播是神经网络训练的核心算法，其优化效率和准确性对于神经网络的训练和应用都至关重要。下面我们就来了解一下这两种算法。

10.3.1　神经网络的前向传播

我们让ChatGPT通俗解释一下什么是前向传播算法。在ChatGPT对话框中输入“请通俗解释神经网络中的前向传播算法”，会得到如下答复。

ChatGPT 在神经网络中，前向传播算法（Forward Propagation）是指通过一系列数学计算将输入数据从输入层传播到输出层的过程。

前向传播算法的具体步骤如下。

1. 将输入数据送入网络的输入层，每个输入节点接收一个输入数据。

2. 输入数据通过一系列连接权重（Weights）和偏置项（Bias）与相邻的隐藏层或输出层节点相连。

3. 每个隐藏层或输出层节点将它们的输入加权和（Weighted Sum）通过激活函数（Activation Function）进行转换，产生一个输出值。

4. 这些输出值成为下一层的输入，随着输入数据逐层传播，最终到达输出层，输出层的节点产生最终的结果。

整个传播算法的目的是将输入数据转换为一个输出结果，在神经网络的训练过程中，我们会根据实际结果对网络的参数进行调整，以便使网络的输出尽可能地接近真实结果。

为了更加直观地理解前向传播算法的工作原理，我们再让ChatGPT用可视化的方式进行演示。在ChatGPT对话框中输入“请用Python可视化演示前向传播算法”，会得到如下答复。

ChatGPT 以下是一个用Python实现的简单的前向传播算法的可视化示例。

```
import numpy as np
import matplotlib.pyplot as plt

# 定义激活函数Sigmoid
def sigmoid(x):
    return 1 / (1 + np.exp(-x))

# 构建一个三层的神经网络，输入层有两个节点，隐藏层有三个节点，输出层有一个节点
input_data = np.array([0.3, 0.7])  # 输入数据
W1 = np.array([[0.2, 0.5, -0.1], [-0.3, 0.4, 0.6]])  # 输入层到隐藏层的连接权重
b1 = np.array([0.1, 0.2, -0.3])  # 隐藏层的偏置项
W2 = np.array([[0.4], [0.1], [-0.2]])  # 隐藏层到输出层的连接权重
b2 = np.array([-0.1])  # 输出层的偏置项
```

```
# 前向传播计算输出
z1 = np.dot(input_data, W1) + b1  # 第一层的加权和
a1 = sigmoid(z1)  # 第一层的输出，即第二层的输入
z2 = np.dot(a1, W2) + b2  # 第二层的加权和
output = sigmoid(z2)  # 神经网络的输出结果

# 可视化神经网络结构和输出结果
fig, ax = plt.subplots(figsize=(6, 4))

# 绘制输入层节点
ax.scatter([0, 0], [0, 1], s=200, color='b')
ax.annotate(f'({input_data[0]}, {input_data[1]})', xy=(0.05, 0.5),
fontsize=12)

# 绘制隐藏层节点
for i in range(3):
    ax.scatter([1], [i], s=200, color='g')
ax.annotate(f'z1 = {np.round(z1, 2)}', xy=(1.1, 1.5), fontsize=12)
ax.annotate(f'a1 = {np.round(a1, 2)}', xy=(1.1, 0.5), fontsize=12)

# 绘制输出层节点
ax.scatter([2], [0], s=200, color='r')
ax.annotate(f'z2 = {np.round(z2, 2)}', xy=(2.1, 0.5), fontsize=12)
ax.annotate(f'output = {np.round(output, 2)}', xy=(2.1, -0.5), fontsize=12)

# 绘制连接线
for i in range(2):
    for j in range(3):
        ax.plot([0, 1], [i, j], lw=2, alpha=0.5, color='gray')
for j in range(3):
    ax.plot([1, 2], [j, 0], lw=2, alpha=0.5, color='gray')

# 设置图形标题和坐标轴标签
ax.set_title('Neural Network Forward Propagation', fontsize=14)
ax.set_xlabel('Layer', fontsize=12)
ax.set_ylabel('Node', fontsize=12)
plt.xticks([0, 1, 2], ['Input', 'Hidden', 'Output'], fontsize=12)
plt.yticks([0, 1, 2], ['0', '1', '2'], fontsize=12)
ax.spines['top'].set_visible(False)
ax.spines['right'].set_visible(False)
```

```
plt.show()
```

将上面的代码粘贴到Jupyter Notebook中运行，会得到如图10-5所示的结果。

在图10-5中，我们可以看到前向传播算法先是对输入层（Input）收到的数据进行计算，然后传播给隐藏层（Hidden Layer），再通过隐藏层传播给输出层（Output）。这个过程是由前向后的，这也是前向传播算法名字的由来。

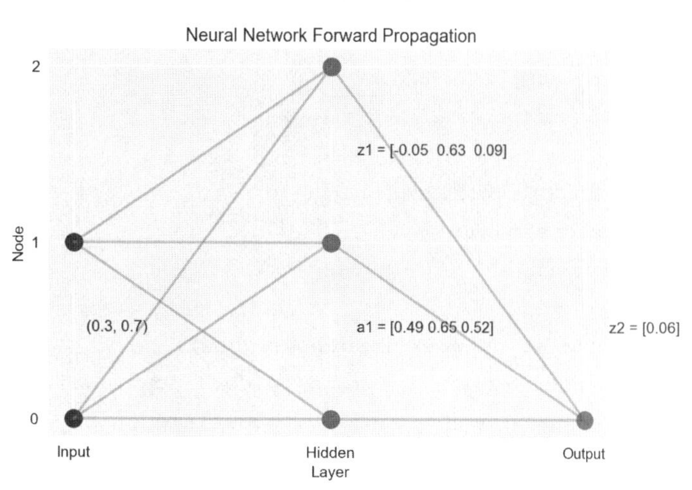

图10-5 前向传播算法的原理展示

10.3.2 神经网络的反向传播

在了解了前向传播算法后，我们再研究一下神经网络中的反向传播算法。在ChatGPT对话框中输入“请通俗解释神经网络中的反向传播算法”，会得到如下答复。

ChatGPT 在神经网络中，反向传播算法是训练神经网络模型的一种常用方法。该算法通过反向传播误差信号更新模型的参数，以最小化模型在训练数据上的预测误差。

具体而言，反向传播算法先使用前向传播算法计算每个样本的输出值和损失函数。然后，通过计算损失函数对每个参数的梯度计算误差信号，即网络输出与实际标签之间的差距，以确定每个参数的更新方向和大小。

这些梯度值沿着网络向后传播，每一层的误差信号被反向传播回上一层，直到达到输入层为止。在反向传播过程中，每个神经元都会计算它们所接收的输入信号的梯度，并将其向前传递到前一层神经元，以便计算前一层神经元的梯度。这个过程会一直持续，直到达到输入层。

最后，根据这些梯度值，我们可以使用优化算法（如随机梯度下降）更新模型的参数，以最小化损失函数。

因此，反向传播算法是神经网络中的一个关键步骤，它允许我们自动计算模型参数的梯度，从而实现模型的自动优化。

如果我们把ChatGPT的答复简单概括一下，可以理解为在训练模型的过程中，我们把每一层的损失反过来向前一层传播，然后模型可以根据这些损失逐步调整模型的参数并最终达到一个最优的状态。当然，我们也可以要求ChatGPT进行可视化展示。在ChatGPT对话框中输入“请用Matplotlib可视化展示反向传播算法”，会得到如下答复。

ChatGPT 反向传播算法是一个比较抽象的概念，很难直观地可视化展示。但是，我们可以通过可视化神经网络的训练过程展示反向传播算法的作用。下面是一个简单的例子，使用Matplotlib可视化一个具有单个隐藏层的神经网络的训练过程。

```
import numpy as np
import matplotlib.pyplot as plt

# 构造一个简单的神经网络
def sigmoid(x):
    return 1 / (1 + np.exp(-x))

def neural_network(input, weights):
    hidden_layer = sigmoid(np.dot(input, weights[0]))
    output_layer = sigmoid(np.dot(hidden_layer, weights[1]))
    return output_layer

# 定义训练数据
input_data = np.array([[0, 0, 1],
                       [0, 1, 1],
                       [1, 0, 1],
                       [1, 1, 1]])
labels = np.array([[0, 1, 1, 0]]).T

# 定义神经网络的参数
input_size = 3
hidden_size = 4
output_size = 1
learning_rate = 0.1
weights = [np.random.randn(input_size, hidden_size),
           np.random.randn(hidden_size, output_size)]

# 训练神经网络
losses = []
for i in range(10000):
    # 前向传播
    hidden_layer = sigmoid(np.dot(input_data, weights[0]))
    output_layer = sigmoid(np.dot(hidden_layer, weights[1]))

    # 计算误差
    error = output_layer - labels

    # 反向传播
```

```
    output_delta = error * output_layer * (1 - output_layer)
    hidden_error = output_delta.dot(weights[1].T)
    hidden_delta = hidden_error * hidden_layer * (1 - hidden_layer)

    # 更新权重
    weights[1] -= learning_rate * hidden_layer.T.dot(output_delta)
    weights[0] -= learning_rate * input_data.T.dot(hidden_delta)

    # 计算损失函数
    loss = np.mean(np.abs(error))
    losses.append(loss)

# 可视化训练过程
plt.plot(losses)
plt.xlabel('Iterations')
plt.ylabel('Loss')
plt.title('Training Loss')
plt.show()
```

将代码粘贴到Jupyter Notebook中运行，会得到如图 10-6 所示的结果。

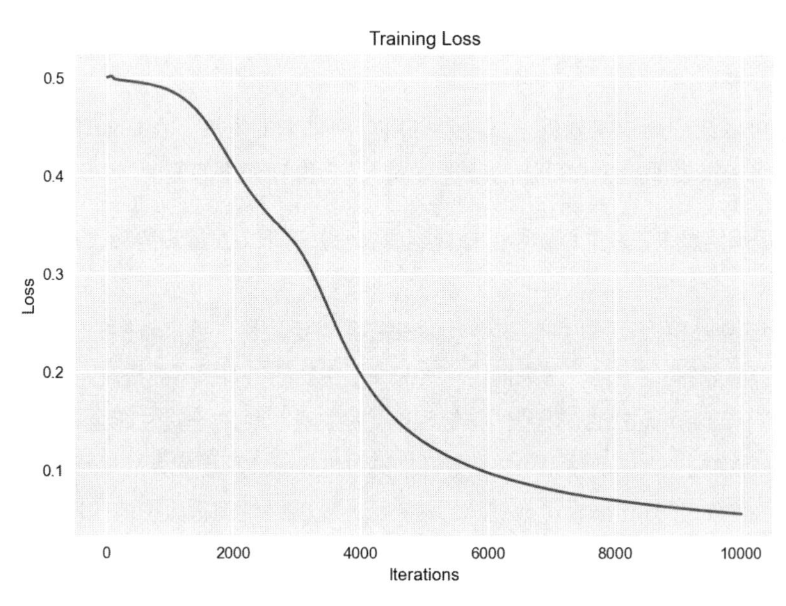

图 10-6　反向传播算法对模型的优化

ChatGPT生成的代码会训练一个具有单个隐藏层的神经网络，并使用Matplotlib可视化训练过程中的损失函数。可以看到，随着训练的进行，损失函数不断降低。这表明反向传播算法正在逐步优化模型，使其更好地拟合训练数据。

10.4 神经网络的局限性和未来发展

在这一节中，我们主要探讨一下神经网络的局限性与其未来的发展方向。首先我们在ChatGPT对话框中输入“请详细介绍神经网络的局限性”，会得到如下答复。

ChatGPT 尽管神经网络已经在多个领域有了广泛的应用，但它仍然存在一些局限性。

1. 数据要求高：神经网络需要大量的训练数据学习模式和特征，如果数据质量较低或数量不足，模型的表现会受到影响。

2. 计算成本高：神经网络需要大量的计算资源进行训练和推理，特别是在大规模的深度网络中，计算成本更高。

3. 容易过拟合：神经网络有很强的拟合能力，但如果模型过于复杂或训练数据过少，容易出现过拟合现象，即模型在训练数据上表现很好，但在新的数据上表现较差。

4. 可解释性差：由于神经网络的结构复杂，权重参数众多，很难解释每个权重的具体含义，这也使神经网络在某些领域的应用受到限制，如医疗和金融等领域。

5. 对于特定问题可能不适用：神经网络的设计通常是通用的，适用于不同类型的问题，但在某些特定领域或问题中可能不是最佳选择。例如，序列数据问题中，循环神经网络可能更合适。

总之，神经网络虽然具有强大的建模能力，但也存在一些局限性，需要在实际应用中慎重考虑。

从上面的答复中我们可以看到，即使是强大的神经网络算法，也有着诸多的局限性，如计算成本高、可解释性差等。

接下来我们可以让ChatGPT分析一下神经网络算法未来的发展。在ChatGPT对话框中输入“请详细分析神经网络未来发展趋势和可能的改进方向”，会得到如下答复。

ChatGPT 神经网络是人工智能领域中的重要组成部分，其未来发展趋势和改进方向包括以下几个方面。

1. 更深层次的神经网络：深度学习技术近年来得到广泛应用，越来越多的问题都可以通过使用更深层次的神经网络解决。因此，未来神经网络的一个主要趋势将是不断提高网络的深度。

2. 结构化、稀疏性和动态性的增强：神经网络的结构化特性对于其性能至关重要。未来的神经网络将会更加注重结构化、稀疏性和动态性等特性的改进，以实现更优秀的学习效果。

3. 新型激活函数的研究：激活函数的选择对神经网络的性能有很大影响，目前常用的激活函数为Sigmoid、Tanh和ReLU等。未来将会研究新型的激活函数，以提升神经网络的性能。

4. 多模态和多任务学习：未来的神经网络将不仅是单一的输入输出映射，而是具备多种输入和输出形式。同时，它们还将能够完成多个任务或学习多个知识领域，以满足更广泛的应用需求。

5. 更高效的神经网络：目前的神经网络存在训练速度慢、计算资源占用率高等问题，随着神经网络模型的不断增大，未来的神经网络将会更加注重训练效率和推理效率的提升。

6. 新型优化算法的研究：目前常用的神经网络优化算法有SGD、Adam等。未来将会研究新型的优化算法，以提升神经网络的学习效果和性能。

总之，未来的神经网络发展趋势和改进方向是多样的，在这个领域中仍有很多问题需要解决，但是随着技术的不断进步，人工智能将会取得更大的发展成果。

在上面的答复中，ChatGPT给出了一些神经网络可能的改进方向。当然我们还可以就某个具体问题进一步提问。例如，在ChatGPT对话框中输入“如何解决神经网络计算资源占用率高的问题”，会得到如下答复。

ChatGPT 神经网络计算资源占用率高的问题主要是由于神经网络模型过于庞大和复杂，导致在训练和推理时需要耗费大量计算资源。以下是一些解决这个问题的方法。

1. 压缩模型：压缩模型是通过减少神经网络中的参数数量降低其计算资源占用率的一种方式。可以采用剪枝、量化、蒸馏等技术压缩模型。

2. 优化计算图：计算图是神经网络计算的基本单位，优化计算图可以减少计算资源的使用。例如，通过共享层或子图减少计算次数。

3. 使用硬件加速器：专门的硬件加速器，如GPU、TPU等可以有效地提高神经网络的运行速度和效率，从而降低计算资源的占用率。

4. 数据增强和批量化训练：数据增强和批量化训练可以有效地减小数据集的大小，从而降低计算资源的占用率。

5. 迁移学习：迁移学习通过利用已有模型的知识加速新模型的训练，从而减少计算资源的占用率。

总之，以上方法都可以有效地解决神经网络计算资源占用率高的问题，但具体的应用取决于具体的场景和需求。

从上面的答复中可以看到，针对计算资源占用过高的问题，ChatGPT给出了一些可能的解决方案。读者也可以就自己感兴趣的优化神经网络的问题向ChatGPT提问，获得更多信息。

10.5 习题

在本章中，我们跟着ChatGPT一起学习了神经网络的相关概念，包括其起源和发展历史；然后一起研究了神经网络的结构，以及不同的激活函数；神经网络中的前向传播和反向传播算法也是非常重要的概念，在本章中也有论述；最后，我们还让ChatGPT总结了神经网络的局限性，并展望了它的发展方向。下面是ChatGPT为大家准备的习题，希望能够帮助大家巩固本章的知识。

1. 解释什么是神经网络，并介绍它的起源。
2. 请列举一些神经网络的应用场景。
3. 神经网络有哪些基本组成部分。
4. 解释什么是神经元，并简要介绍它的工作原理。
5. 什么是前向传播算法？它如何用于训练神经网络？

6. 什么是反向传播算法？它如何用于训练神经网络？

7. 神经网络中有哪些常见的激活函数？它们有什么不同？

8. 神经网络有哪些局限性？未来将如何改进？

第11章 让ChatGPT带我们玩转Keras

本章导读

在第 10 章中，我们一起研究了神经网络的一些理论知识。相信很多读者会觉得不过瘾，想要自己进行神经网络模型的训练。本章将会满足大家的需求，让 ChatGPT 带大家学会用 Keras 训练简单的神经网络模型，并了解相关的参数如何设置。

知识要点

通过对本章内容的学习，您将掌握以下知识：

- Keras 是什么及其优点。
- 向 Sequential 模型添加层。
- 设置模型的优化器、损失函数和评估指标。
- 超参数的调整。

11.1 让ChatGPT介绍一下Keras

Keras 是一种用于搭建神经网络的高级 API，它可以方便地创建深度学习模型，并且支持多种后端，如 TensorFlow、Theano 等。使用 Keras 可以快速搭建各种类型的神经网络，如全连接神经网络、卷积神经网络、循环神经网络等。Keras 还提供了许多常用的层和激活函数，以及训练和评估模型所需的工具函数。同时，Keras 也支持模型的保存和加载，方便模型的重复使用和部署。

在这一节中，我们一起详细了解一下 Keras，并学会如何安装和配置它。

11.1.1 Keras 简介

首先，我们让 ChatGPT 介绍一下什么是 Keras。在 ChatGPT 对话框中输入“请详细介绍 Keras”，会得到如下答复。

ChatGPT Keras是一个高级神经网络API，它是一个基于Python的深度学习框架。它提供了一种方便、高效的方式构建各种类型的神经网络，包括卷积神经网络（Convolutional Neural Networks，CNNs）、递归神经网络（Recurrent Neural Networks，RNNs）和混合型神经网络（Hybrid Neural Networks）。Keras的设计目标是提高开发者的效率，同时保证代码易于阅读和理解。

以下是Keras的一些主要特点。

1. 简单易用：Keras API的设计理念是简单、直观、易于使用。开发者可以通过少量的代码实现各种类型的神经网络。

2. 支持多种后端：Keras支持多种深度学习后端，包括TensorFlow、CNTK和Theano。这使开发者可以根据自己的喜好和需求选择使用哪种后端。

3. 模块化设计：Keras的模块化设计使开发者可以轻松地组合不同的层（Layers）来构建自己的模型。同时，Keras还提供了一系列常用的层，如卷积层、池化层、全连接层等。

4. 自动求导：Keras提供了自动求导的功能，使开发者可以快速地定义自己的损失函数并进行反向传播。

5. 可扩展性：Keras是一个高度可扩展的框架。开发者可以通过编写自己的层、损失函数、优化器等扩展Keras的功能。

6. 高性能：Keras的底层实现采用了多种优化策略，如并行计算和GPU加速，可以显著提高训练速度。

总之，Keras是一个功能强大、易于使用、高度可扩展的深度学习框架，非常适合开发者快速构建各种类型的神经网络。

在上面的答复中，ChatGPT简单阐述了Keras的功能，并且列举了它的一些特点。从实际应用的场景来说，Keras确实可以降低训练神经网络模型的代码量，提高我们的工作效率。

如果我们想要了解Keras的起源，可以在ChatGPT对话框中输入“Keras诞生的背景”，会得到如下答复。

ChatGPT Keras最初是由François Chollet于2015年开发的，他是一位Google Brain的研究员。当时，深度学习正在快速发展，但构建深度神经网络需要大量的代码和数学知识，对于许多开发者来说非常困难。

因此，François Chollet致力于开发一种易于使用、高度可扩展的深度学习框架。他的目标是将深度学习技术带给更多的开发者，并加速深度学习技术的发展。

在这个背景下，Keras应运而生。Keras提供了一个高级神经网络API，使开发者可以快速构建各种类型的神经网络。它的设计理念是简单、直观、易于使用，同时还具有高度的可扩展性和灵活性。

随着Keras的逐渐成熟和广泛应用，它已经成为深度学习领域最受欢迎的框架之一，并且得到了广泛的支持和贡献。同时，Keras也为许多人提供了进入深度学习领域的机会，促进了深度学习技术的普及和发展。

从上面的答复中我们可以看到，Keras开发者的初衷就是让大家可以快速构建各种类型的神经网络。如果读者是刚开始接触神经网络模型的搭建与训练，从Keras开始是一个比较容易上手的选择。

11.1.2 Keras有什么优点

除了容易上手，Keras还有哪些优点呢？这里让ChatGPT给我们做个总结。在ChatGPT对话框中输入“为什么要使用Keras”，会得到如下答复。

ChatGPT 使用Keras有许多好处，以下是其中的几点。

1. 易于使用：Keras的API设计简单、直观，使用Keras可以轻松地构建各种类型的神经网络模型。Keras也提供了大量的示例代码和文档，方便开发者学习和使用。

2. 高度可扩展：Keras可以轻松地添加自定义的层、损失函数、优化器等，以及整合其他深度学习库，使开发者可以构建更加灵活和强大的深度学习模型。

3. 跨平台支持：Keras支持多种深度学习后端，包括TensorFlow、CNTK和Theano等，可以在不同的平台上运行和部署。

4. 可视化工具：Keras提供了可视化工具，如TensorBoard，可以帮助开发者更好地理解和调试模型，提高模型的准确性和效率。

5. 社区支持：Keras有一个庞大的社区支持，其中包括开发者、研究人员和爱好者，他们不断地分享代码、文档、教程和解决方案，使使用Keras更加方便和快捷。

总之，使用Keras可以帮助开发者快速构建各种类型的神经网络模型，同时还具有高度可扩展性和跨平台支持，使深度学习的应用更加广泛和方便。

从上面的答复中可以看到，除了易于使用，Keras还有良好的扩展性、方便的可视化工具、强大的社区支持等。看到这里不知道读者会不会问这样一个问题——这么强大的工具，需不需要付费使用呢？让我们在ChatGPT对话框中输入“使用Keras需要付费吗”，会得到如下答复。

ChatGPT 使用Keras是完全免费的。Keras是一个开源的深度学习框架，它使用MIT许可证，因此任何人都可以免费使用、修改和分发Keras。

此外，Keras还提供了许多文档、示例和教程，可以免费下载和使用。Keras还有一个庞大的社区，其中包括开发者、研究人员和爱好者，他们不断地分享代码、文档、教程和解决方案，使使用Keras更加方便和快捷。

需要注意的是，Keras只是一个深度学习框架，它需要运行在一个支持深度学习的后端库上，如TensorFlow、CNTK和Theano等，这些后端库可能有不同的许可证和使用条件。因此，在使用Keras时，需要遵守后端库的相关许可证和使用条件。

看了上面的答复，大家就可以放心了。Keras是一个完全免费开源的框架，使用它不必向作者支付任何费用。那我们还等什么？赶快把它安装配置好吧！

11.1.3 Keras的安装和配置

从TensorFlow 2.0版本开始，Keras已经成为TensorFlow的内置API，并且可以直接使用TensorFlow安装时默认安装的Keras版本。所以我们只要安装新版的TensorFlow即可，接下来我们让ChatGPT指导我们安装TensorFlow。在ChatGPT对话框中输入"如何安装Tensorflow"，会得到如下答复。

ChatGPT 要安装TensorFlow，可以按照以下步骤操作。

1. 确认您的Python版本：TensorFlow支持Python 3.6-3.8。请确保您的Python版本符合要求。

2. 安装pip包管理器：pip是Python的包管理器，用于安装和管理Python软件包。如果您还没有安装pip，请使用以下命令在终端或命令提示符中进行安装。

```
curl https://bootstrap.pypa.io/get-pip.py -o get-pip.py
python get-pip.py
```

3. 安装TensorFlow：有多种方式可以安装TensorFlow，其中最常见的方式是使用pip。在终端或命令提示符中运行以下命令。

```
pip install tensorflow
```

如果您希望安装特定版本的TensorFlow，可以使用以下命令。

```
pip install tensorflow==2.4.0
```

4. 验证安装是否成功：完成TensorFlow安装后，您可以通过导入TensorFlow并创建简单的模型验证安装是否成功。

```
import tensorflow as tf

x = [[2.]]
m = tf.matmul(x, x)
print("hello, {}".format(m))

# 输出：hello, [[4.]]
```

以上是安装TensorFlow的基本步骤。需要注意的是，TensorFlow的安装可能因计算机环境而异，并且可能需要更改一些默认设置或添加其他依赖项。因此，在进行TensorFlow安装之前，请务必仔细阅读相关文档和指南。

一般来说，如果读者使用的是Anaconda，那么就不需要再单独安装pip，直接使用pip安装

TensorFlow 即可。安装完成后，将验证是否安装成功的代码粘贴到 Jupyter Notebook 中并运行，如果看到了如下所示的结果，就说明 TensorFlow 安装成功，可以进行下一步的实验了。

```
hello, [[4.]]
```

虽然 TensorFlow 的内置 Keras API 与标准 Keras API 具有相同的功能，但有些语法和用法略有不同。因此，在使用内置的 Keras API 前，建议查阅相关文档以了解其特定的用法和限制。

11.2 用Keras搭建简单的神经网络

在 11.1 节中，我们在 ChatGPT 的帮助下完成了 TensorFlow 的安装。在这一节中，我们将学习使用 TensorFlow 内置的 Keras 搭建一个简单的神经网络模型。当然，要进行实验，我们还是离不开数据的。好在 Keras 内置了一些数据集，可以让我们练习。

11.2.1 Keras 中内置的数据集

首先我们了解一下 Keras 内置的数据集。在 ChatGPT 对话框中输入“Keras 中内置了哪些数据集”，会得到如下答复。

ChatGPT Keras 内置了如下常用的数据集。

1. MNIST 手写数字识别数据集（包括 60000 个 28×28 像素的训练图像和 10000 个测试图像）。
2. CIFAR-10 和 CIFAR-100 数据集，分别包含 10 类和 100 类物体图像。
3. IMDB 电影评论情感分类数据集（包括 50000 个正负两类的文本评论）。
4. Reuters 新闻主题分类数据集（包括 11228 个新闻文本及其对应的 46 个主题标签）。
5. Fashion-MNIST 服装图片分类数据集（包括 60000 张训练图像和 10000 张测试图像）。
6. Boston Housing 房价回归数据集（包括 506 个房屋样本及其 13 个特征值和目标值）。

除此之外，Keras 还提供了一些较小的玩具数据集，如可视化的圆环数据集、鸢尾花数据集等。

可以看到，Keras 中集成了很多可以让我们直接拿来练手的数据集。一般，大家都喜欢以 MNIST 手写数字识别数据集作为第一个练手项目。但是本书在前面的章节中已经用过这个数据集，为了防止大家“审美疲劳”，我们试着用 CIFAR-10 数据集进行实验。

我们让 ChatGPT 先简单介绍一下 CIFAR-10 数据集。在 ChatGPT 对话框中输入“请简要介绍 CIFAR-10 数据集”，会得到如下答复。

ChatGPT CIFAR-10 是一个用于图像分类任务的经典数据集，包含了来自 10 个不同类别的 60000 张 32×32 像素的彩色图像。这些类别包括飞机、汽车、鸟类、猫、鹿、狗、青蛙、马、船和卡车。其中 50000 张图像用于训练，10000 张图像用于测试。CIFAR-10 数据集是机器学习领域中广泛使用的基准数据集之一，它提供了一个用于测试和比较算法性能的标准基础。

从上面的答复中可以看到，其实CIFAR-10 数据集和MNIST数据集类似，也是一个用于图像分类任务的数据集，包含了 10 个不同类别的图像，而且都是彩色的。下面我们可以挑一张图像看看它是什么样子的。在ChatGPT对话框中输入“使用代码查看CIFAR-10 中的图像”，会得到如下答复。

ChatGPT 您可以使用Python中的Matplotlib库和CIFAR-10 数据集的API查看这些图像。以下是一个简单的代码示例，可以读取一张图像并显示出来。

```
import matplotlib.pyplot as plt
import tensorflow as tf

# 加载CIFAR-10 数据集
cifar10 = tf.keras.datasets.cifar10.load_data()
(train_images, train_labels), (test_images, test_labels) = cifar10

# 选择一张训练图像并显示
image_index = 0
plt.imshow(train_images[image_index])
plt.show()
```

把ChatGPT生成的代码粘贴到Jupyter Notebook中，可以得到如图 11-1 所示的图像。

在上面的代码中，我们首先加载了CIFAR-10 数据集，并将训练图像和标签存储在train_images和train_labels变量中。然后，我们使用Matplotlib显示第一张训练图像。大家可以通过改变image_index的值显示不同的图像。

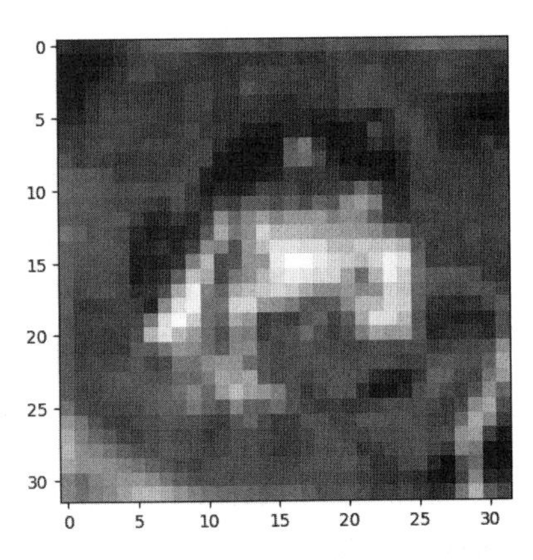

图 11-1　CIFAR-10 中的一张图像

温馨提示

图 11-1 看起来很不清晰，这是因为原始的图像是 32×32 像素的。而我们为了展示，将其放大了很多，所以看起来有点“像素风”。这不影响我们对Keras的学习。

数据集准备完成后，我们就可以进行下一步的试验了。

11.2.2 Keras中的Sequential模型

在Keras中，有 3 种不同的模型：Sequential模型、函数式API模型和子类化API模型。其中，Sequential模型是一种常见的神经网络模型，它由一系列的网络层按顺序组成。每个层都接收前一层的输出作为输入，并将自己的输出传递给下一层。在Sequential模型中，可以轻松地添加、删除或修改层，使构建和调整神经网络变得更加简单方便。此外，Sequential模型还提供了许多常用的网络层类型，如密集层、卷积层和池化层等。通过在Sequential模型中组合这些层，我们可以构建各种各样的神经网络结构解决不同的问题。

函数式API模型提供了更灵活的方式定义神经网络结构，可以处理多个输入和输出，并支持共享层等高级特性。使用函数式API，我们可以轻松地定义任意形状的神经网络结构，如具有分支或合并的网络，或者具有跳跃连接的网络等。

而子类化API模型是一种用更加灵活和自定义化的方式定义的神经网络结构，适用于需要实现定制的层或模型的场景。通过继承tf.keras.Model和自定义前向传递方法，我们可以创建任意复杂度的神经网络结构。

本章将重点使用Sequential模型进行演示。现在我们在ChatGPT对话框中输入“使用CIFAR-10训练Keras的Sequential模型的示例代码，要求只用全连接层”，会得到如下答复。

ChatGPT 以下是一个使用CIFAR-10 训练Keras的Sequential模型，只用全连接层的示例代码。

```
import tensorflow.keras
from tensorflow.keras.datasets import cifar10
from tensorflow.keras.models import Sequential
from tensorflow.keras.layers import Dense, Dropout, Flatten

# 加载数据集并进行预处理
(x_train, y_train), (x_test, y_test) = cifar10.load_data()
x_train = x_train.astype('float32') / 255
x_test = x_test.astype('float32') / 255
y_train = keras.utils.to_categorical(y_train, 10)
y_test = keras.utils.to_categorical(y_test, 10)

# 创建模型
model = Sequential()
model.add(Flatten(input_shape=x_train.shape[1:]))
model.add(Dense(512, activation='relu'))
model.add(Dropout(0.5))
model.add(Dense(256, activation='relu'))
model.add(Dropout(0.3))
model.add(Dense(128, activation='relu'))
```

```
model.add(Dropout(0.2))
model.add(Dense(10, activation='softmax'))

# 编译模型
model.compile(loss='categorical_crossentropy',
              optimizer='adam',
              metrics=['accuracy'])

# 训练模型
model.fit(x_train, y_train,
          batch_size=128,
          epochs=10,
          validation_data=(x_test, y_test),
          shuffle=True)

# 评估模型
scores = model.evaluate(x_test, y_test, verbose=1)
print('Test loss:', scores[0])
print('Test accuracy:', scores[1])
```

这个模型包含3个全连接层和3个Dropout层，用于对CIFAR-10数据集进行分类。

把上面的代码粘贴到Jupyter Notebook中并运行，会得到如下结果。

```
Epoch 1/10
391/391 [==============================] - 19s 46ms/step - loss: 2.1172 -
accuracy: 0.2005 - val_loss: 1.9559 - val_accuracy: 0.2905
Epoch 2/10
391/391 [==============================] - 16s 41ms/step - loss: 2.0111 -
accuracy: 0.2352 - val_loss: 1.9360 - val_accuracy: 0.3100
Epoch 3/10
391/391 [==============================] - 16s 41ms/step - loss: 1.9957 -
accuracy: 0.2442 - val_loss: 1.9569 - val_accuracy: 0.3078
Epoch 4/10
391/391 [==============================] - 16s 40ms/step - loss: 1.9701 -
accuracy: 0.2596 - val_loss: 1.9443 - val_accuracy: 0.3060
Epoch 5/10
391/391 [==============================] - 19s 50ms/step - loss: 1.9540 -
accuracy: 0.2672 - val_loss: 1.9566 - val_accuracy: 0.3144
Epoch 6/10
391/391 [==============================] - 17s 43ms/step - loss: 1.9412 -
accuracy: 0.2724 - val_loss: 1.9377 - val_accuracy: 0.3099
Epoch 7/10
```

```
391/391 [==============================] - 16s 42ms/step - loss: 1.9332 -
accuracy: 0.2768 - val_loss: 1.8972 - val_accuracy: 0.3390
Epoch 8/10
391/391 [==============================] - 18s 47ms/step - loss: 1.9263 -
accuracy: 0.2774 - val_loss: 1.9264 - val_accuracy: 0.3228
Epoch 9/10
391/391 [==============================] - 16s 40ms/step - loss: 1.9181 -
accuracy: 0.2828 - val_loss: 1.9092 - val_accuracy: 0.3277
Epoch 10/10
391/391 [==============================] - 16s 42ms/step - loss: 1.9147 -
accuracy: 0.2841 - val_loss: 1.9333 - val_accuracy: 0.3010
313/313 [==============================] - 4s 12ms/step - loss: 1.9333 -
accuracy: 0.3010
Test loss: 1.9332994222640991
Test accuracy: 0.3009999990463257
```

在上面的代码中，我们要求 ChatGPT 只用全连接层（因为本书还没有讲卷积层、池化层等相关概念）。所以除了防止过拟合的 Dropout 层，上面的神经网络只有全连接层。通过 10 个轮次的训练，最终模型在测试集中只获得了 30% 左右的准确率。这很正常，因为这个示例代码只是演示 Keras 的 Sequential 模型，可以看到，只需要用 model.add() 就可以很方便地向模型中添加层了。

11.2.3 Sequential 模型中的输入层、隐藏层和输出层

在第 10 章中我们已经学习过，神经网络是由输入层、隐藏层和输出层组成的。在前面的示例中，模型也是由这几部分组成的。现在我们就详细看一下如何向 Keras 的 Sequential 模型添加这些层。

首先我们了解输入层的情况。在 ChatGPT 对话框中输入“训练 Keras 的 Sequantial 模型时，如何添加输入层”，会得到如下答复。

ChatGPT 在 Keras 库中使用 Sequential 模型训练神经网络时，输入层是自动添加到模型中的。您只需要在定义第一层时指定 input_shape 参数来匹配数据集的输入形状即可。例如，如果您使用的是 MNIST 数据集，其中每张图片的大小为 28×28 像素，那么您可以这样定义一个简单的 Sequential 模型。

```
from tensorflow.keras.models import Sequential
from tensorflow.keras.layers import Dense, Flatten

# 定义Sequential模型
model = Sequential()

# 第一个全连接层，需要设置输入数据的形状 (28, 28)
```

```
model.add(Dense(units=128, activation='relu', input_shape=(28, 28)))

# 后续层的设置
# ...

# 编译模型
model.compile(optimizer='adam', loss='categorical_crossentropy',
 metrics=['accuracy'])
```

在上面的代码中，我们定义了一个只包含一个全连接层的Sequential模型，并通过input_shape参数将输入数据的形状设置为(28, 28)。后续层的设置与此类似，只需要根据需求添加更多的层，不需要再次指定输入数据的形状。最后，我们使用compile()方法编译模型，以便进行训练和评估。

从上面的答复中我们可以看到，ChatGPT给出了向Sequential模型添加输入层的示例。不过它是以MNIST数据集为例的，所以它指定的input_shape是(28,28)，而且使用的是全连接层。而我们用的CIFAR-10数据集是32×32像素的，而且彩色图片包含3个RGB通道，所以应该是(32,32,3)。当然使用代码中的x_train.shape[1:]也是完全等效的。

此外，在CIFAR-10的例子中，我们也没有使用全连接层作为输入层，而是使用了Flatten层。如果问ChatGPT“Flatten层的作用是什么”，会得到如下答复。

ChatGPT Flatten层用于将多维输入数据展平成一维向量，常见于将二维或三维的图像数据展平成一维向量输入全连接层进行分类或回归。

例如，对于一个输入形状为(batch_size, height, width, channels)的四维张量，Flatten层会将其展平成形状为(batch_size, height * width * channels)的二维张量。展平后的结果可以直接输入全连接层。

在深度学习中，Flatten层通常作为卷积神经网络的最后一层，也可以作为全连接层的第一层。

从上面的答复中我们可以知道，Flatten层的作用是将我们输入的数据展平，变成32×32×3的形状。

在掌握了向Sequential模型添加输入层后，我们再学习一下添加隐藏层。

11.2.4 Sequential模型中的隐藏层

同样，我们让ChatGPT介绍一下向Keras的Sequential模型添加隐藏层。在ChatGPT对话框中输入“向Sequantial模型添加隐藏层”，会得到如下答复。

ChatGPT 在Keras中，向Sequential模型添加隐藏层可以使用add()方法。您可以通过以下方式向Sequential模型添加隐藏层。

```
from keras.models import Sequential
```

```
from keras.layers import Dense

# 创建一个Sequential模型
model = Sequential()

# 添加第一层隐藏层
model.add(Dense(units=64, activation='relu', input_dim=100))

# 添加第二层隐藏层
model.add(Dense(units=32, activation='relu'))
```

在这个例子中，我们首先创建了一个Sequential模型。然后，我们使用add()方法向该模型添加两个隐藏层。第一个隐藏层具有 64 个神经元，ReLU 激活函数和输入维度为 100。第二个隐藏层具有 32 个神经元和ReLU 激活函数。

您可以使用不同的参数定制层，如不同的神经元数量、激活函数等。

从上面的代码中我们可以看到，在Sequential模型中添加隐藏层是一件非常简单的事情，只需要用model.add()方法就可以了。在ChatGPT给出的示例中，一共添加了两个隐藏层，且均为全连接层。可能有读者会问，本章的示例中一直都在用全连接层，那么全连接层是什么呢？这个问题我们可以问一下ChatGPT。在ChatGPT对话框中输入“请介绍一下什么是全连接层”，会得到如下答复。

ChatGPT 全连接层（Fully Connected Layer），也叫作密集层（Dense Layer），是深度神经网络中最基本的一种网络层。在全连接层中，每个输入神经元都与输出神经元相连，因此该层中的所有神经元都可以接收前一层中的所有输入。

全连接层通常用于将前一层的特征映射转换为输出结果或预测值。例如，在图像分类任务中，卷积神经网络通常会通过多个卷积层和池化层提取图像特征，并将这些特征输入一个或多个全连接层中进行分类。

在全连接层中，每个神经元都有一个权重矩阵和一个偏置向量。网络通过训练过程学习这些权重和偏置参数，以便能够准确地映射输入特征到输出结果。全连接层还可以使用激活函数，如ReLU、Sigmoid或Tanh等，增强模型的非线性表达能力。

需要注意的是，全连接层具有大量的可训练参数，特别是在高分辨率的输入数据上，参数数量可能会非常庞大，从而导致过拟合问题。因此，在设计深度神经网络时，通常需要考虑网络结构的复杂度和参数数量的平衡。

从上面的答复中可以看到，全连接层是一种最基本的网络层，它之所以被称为全连接层，是因为每个输入神经元都和输出神经元连接。这里ChatGPT也提到了卷积层和池化层等概念。这些概念在后面的内容中，我们会让ChatGPT给出详细的介绍。

11.2.5 Sequential模型中的输出层

在完成了输入层、隐藏层的添加后，就该向模型添加输出层了。在ChatGPT对话框中输入“向Sequential模型添加输出层”，会得到如下答复。

ChatGPT 要向Sequential模型添加输出层，可以使用Sequential对象的add()方法将新层添加到模型中。一般情况下，输出层应该是具有适当激活函数的密集层。

以下是一个示例代码，在Sequential模型中添加具有Sigmoid激活函数的Dense输出层。

```
from tensorflow.keras.models import Sequential
from tensorflow.keras.layers import Dense

# 创建Sequential模型
model = Sequential()

# 添加模型的隐藏层
model.add(Dense(units=64, activation='relu', input_shape=(input_dim,)))

# 添加模型的输出层
model.add(Dense(units=output_dim, activation='sigmoid'))

# 编译模型
model.compile(loss='binary_crossentropy',
              optimizer='adam',
              metrics=['accuracy'])
```

在上面的代码中，Dense层被用作输出层，并且将其添加到了Sequential模型的末尾。这里的units参数设置输出层的节点数，activation参数指定输出层的激活函数。

从上面的答复中我们可以看到，添加输出层的方法和隐藏层是一样的，同样是使用model.add()方法。这里要强调的是，ChatGPT提到的输出层一般是密集层，也就是上文中所说的全连接层。同时，在输出层中有两个可以手动调节的参数——units和activation，也就是节点数和激活函数。激活函数的知识前文中已经介绍过，那么units参数如何设置呢？我们也问一下ChatGPT。

在ChatGPT对话框中输入“设置输出层的units参数”，会得到如下答复。

ChatGPT 在深度神经网络中，输出层的units参数决定了该层输出的维度。在设置输出层的units参数时，需要考虑以下几个因素。

1. 输出的类别数：对于分类问题，输出层的units应该等于类别的数量。例如，对于二分类问题，可以将输出层的units设置为1；对于具有10个不同类别的多分类问题，可以将输出层的units设置为10。

2. 模型的复杂度：在某些情况下，增加输出层的units可以提高模型的拟合能力和复杂度。但是，在设置输出层的units参数时，需要平衡模型的复杂度和拟合的风险。

3. 数据集的大小：数据集的大小也可以影响输出层的units参数的选择。通常，数据集越大，输出层的units可以设置得更大，以便模型更好地拟合数据。

当设置输出层的units参数时，需要仔细评估每一个因素，以确定最佳值。同时，还应该进行交叉验证等，以确保模型性能的稳健性。

在上面的答复中，ChatGPT给出了一些设置输出层units参数的原则。可以比较清晰地看到，对于分类问题，units参数设置的标准还是很明确的。那么对于回归任务，我们该如何设置units参数呢？这里我们向ChatGPT提问"当进行回归任务时，如何设置输出层的units参数"，会得到如下答复。

ChatGPT 在进行回归任务时，输出层的units参数应该等于待预测变量的维度。以一个简单的线性回归模型为例，如果我们要预测一个连续变量y，则输出层只需要一个神经元输出预测值即可，也就是设置units参数为1。

然而，在更复杂的回归问题中，可能会涉及多个待预测变量，如多元回归问题。在这种情况下，输出层的units应该等于待预测变量的数量。

需要注意的是，与分类问题不同，回归任务中通常不需要对输出层使用激活函数。因此，在设置输出层时，应该将activation参数设置为None或Linear。这样可以确保输出层的输出可以直接映射到待预测变量的范围内，从而实现准确的回归预测。

从上面的答复中我们可以看到，对于回归任务，输出层的units参数设置为代预测变量的数量即可。如果是常见的一元回归任务，则units参数设置为1即可。与此同时，ChatGPT还很智能地提醒我们，在回归任务中，输出层不需要激活函数，因此activation参数设为None或Linear即可。

11.3 模型的训练参数

现在我们完整地搭建了具有输入层、隐藏层和输出层的Sequential模型。在前面的代码中，我们使用了model.compile()方法对模型进行编译，这个方法的具体作用是什么呢？我们可以这样提问ChatGPT——"请介绍Keras中的model.compile()方法"，会得到如下答复。

ChatGPT 在Keras中，model.compile()方法用于配置模型的训练参数。这个方法接受三个参数。

1. Optimizer：优化器。它可以是预定义的优化器名称（如adam、sgd等），也可以是一个keras.optimizers.Optimizer类的实例对象。

2. Loss：损失函数。它可以是预定义的损失函数名称（如mse、categorical_crossentropy等），也可以是一个自定义的损失函数，需要返回一个标量。

3. Metrics：评估指标。它可以是预定义的指标名称（如accuracy、mae等），也可以是一个自定义的评估函数。

通过ChatGPT的介绍，我们知道了model.compile()方法的主要作用。它可以让我们手动指定模型的优化器、损失函数及评估模型的指标。接下来我们详细了解一下这些参数的相关概念。

11.3.1 模型的优化器

现在我们先深入了解模型的优化器，也就是model.compile()的optimizer参数。在ChatGPT对话框中输入“请详细介绍model.compile()中的optimizer参数”，可以得到如下答复。

ChatGPT 在使用Keras搭建深度学习模型时，model.compile()函数中的optimizer参数用于设置优化器。优化器是一种用于优化模型权重和偏差的算法。它根据训练数据更新模型的参数，以使模型的预测结果更加准确。

在Keras中，常见的优化器如下。

1. SGD（Stochastic Gradient Descent）：随机梯度下降算法，是最早也是最简单的优化器之一。它通过计算每个样本的梯度进行参数更新，每次迭代时只使用一小部分的样本，并且随机选择这些样本。

2. Adam（Adaptive Moment Estimation）：Adam是一种基于自适应学习率的优化器。它将SGD和RMSprop的优点结合起来，在更新参数时同时考虑梯度的一阶矩估计和二阶矩估计。这使Adam在更新参数时更加稳定，收敛速度更快。

3. RMSprop（Root Mean Square Propagation）：RMSprop是另一种基于梯度下降算法的优化器。它使用指数加权平均的方式计算梯度的平方和的移动平均值，并将其作为学习率的分母，从而使学习率可以自适应地调整。

4. Adagrad（Adaptive Gradient Algorithm）：Adagrad是一种自适应的梯度下降算法。它会对每个参数的学习率进行自适应调整，使训练初期学习率较大，后期逐渐减小。这样可以使训练更加稳定，但也可能导致学习率过小而无法收敛。

5. Adadelta：Adadelta是一种自适应的学习率算法，与RMSprop类似，但不需要手动设置学习率。

在上面的答复中，我们可以看到ChatGPT介绍了5种不同的优化器，并分别介绍了它们的特点。可能有细心的读者发现，本章的示例代码中，基本上都使用了Adam作为优化器。那么它是最常用的优化器吗？让我们问问ChatGPT。在ChatGPT对话框中输入“Adam是最常用的优化器吗”，会得到如下答复。

ChatGPT 是的，Adam优化器是目前最常用的深度学习优化器之一。它在2014年由Diederik P. Kingma和Jimmy Ba提出，并已成为深度学习领域中的标准算法之一。

Adam优化器综合了Adagrad（自适应梯度算法）和RMSprop（均方根传播）两种方法的优点。它通过计算每个参数的梯度的一阶矩估计（平均值）和二阶矩估计（方差）调整学习率，同时考虑了梯度的动量。

Adam优化器具有以下优点。

1. 收敛速度快：相对于其他优化器，Adam优化器可以更快地收敛到最优解。

2. 自适应性强：Adam优化器能够自适应地调整学习率，从而使训练更加稳定和高效。

3. 对于大规模数据集有效：Adam优化器对于大规模数据集的训练表现良好，并且不需要手动调整学习率。

除了Adam优化器，SGD（随机梯度下降）、RMSprop、Adagrad等优化器也被广泛使用。选择哪种优化器取决于具体问题和数据集的特点，需要通过试验和调参确定最佳选择。

从上面的答复中我们可以看到，Adam优化器有很不错的性能表现。除了收敛速度快，还有一点令我们印象深刻，那就是它可以自适应地调整学习率。这些特点让Adam成为目前最常用的优化器之一。

11.3.2 模型的损失函数

在了解了优化器后，接下来我们再学习一下模型的损失函数。在ChatGPT对话框中输入“请介绍一下Keras模型model.compile()中的loss参数”，会得到如下答复。

ChatGPT 在Keras中，model.compile()是用于编译模型的函数。其中，loss参数用于指定训练过程中所使用的损失函数（Loss Function）。损失函数在训练神经网络时扮演着非常重要的角色，它用于衡量预测结果与真实结果之间的差异，以此评估模型在当前状态下的表现好坏。

在model.compile()中，loss可以接受以下多种不同的输入类型。

1. 字符串：表示内置的损失函数名称，如mse表示均方误差（Mean Squared Error）、categorical_crossentropy表示分类交叉熵等。

2. 自定义函数：如果需要使用自定义的损失函数，可以传入一个函数对象作为参数，该函数应具有两个输入参数y_true和y_pred，分别表示真实标签和模型的预测输出，返回一个标量作为该样本的损失值。

需要注意的是，不同的损失函数适合不同的问题类型。例如，回归问题通常使用均方误差等连续型损失函数，而分类问题通常使用分类交叉熵等离散型损失函数。因此，在选择损失函数时需要根据具体的问题类型进行选择。

从上面的答复中可以看到，ChatGPT介绍了loss参数的基本概念，以及不同的任务应该如何设置loss参数。简单地说，回归问题可以选择设置为均方误差等损失函数，而分类问题则可以设置为分类交叉熵等损失函数。

为了直观了解模型训练过程中，损失函数的变化情况，我们可以让ChatGPT给出可视化的示例代码。在ChatGPT对话框中输入“请用Python可视化演示Keras模型训练过程中损失函数的变化”，可以得到如下答复。

ChatGPT 好的，我可以用Python中的Matplotlib可视化Keras模型训练过程中损失函数的变化。下面是一个简单的例子。

```
from tensorflow.keras.datasets import cifar10
from tensorflow.keras.models import Sequential
from tensorflow.keras.layers import Dense, Dropout, Flatten

# 加载数据集并进行预处理
(x_train, y_train), (x_test, y_test) = cifar10.load_data()
x_train = x_train.astype('float32') / 255
x_test = x_test.astype('float32') / 255
y_train = tf.keras.utils.to_categorical(y_train, 10)
y_test = tf.keras.utils.to_categorical(y_test, 10)

# 创建模型
model = Sequential()
model.add(Flatten(input_shape=x_train.shape[1:]))
model.add(Dense(512, activation='relu'))
model.add(Dropout(0.5))
model.add(Dense(256, activation='relu'))
model.add(Dropout(0.3))
model.add(Dense(128, activation='relu'))
model.add(Dropout(0.2))
model.add(Dense(10, activation='softmax'))

# 编译模型
model.compile(loss='categorical_crossentropy',
            optimizer='adam',
            metrics=['accuracy'])

# 训练模型，并记录学习率变化
history = model.fit(x_train, y_train, epochs=10, batch_size=32)

#使用Matplotlib绘图
plt.style.use('seaborn')
plt.figure(dpi=100)
plt.plot(history.history['loss'], label='train_loss')
plt.title('Model loss')
plt.ylabel('Loss')
plt.xlabel('Epoch')
plt.legend(loc='upper right')
plt.show()
```

温馨提示

为了与上文保持一致，笔者将数据集换成了 CIFAR-10 数据集。

运行代码，我们会看到如图 11-2 所示的结果。

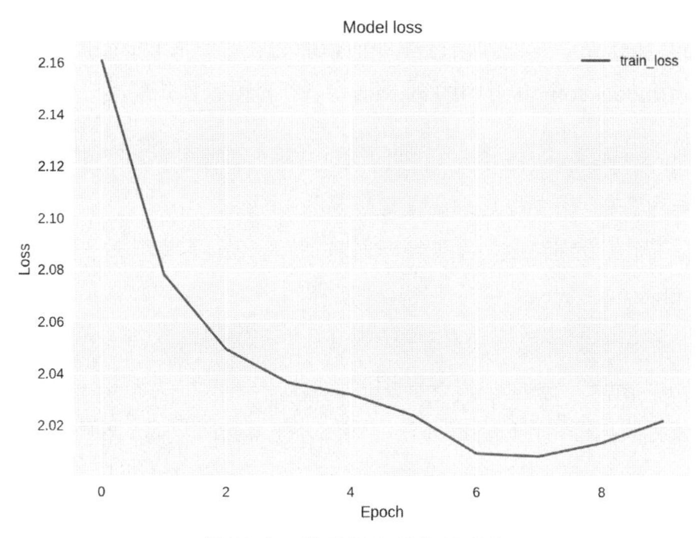

图 11-2　模型损失函数的变化

在上面的代码中，因为我们进行的是分类任务，所以模型的损失函数设置为分类交叉熵（categorical_crossentropy）。从图 11-2 中可以看到，随着模型训练轮次的增加，分类交叉熵也逐步降低。当然，这也代表模型的分类准确率越来越高了。

11.3.3　模型的评估指标

下面我们该了解模型的评估指标了。在 model.compile() 方法中，metrics 参数控制使用什么样的指标对模型进行评估。为了详细了解这个参数，我们可以在 ChatGPT 对话框中输入“请介绍一下 Keras 模型 model.compile() 中的 metrics 参数”，会得到如下答复。

ChatGPT 在 Keras 中，model.compile() 函数用于编译模型，其中有一个可选的参数 metrics。该参数用于指定在训练和评估模型时要使用的性能指标。

性能指标（Metrics）是一种用于度量模型性能的方法。当训练模型时，我们需要选择一种或多种适合解决问题并能够帮助我们了解模型性能的指标。通常，我们会使用损失函数优化模型，而性能指标则用于衡量模型的表现。

在 Keras 中，可以使用多种内置的性能指标，如准确率（Accuracy）、二进制交叉熵（Binary Crossentropy）和分类交叉熵（Categorical Crossentropy）等。还可以使用自定义指标评估模型的性能。

metrics 参数需要传入一个列表（List），其中每个元素都是一个字符串，表示要使用的指标。例如，如果我们想使用准确率和均方误差作为评估指标，可以这样编写代码：

```
model.compile(optimizer='adam', loss='mse', metrics=['accuracy', 'mse'])
```

这将会在训练和评估模型时计算准确率和均方误差，并将它们显示在输出结果中。

从上面的答复中可以看到，metrics参数接收的数据类型是列表，也就是说我们可以使用一系列指标评估模型的性能。在本章CIFAR-10的例子中，我们使用的是准确率（Accuracy）作为模型的评估指标，那么如果是其他任务，我们如何选择评估指标呢？来看看ChatGPT怎么说。在ChatGPT对话框中输入"如何选择model.compile()中的metrics参数"会得到如下答复。

ChatGPT 在使用model.compile()函数时，您应该选择适合模型和数据集的指标。这些指标将用于评估模型在训练期间的性能，并帮助您确定何时应该停止训练。

对于分类问题，常见的指标包括准确率、精确率、召回率和F1分数等。可以通过设置metrics=['accuracy', 'precision', 'recall', 'f1']使用这些指标。

对于回归问题，常见的指标包括均方误差（MSE）、平均绝对误差（MAE）和R平方值等。可以通过设置metrics=['mse', 'mae', 'r_squared']来使用这些指标。

请注意，选择指标应根据特定任务的要求。例如，在某些情况下，准确率可能不是一个很好的指标，因为模型中可能存在类别不平衡或误报率过高的问题。在这种情况下，可能需要使用其他性能度量，如AUC（曲线下面积）或FPR（误报率）。

总之，选择合适的metrics参数可以帮助您对模型的性能进行更准确的评估，从而更好地了解其行为和优化策略。

从上面的答复中可以看到，metrics参数可以选择的范围还是比较大的，如分类问题中的准确率、精确率、召回率和F1分数，以及回归问题中的均方误差、平均绝对误差和R平方值等。回到本章的例子，在模型训练过程中，我们设置的准确率指标发生了怎样的变化呢？让我们用可视化的方法进行观察。这次不需要ChatGPT出手，我们自己修改一下代码即可，修改后的代码如下。

```
plt.figure(dpi=100)
plt.plot(history.history['accuracy'], label='Accuracy')
plt.title('Model Accuracy')
plt.ylabel('Accuracy')
plt.xlabel('Epoch')
plt.legend(loc='upper right')
plt.show()
```

温馨提示

这段代码仍然使用了我们用于CIFAR-10任务的模型，所以一定要和前面训练模型的代码在同一个Python进程中运行。

运行代码，我们会得到如图11-3所示的结果。

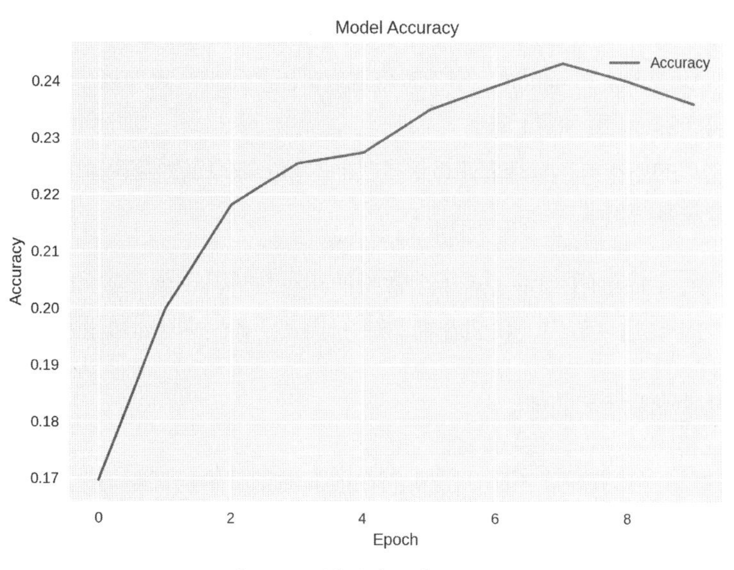

图 11-3　模型准确率的变化

在我们训练好的模型中，准确率这个指标的历史数据是存储在history.history当中的。从图 11-3 中可以看到，随着模型训练轮次的增加，准确率也逐步提高了。

11.4 神经网络的超参数

与前面几章介绍的机器学习模型一样，神经网络模型也需要我们调节超参数对其进行优化。那么具体有哪些可以调节的超参数呢？看看ChatGPT怎么说。在ChatGPT对话框中输入“使用Keras搭建全连接层神经网络，有哪些超参数可以调节”，会得到如下答复。

ChatGPT 搭建全连接层神经网络时，可以调节的超参数有很多。以下是一些常见的超参数。

1. 学习率（Learning Rate）：决定每次参数更新的步长大小，很大的学习率可能会导致参数不收敛，而很小的学习率可能会导致训练时间过长。

2. 批大小（Batch Size）：训练时每次使用的样本数量。较小的批大小可以提高模型训练的速度，但也可能使模型更难收敛。

3. 迭代次数（Epochs）：指模型在整个数据集上训练的次数。迭代次数过多可能会导致模型过拟合，而迭代次数过少则可能导致模型欠拟合。

4. 隐藏层数量（Number of Hidden Layers）：指模型中隐藏层的数量。增加隐藏层数量可以增加模型的表达能力，但也可能使模型更难优化和收敛。

5. 每个隐藏层的神经元数量（Number of Neurons per Hidden Layer）：指每个隐藏层中神经元的数量。增加神经元数量可以提高模型的表达能力，但也可能导致过拟合。

6. 正则化系数（Regularization Coefficient）：用于控制正则化项在损失函数中的权重。合适的正则化系数可以防止过拟合。

7. 优化器（Optimizer）：用于更新模型权重的算法。常见的优化器包括SGD、Adam等。

8. 激活函数（Activation Function）：用于对隐藏层输出进行非线性变换，增加模型的表达能力。常见的激活函数包括Sigmoid、ReLU等。

以上是一些常见的超参数，实际上还有很多其他的超参数可以影响模型的训练和性能，具体选择需要根据具体情况进行调整。

在上面的答复中，ChatGPT列举了若干个常见的超参数。其中优化器和激活函数我们在前文已经进行了初步的学习。在这一节中，我们着重了解一下学习率、神经元数量及正则化这几个超参数。

11.4.1 神经网络的学习率

对于学习率的概念，读者应该不陌生。我们在前面的章节中已经学习过相关的知识。但可能有些读者会问：为什么Adam优化器可以自动调节学习率，我们还要学习设置学习率呢？这是一个很好的问题，我们把这个问题输入ChatGPT对话框中，会得到如下答复。

ChatGPT Adam优化器确实可以自动调节学习率，但是这并不意味着我们就不需要对学习率进行设置了。事实上，Adam优化器也有其自身的局限性和适用范围，而且在实际使用中也需要根据具体情况合理设置超参数。

首先，Adam优化器虽然能够自适应地调整每个参数的学习率，但是它仍然依赖于一些超参数的设置。例如，初始学习率、指数平均因子等超参数需要根据具体问题和模型结构进行调整。此外，Adam优化器的表现也会受到数据分布和噪声等因素的影响，因此需要在实际使用时不断尝试不同的超参数组合以取得更好的效果。

其次，不同的优化器对学习率的敏感程度也不同。例如，在SGD优化器中，学习率对训练效果的影响比较直接，因此需要对学习率进行谨慎设置；而在Adam优化器中，由于其自适应调节机制，学习率的设置相对灵活，但是如果超参数设置不当，也可能导致训练效果不佳。

因此，虽然Adam优化器具有自适应调节学习率的功能，但在实际应用中，我们仍然需要对学习率进行合理设置，以确保模型的训练效果和稳定性。

从上面的答复中可以看到，虽然Adam优化器可以自适应地调整学习率，但是也需要设置初始学习率等超参数。所以我们还是需要对学习率的设置进行学习。那么初始学习率究竟会给模型训练带来什么样的影响呢？我们让ChatGPT用可视化的方式进行展示。在ChatGPT对话框中输入“请用示例代码演示不同初始学习率对Adam优化器的全连接层神经网络的影响，需要可视化”，会得到如下答复。

ChatGPT 好的，下面是一个示例代码，它演示了不同初始学习率对使用Adam优化器的全连接神经网络的影响，并可视化了训练过程中的准确率和损失。

```
import numpy as np
```

```
from keras.models import Sequential
from keras.layers import Dense
from keras.optimizers import Adam
import matplotlib.pyplot as plt

# 生成随机数据集
np.random.seed(0)
X_train = np.random.rand(100, 10)
y_train = np.random.randint(2, size=(100, 1))

# 定义不同的初始学习率
lrs = [0.001, 0.01, 0.1]

# 训练多个模型并记录结果
histories = []
for lr in lrs:
    # 创建模型
    model = Sequential()
    model.add(Dense(64, activation='relu', input_dim=10))
    model.add(Dense(1, activation='sigmoid'))

    # 编译模型
    optimizer = Adam(lr=lr)
    model.compile(optimizer=optimizer, loss='binary_crossentropy', 
metrics=['accuracy'])

    # 训练模型
    history = model.fit(X_train, y_train, epochs=50, batch_size=32, verbose=0)
    histories.append(history)

# 可视化结果
plt.figure(figsize=(10, 4))
for i, history in enumerate(histories):
    plt.subplot(1, len(histories), i+1)
    plt.plot(history.history['loss'], label='lr={}'.format(lrs[i]))
    plt.title('Training Loss')
    plt.xlabel('Epoch')
    plt.ylabel('Loss')
    plt.legend()
plt.show()
```

```
plt.figure(figsize=(10, 4))
for i, history in enumerate(histories):
    plt.subplot(1, len(histories), i+1)
    plt.plot(history.history['accuracy'], label='lr={}'.format(lrs[i]))
    plt.title('Training Accuracy')
    plt.xlabel('Epoch')
    plt.ylabel('Accuracy')
    plt.legend()
plt.show()
```

在这个例子中，我们先使用不同的初始学习率训练了三个模型。每个模型都是一个具有两个全连接层的简单神经网络，使用Adam优化器对二元分类任务进行训练。然后，记录每个模型的训练历史，并使用Matplotlib可视化每个模型的损失和准确率随时间的变化。

在Jupyter Notebook中运行上述代码，我们会得到如图11-4所示的结果。

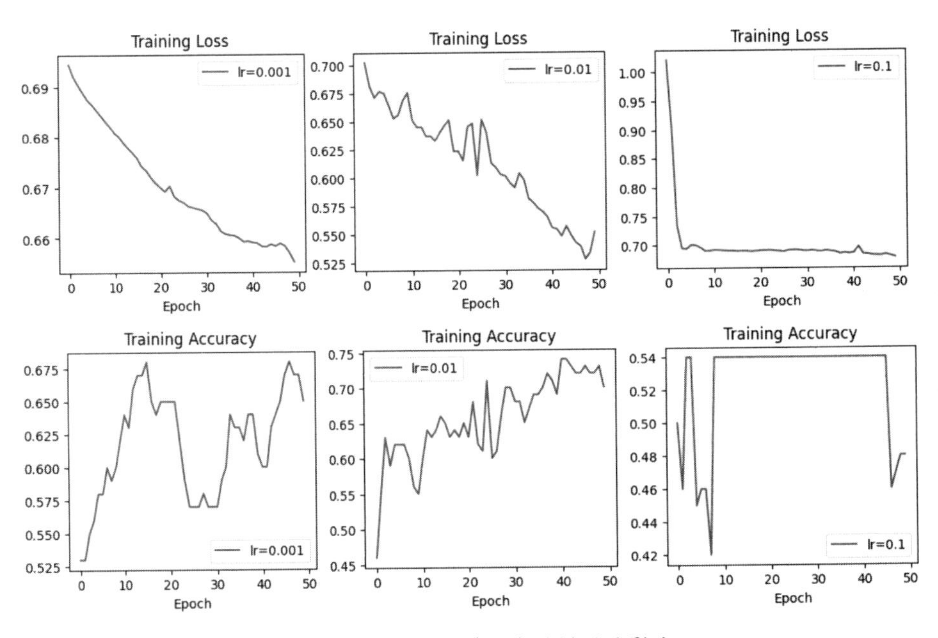

图 11-4　不同初始学习率对模型的影响

从图11-4中可以看到，第1行的三个子图显示训练损失，第2行的三个子图显示训练准确率。从图形中可以看出，不同的学习率对训练的结果产生了不同的影响。在这个问题上，较小的学习率（0.001）收敛更慢，而较大的学习率（0.1）会导致训练过程不稳定，损失和准确率都出现了大幅波动。中等大小的学习率（0.01）似乎得到了最佳的平衡点，这也反映了选取初始学习率的重要性。

11.4.2　模型的神经元数量

作为神经网络中最基本的组成单位，神经元的数量对模型有至关重要的影响。如果我们提问

ChatGPT“在全连接层神经网络中，神经元数量对模型有什么影响”，会得到如下答复。

ChatGPT 在全连接层神经网络中，神经元数量对模型的影响可以从两个方面考虑：模型的性能和模型的训练效率。

第一，神经元数量对模型的性能有着重要的影响。较多的神经元数量可以提供更多的表征能力，增强模型对输入数据的表示和抽象能力。例如，在图像识别任务中，较大的神经元数量可以帮助模型更好地捕捉图像中的纹理、形状等信息，提高分类准确率。然而，如果神经元数量过多，模型可能会过拟合，导致泛化性能下降。因此，我们需要在实践中不断调整神经元数量，以找到最适合特定任务的模型。

第二，神经元数量还会影响模型的训练效率。较多的神经元数量会使模型参数量增加，从而导致训练时间加长、内存占用增大等问题。此外，对于一些数据规模较小的任务，过多的神经元数量可能会导致过拟合，进一步降低训练效率。因此，我们需要在保证模型表现的前提下，尽量减少神经元数量，以提高模型的训练效率。

简单概括一下上面的答复，就是神经元数量越多，模型越复杂，也就越容易出现过拟合，同时也会占用越多计算资源；但如果神经元数量太少，则可能出现欠拟合的情况。那么在实际应用中，我们应该基于什么原则设置神经元的数量呢？在ChatGPT对话框中输入“实际应用中，应该如何设置神经元的数量”，会得到如下答复。

ChatGPT 在实际应用中，神经元的数量通常需要根据特定的任务和数据集设置。一般而言，更大的神经网络具有更强的表达能力，但是也会增加计算成本和过拟合的风险。因此，在设置神经元数量时，需要在模型准确性和计算效率之间进行权衡。

在选择神经元数量时，可以考虑通过交叉验证等技术评估不同的配置，并找到最佳的组合。此外，也可以参考先前研究中使用的神经元数量，以及当前领域内的最佳实践。最终的选择应该基于实际情况和具体需求，以达到最佳的性能和效果。

在上面的答复中，ChatGPT给出了设置神经元数量的建议。为了更好地理解这个概念，我们还是直观地观察一下神经元数量对神经网络的影响。在ChatGPT对话框中输入“请用示例代码演示不同的神经元数量对全连接层神经网络模型的影响，需要可视化”，可以得到如下答复。

ChatGPT 好的，我可以给您提供一个使用Keras库的简单示例代码演示不同神经元数量对全连接层神经网络模型的影响。我们将在MNIST手写数字数据集上进行训练和测试，并可视化结果。

首先，我们导入所需的库并加载MNIST数据集。

```
import numpy as np
import matplotlib.pyplot as plt
from keras.datasets import mnist

# 加载MNIST数据集
```

```
(x_train, y_train), (x_test, y_test) = mnist.load_data()
x_train = x_train.astype('float32') / 255.
x_test = x_test.astype('float32') / 255.
```

其次，定义一个函数用于创建具有不同神经元数量的全连接层神经网络。

```
from keras.models import Sequential
from keras.layers import Dense

def create_model(num_neurons):
    model = Sequential()
    model.add(Dense(num_neurons, activation='relu', input_shape=(784,)))
    model.add(Dense(10, activation='softmax'))
     model.compile(optimizer='adam', loss='sparse_categorical_crossentropy',
metrics=['accuracy'])
    return model
```

再次，定义一个函数训练模型并返回其准确性和损失值。

```
def train_and_evaluate_model(model, x_train, y_train, x_test, y_test,
 num_epochs=10):
history = model.fit(x_train, y_train, epochs=num_epochs
, validation_data=(x_test, y_test), verbose=0)
    _, accuracy = model.evaluate(x_test, y_test, verbose=0)
    return accuracy, history.history['loss'], history.history['val_loss']
```

最后，定义一个主函数，它将尝试不同的神经元数量，训练模型并可视化其准确性和损失。

```
def main():
    neuron_counts = [16, 32, 64, 128, 256]
    accuracies = []
    losses = []
    val_losses = []

    for num_neurons in neuron_counts:
        model = create_model(num_neurons)
        accuracy, loss, val_loss = train_and_evaluate_model(model,
 x_train.reshape(-1, 784), y_train,x_test.reshape(-1, 784), y_test)
        accuracies.append(accuracy)
        losses.append(loss)
        val_losses.append(val_loss)

    # 可视化结果
```

```
plt.figure(figsize=(12, 6))
plt.subplot(121)
plt.plot(neuron_counts, accuracies, 'o-')
plt.xlabel('Number of neurons')
plt.ylabel('Accuracy')
plt.title('Model accuracy vs number of neurons')

plt.subplot(122)
for i, num_neurons in enumerate(neuron_counts):
    plt.plot(np.arange(1, 11), losses[i], label=f'{num_neurons} neurons')
plt.xlabel('Epochs')
plt.ylabel('Training loss')
plt.title('Training loss vs number of epochs')
plt.legend()

plt.tight_layout()
plt.show()
```

我们可以运行这个主函数尝试不同的神经元数量，并观察模型在MNIST数据集上的表现。

```
main()
```

把ChatGPT生成的代码粘贴到Jupyter Notebook中运行，会得到如图 11-5 所示的结果。

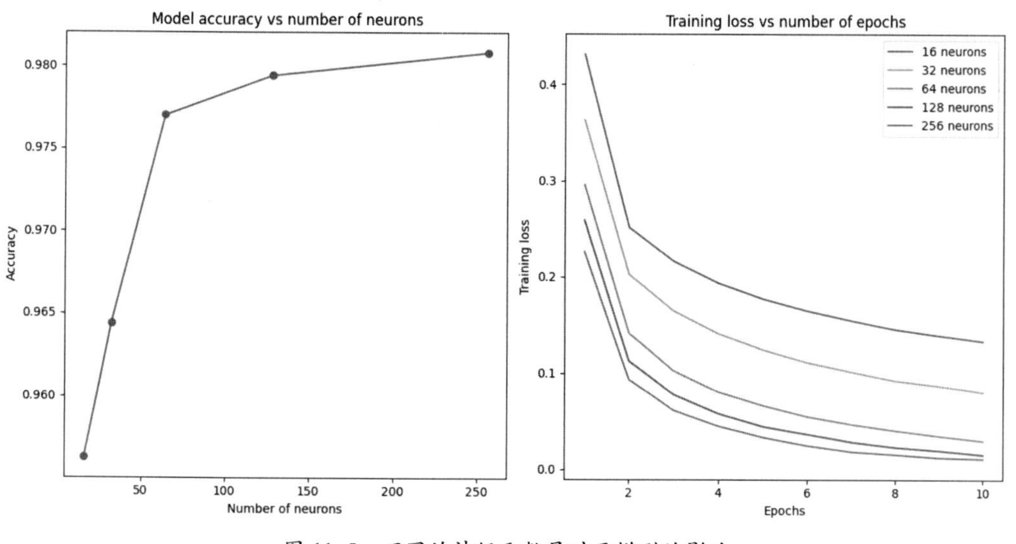

图 11-5　不同的神经元数量对于模型的影响

由于上面的代码训练了 5 个不同数量的全连接层神经网络模型，运行时间会比较久。在图 11-5 中，左侧的子图显示了模型准确性与神经元数量之间的关系，右侧的子图显示了训练损失与神经元数量之间的关系。可以看到，神经元的数量越多，模型的准确率越高，但是当神经元的数量达到 64 个时，再增加神经元的数量也没有让准确率有大幅度的提升，这说明神经元数量为 64 时，准确率与训练效率达到了一个平衡点。同样，128 个神经元的模型和 256 个神经元的模型虽然训练损失比 64 个神经元的模型更低，但是边际效益却递减了。

11.4.3 模型的正则化系数

正则化系数这个概念我们早在介绍线性模型的章节中就已经了解过，不过这里还是可以用不同的方式考验一下 ChatGPT。例如，我们要求它“生动幽默地介绍全连接层神经网络中的正则化系数”，会得到如下答复。

ChatGPT 嗨！我给你讲一下全连接层神经网络中的正则化系数，这个东西就像是在吃薯片时你自己放干辣椒粉一样，可以控制模型的“口味”。

你知道吗？神经网络有时候会过度学习（Overfitting），就像我们考试前刷题刷太多导致记住了答案，但是并没有真正理解题目。为了避免这种情况发生，我们可以引入正则化系数，相当于给模型的“口味”加点调料，防止它在训练集上表现得太好却在测试集上表现糟糕。

正则化系数可以限制模型的复杂度，使其更偏向于简单的解决方案，同时也能够防止某些参数变得太大或太小，从而提高模型的泛化能力。换言之，如果你想让你的神经网络更健康，那么就要注意添加适量的正则化系数。

因为我们要求 ChatGPT 给出“生动幽默”的解释，所以它的答复比较口语化，并且用了“吃薯片放干辣椒粉”的例子阐释正则化系数的概念。下面我们再要求它用示例演示。在 ChatGPT 对话框中输入“请用示例代码演示正则化系数对全连接层神经网络的影响，需要可视化”，会得到如下答复。

ChatGPT 好的，我可以用 Python 中的 TensorFlow 库演示正则化系数对全连接层神经网络的影响，并将结果进行可视化。

首先，让我们导入必要的库和模块。

```
import tensorflow as tf
from tensorflow import keras
import numpy as np
import matplotlib.pyplot as plt
```

接下来，我们将使用 Keras 中的 MNIST 数据集作为例子。我们从 Keras 中加载数据集，并将其划分为训练集和测试集。

```
(train_images, train_labels), (test_images, test_labels) =
 keras.datasets.mnist.load_data()

train_images = train_images.reshape((60000, 28 * 28))
train_images = train_images.astype('float32') / 255
```

```
test_images = test_images.reshape((10000, 28 * 28))
test_images = test_images.astype('float32') / 255
```

然后，我们创建一个全连接的神经网络模型，包含 2 个隐藏层，每个隐藏层包含 128 个神经元。我们还添加了 L2 正则化以避免过拟合。

```
model = keras.Sequential([
keras.layers.Dense(128, activation='relu',
 kernel_regularizer=keras.regularizers.l2(0.001)),
keras.layers.Dense(128, activation='relu',
 kernel_regularizer=keras.regularizers.l2(0.001)),
   keras.layers.Dense(10, activation='softmax')
])
```

在上述代码中，kernel_regularizer 参数设置为 keras.regularizers.l2(0.001)，表示我们使用 L2 正则化，正则化系数为 0.001。这将对模型的权重进行约束，以避免过拟合。

然后，我们编译模型，并训练模型。

```
model.compile(optimizer='adam',
          loss='sparse_categorical_crossentropy',
          metrics=['accuracy'])

history = model.fit(train_images, train_labels, epochs=20, batch_size=64,
                validation_data=(test_images, test_labels))
```

在训练模型时，我们还可以使用 TensorBoard 可视化训练过程和结果。为此，我们需要添加以下代码。

```
tensorboard_callback = keras.callbacks.TensorBoard(log_dir='./logs',
 histogram_freq=1)

history = model.fit(train_images, train_labels, epochs=20, batch_size=64,
                validation_data=(test_images, test_labels),
callbacks=[tensorboard_callback])
```

最后，我们可以使用 Matplotlib 库可视化模型的学习曲线。

```
plt.plot(history.history['accuracy'], label='training accuracy')
plt.plot(history.history['val_accuracy'], label='validation accuracy')
plt.title('Accuracy')
plt.xlabel('Epoch')
plt.ylabel('Accuracy')
```

```
plt.legend()
plt.show()
```

这将显示训练和验证准确性随时间变化的曲线。您可以尝试更改正则化系数并比较它们的效果。

运行代码，会得到如图 11-6 所示的结果。

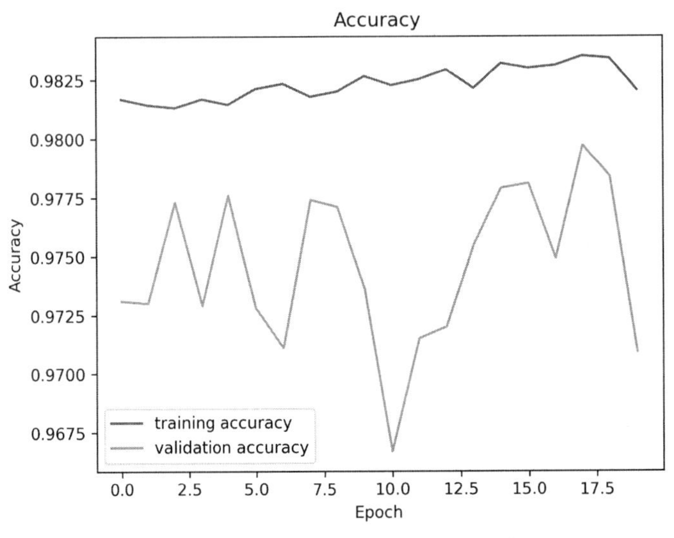

图 11-6 添加正则化系数对模型的影响

从图 11-6 中我们可以看到，添加正则化系数后，模型的准确率不再随着训练轮次增加，而是在一个大致的范围内波动。读者可以手动修改代码中的正则化系数，观察模型的变化。

温馨提示

除了这一节介绍的几个超参数，神经网络模型中还有若干超参数可以调节。篇幅有限，我们就不在这里详细展开了。感兴趣的读者可以自行与 ChatGPT 交互，获得更详细的信息。

11.5 习题

在本章中，我们跟着 ChatGPT 一起学习了如何用 Keras 搭建简单的神经网络，包括向神经网络添加输入层、隐藏层和输出层；同时也了解了设置模型的优化器、损失函数及评估指标；此外，还研究了设置模型的学习率、神经元数量和正则化系数这几个超参数。为了帮助大家巩固所学的知识，ChatGPT 准备了一些习题。

1. 加载 MNIST 数据集并进行预处理，将每个像素值缩放到 0 ~ 1，并将标签进行 One-hot 编码。

2. 使用 Keras 创建一个包含 2 个密集层的全连接神经网络模型，其中第一个层应该有 64 个神经元，第二个层应该有 10 个神经元（对应 10 个类别），使用 ReLU 作为激活函数。

3. 编译模型，并使用交叉熵损失函数和 Adam 优化器进行训练。设置批量大小为 128，迭代次数为 20 次。

4. 对训练过程中的准确率和损失函数进行可视化，以评估模型的性能。

5. 测试模型在测试集上的准确率，并输出结果。

6. 尝试调整学习率和正则化系数等超参数，以提高模型性能。比较不同超参数取值时的模型表现。

7. 尝试添加更多的隐藏层，并比较与原始模型的效果。

8. 尝试使用不同的优化器（如 SGD、RMSprop 等），并比较它们的效果。

第12章 让ChatGPT带我们玩转图像分类

本章导读

在第 11 章中，我们一起学习了使用Keras搭建简单的神经网络。作为初步的概念引入，第 11 章中只介绍了全连接层神经网络。在本章中，我们会结合机器学习在计算机视觉领域的应用，进一步学习进阶的神经网络知识——卷积神经网络。而且，我们会着重关注介绍计算机视觉中的图像分类任务。

知识要点

通过对本章内容的学习，您将掌握以下知识：

- 计算机视觉的基本概念。
- 数字图像的表示。
- 卷积神经网络的原理。
- 卷积神经网络的实现。
- 图像分类任务实战。

12.1 让ChatGPT介绍一下计算机视觉

如果读者是初次接触计算机视觉这个术语，可以让ChatGPT先进行比较简单的介绍。在ChatGPT对话框中输入“请用活泼幽默的语言介绍一下计算机视觉”，会得到如下答复。

ChatGPT 嘿，听说你想了解计算机视觉？那可真是个酷炫的东西啊！简单地说，计算机视觉就是让计算机像人一样可以看懂图片和视频，从而让它们能够自动地做出一些判断和决策。你可以把它看作是让计算机拥有“眼睛”和“大脑”，这样它们就能够识别物体、分析场景和掌握运动规律。不过，要让计算机真正理解我们的世界还有很长的路要走，但计算机视觉正在不断发展，相信未来它会变得越来越智能，能够给我们带来更加神奇的体验！

ChatGPT 的这段答复虽然浅显易懂，但也道出了计算机视觉的本质——就是让机器可以看懂图片视频，并做出判断。接下来，我们进一步了解计算机视觉的一些基本概念。

12.1.1　计算机视觉的基本概念

下面我们了解一下计算机视觉的定义、应用场景和发展历史。首先我们在 ChatGPT 对话框中输入“请简要介绍计算机视觉的定义和应用领域”，可以得到如下答复。

ChatGPT 计算机视觉是一种人工智能技术，旨在让计算机能够像人类一样理解和解释图像和视频内容。它包括图像和视频处理、特征提取、模式识别、目标检测、跟踪等技术。

计算机视觉的应用领域非常广泛，其中一些主要领域如下。

1. 自动驾驶汽车：计算机视觉技术可以帮助汽车识别道路、交通标志和其他车辆，从而自主驾驶。

2. 安防监控：计算机视觉技术可以自动识别异常行为和危险情况，帮助安保人员及时发现并应对问题。

3. 医疗影像分析：计算机视觉技术可以帮助医生快速准确地分析医学图像，诊断疾病。

4. 工业质检：计算机视觉技术可以自动检测产品缺陷和质量问题，从而提高生产效率和质量。

5. 虚拟现实和增强现实：计算机视觉技术可以帮助创建逼真的虚拟现实体验，并使增强现实应用更加精确和实用。

从上面的答复中可以看到，计算机视觉属于人工智能技术的范畴，它在很多领域都有广泛的应用。

接下来，我们可以再了解一下计算机视觉的发展历程。在 ChatGPT 对话框中输入“请介绍计算机视觉的发展历史”，会得到如下答复。

ChatGPT 计算机视觉的发展历史可以追溯到 20 世纪 50 年代，但直到最近几十年才真正取得了重大突破。以下是计算机视觉的主要里程碑事件。

1. 1959 年，美国 MIT 的 Sutherland 和 Pipe 提出了第一个基于数字图像处理的系统。

2. 20 世纪 70 年代，计算机视觉开始使用数字图像处理、模式识别和人工智能等技术，开创了计算机视觉的先河。

3. 1981 年，美国卡耐基 · 梅隆大学的 David Marr 提出了计算机视觉的三层理论结构：原始数据、二维表面描述和三维场景描述。

4. 1990 年，计算机视觉从理论逐步转向实践，应用领域开始扩展。

5. 2000 年，以支持向量机（SVM）、AdaBoost、随机森林（Random Forest）等机器学习算法为代表的新一轮计算机视觉技术革命开始。

6. 21 世纪 10 年代，深度学习技术的兴起加速了计算机视觉的发展，特别是卷积神经网络（CNN）的出现，使计算机视觉在图像分类、物体检测和语义分割等领域达到了前所未有的高度。

目前，计算机视觉技术在各个领域都得到了广泛应用，并且随着技术的不断进步，计算机视觉将会在更广泛的领域发挥作用。

在上面的答复中，ChatGPT 帮助我们梳理了计算机视觉技术发展的一些里程碑事件。这里我们着重关注一下深度学习的介入，因为这就要引入我们本章要重点学习的卷积神经网络了。

12.1.2 数字图像的表示

在正式开始介绍卷积神经网络前，我们还需要一些先导知识——在计算机中，图像是以怎样的方式表示的，以及有哪些常见的图像处理方法。我们可以要求 ChatGPT“简要介绍数字图像的表示和处理方法”，得到如下所示的答复。

ChatGPT 数字图像是由离散像素组成的二维矩阵，每个像素包含了图像在该位置的颜色或灰度值信息。数字图像处理是指使用计算机算法对这些像素进行操作和分析。

数字图像处理方法包括以下几种。

1. 图像增强：改善图像质量，使其更具可视化和识别能力，如亮度调整、对比度调整等。
2. 图像滤波：通过卷积运算平滑图像、去除噪声和锐化图像边缘。
3. 形态学处理：用于提取图像中的特征和对象，如膨胀、腐蚀、开运算、闭运算等。
4. 图像分割：将图像分成不同的部分或区域，如阈值分割、聚类分割、边缘分割等。
5. 特征提取：从图像中提取出有意义的信息，如纹理、形状、边缘等特征。
6. 目标识别与跟踪：利用数字图像处理技术对目标进行检测、识别和跟踪，如人脸识别、车辆跟踪等。

这些方法常常会结合使用，以完成对数字图像的全面处理和分析。

在上面的答复中，ChatGPT 提到了数字图像是离散像素组成的二维矩阵。这个说法正确但有一些抽象。为了能够直观地理解图像的数据结构，我们可以要求 ChatGPT“用 Python 代码演示图像的表示”，会得到如下答复。

ChatGPT 当我们使用 Python 进行图像处理时，通常使用 NumPy 和 OpenCV 库读取和表示图像。下面是一些示例代码，演示使用这些库来表示图像。

首先，我们需要安装 NumPy 和 OpenCV 库。

```
!pip install numpy opencv-python
```

以下代码演示了将图像转换为 NumPy 数组并访问其像素值。

```
import cv2
import numpy as np

# 从文件中加载图像
```

```
img = cv2.imread('image.jpg')

# 将图像转换为NumPy数组
img_arr = np.array(img)

# 访问像素值
pixel_value = img_arr[100, 100]

print(pixel_value)
```

在这个例子中，我们首先使用cv2.imread()函数从文件中加载图像，并将其存储在名为img的变量中。然后，使用np.array()函数将图像转换为NumPy数组，并将其存储在名为img_arr的变量中。最后，访问数组中坐标为(100, 100)的像素并打印其值。

这些示例代码演示了使用Python表示图像。通过使用NumPy和OpenCV库，我们可以方便地读取、显示和处理图像。

有了ChatGPT给的代码，我们可以使用一张图片进行试验。这里笔者使用了自己拍摄的一张照片，如图 12-1 所示。

图 12-1　用于试验的照片

现在我们把照片命名为“image.jpg”，并且放在和试验用的Jupyter Notebook相同的目录下，再运行ChatGPT生成的代码，会得到如下结果。

```
[176 170 229]
```

在上面的代码中，我们把图像转化为数组，并打印了其中某个坐标的值。这里我们看到代码运行结果返回了 3 个数值，分别是 176、170 和 229，分别代表蓝色值、绿色值和红色值（因为OpenCV默认的色彩通道是BGR，而不是RGB）。当然，如果我们的图片是灰度图，那么这个结果就不是 3 个值，而是 1 个灰度值。

12.2 让ChatGPT介绍卷积神经网络

在前文中，我们通过对计算机视觉的发展历程的学习，知道了卷积神经网络在该领域扮演了很重要的角色。在这一节中，我们主要了解卷积神经网络的基本概念。当然我们还是本着由浅入深的原则，先让ChatGPT给一个通俗的介绍，在其对话框中输入“请用幽默的语言介绍卷积神经网络”，会得到如下答复。

ChatGPT 嘿，小伙伴！今天我要介绍的是一个很厉害的家伙——卷积神经网络。

首先，我们分解这个名字。“卷积”这个词很容易让我们想到煎饼馃子或肉饼之类的食物，但是在计算机领域中，它表示对图像进行特殊的处理方式，就像在厨房里做菜一样。

而“神经网络”则是一种人工智能算法，它仿照了人脑中神经元之间的联结方式，可以用来处理各种复杂的任务。

把这两个东西合在一起，就有了卷积神经网络。它就像一个大厨师，可以对图像进行各种复杂的处理，从而提取出图像中的特征，并将其用于分类、识别等任务。

所以，如果你想让电脑也变成一个会做菜的大厨师，那么卷积神经网络就是你的不二选择！

在上面的答复中，ChatGPT 试图用做菜的例子解释卷积神经网络的概念。虽然有一些牵强，但也说得通——卷积神经网络对图像的处理，确实有些像我们做饭的时候，先对食材进行处理，再进行烹饪的情况。

12.2.1 卷积神经网络的原理

现在我们需要让ChatGPT用更加严谨的方式介绍卷积神经网络。在ChatGPT对话框中输入“请介绍卷积神经网络的原理”，会得到如下答复。

ChatGPT 卷积神经网络（Convolutional Neural Network，CNN）是一种专门用于图像识别和处理的深度学习算法。其主要原理是利用卷积运算提取图像中的特征，再通过池化操作减小特征图的大小，最后将这些特征传递给全连接层进行分类或回归。

CNN 的核心思想是“权值共享”，即同一卷积核在不同位置对输入数据进行卷积运算时使用相同的权重，这样可以大幅减少需要学习的参数数量，从而降低过拟合的风险。同时，通过不断加深网络结构，CNN 可以自动学习出更加抽象、高级的特征，提高模型的性能。

CNN 通常由多个卷积层、激活函数、池化层和全连接层组成。其中卷积层和池化层可以不断堆叠，以提取越来越复杂的特征，全连接层则用于将特征映射到输出标签空间。在训练过程中，CNN 通过反向传播算法自动优化模型的权重和偏置，从而使模型在测试集上的表现更加准确。

这次ChatGPT“一本正经”地介绍了卷积神经网络的基本原理。在这段介绍中，我们首先需要关注一个词——卷积运算。什么是卷积运算呢？我们可以继续追问。在ChatGPT对话框中输入“请简要介绍卷积运算，并用Python代码演示运算过程”，会得到如下答复。

ChatGPT 卷积运算是一种在信号处理和图像处理领域中广泛使用的数学操作。它可以将两个函数（通常是一个输入函数和一个核函数）组合在一起，生成一个新的函数。

在图像处理中，卷积运算常常用于图像滤波、特征提取等方面。卷积运算的基本思想是将一个小的核函数在图像上滑动，计算当前位置与核函数重叠部分它们的乘积并求和，作为当前位置的输出值。

以下是一个简单的Python代码演示卷积运算过程。

```
import numpy as np

# 定义输入和卷积核
input_data = np.array([[1, 2, 3], [4, 5, 6], [7, 8, 9]])
kernel = np.array([[1, 0, -1], [1, 0, -1], [1, 0, -1]])

# 定义卷积函数
def convolution(input_data, kernel):
    # 获取输入数据和核函数的维度信息
    input_height, input_width = input_data.shape
    kernel_height, kernel_width = kernel.shape

    # 创建一个空的数组存储卷积结果
output_data = np.zeros((input_height-kernel_height+1,
 input_width-kernel_width+1))

    # 对于每个输出元素，计算与核函数重叠区域的卷积和
    for i in range(output_data.shape[0]):
        for j in range(output_data.shape[1]):
            output_data[i, j] = np.sum(input_data[i:i+kernel_height,
 j:j+kernel_width]*kernel)

    return output_data

# 进行卷积运算
output_data = convolution(input_data, kernel)

print("输入数据:")
print(input_data)

print("卷积核:")
print(kernel)

print("卷积结果:")
print(output_data)
```

在上面的答复中，ChatGPT先给出了卷积运算的数学解释，然后附上了代码帮助我们进行直观的理解。把代码粘贴到Jupyter Notebook中运行，会得到如下所示的结果。

```
输入数据：
[[1 2 3]
 [4 5 6]
 [7 8 9]]
卷积核：
[[ 1  0 -1]
 [ 1  0 -1]
 [ 1  0 -1]]
卷积结果：
[[-6.]]
```

可以看到，输出的卷积结果是一个二维数组，大小比输入数据小 2×2，这是因为核函数有 3×3 的大小，在对输入数据进行滑动卷积时，需要留出边界不足 3 个元素的位置。最终得到的卷积结果代表着输入数据与给定的卷积核的相似度，可以用于各种图像处理和模式识别任务中。

当然，在实际应用中，我们不需要像上面那样实现卷积运算，只需要用Keras向模型中添加相应的层就可以了。下面我们就了解一下向模型中添加卷积层和池化层。

12.2.2 模型中的卷积层和池化层

现在我们在ChatGPT对话框中输入“Sequential模型中的卷积层和池化层”，会得到如下结果。

ChatGPT 在Sequential模型中，卷积层和池化层都是常用的神经网络层类型。

卷积层是指对输入数据进行卷积操作的层，通常用于提取数据的空间特征。卷积操作可以通过一个滤波器（也称为卷积核）在输入数据上进行计算，从而输出一个新的特征图。每个滤波器都可以捕捉不同的特征，如边缘、纹理和形状等。在多个卷积层之间，输出特征图的数量可能会增加或减少，但是它们的大小通常会相对减小，这是因为卷积操作通常使用填充（Padding）和步幅（Stride）控制输出特征图的大小。

池化层是一种降采样技术，通常用于减少数据的维度，并帮助网络更快地收敛并减少过拟合。池化操作可以通过在输入数据的局部区域内计算池化值实现。常用的池化操作包括最大池化和平均池化。最大池化将每个局部区域内的最大值作为输出，而平均池化则将每个局部区域内的平均值作为输出。与卷积层类似，池化层也可以使用填充和步幅控制输出特征图的大小。

在上面的答复中，ChatGPT给出了Sequential模型中的卷积层和池化层的基本概念。在具体操作中，我们如何向模型添加卷积层呢？可以这样要求ChatGPT——“请给出向Keras Sequential模型添加卷积层的示例代码”，会得到如下答复。

ChatGPT 以下是向Keras Sequential模型添加卷积层的示例代码。

```
from keras.models import Sequential
from keras.layers import Conv2D
```

```
model = Sequential()
model.add(Conv2D(filters=32, kernel_size=(3, 3), activation='relu', input_
shape=(28, 28, 1)))
```

在上面的代码中，我们首先导入了Sequential模型和Conv2D层。然后，创建Sequential模型，并使用add方法向其中添加Conv2D层。

此处我们设置了Conv2D层的3个参数：filters、kernel_size和activation。filters表示滤波器的数量，kernel_size表示滤波器的大小，activation表示激活函数的类型。

最后，设置输入数据的shape为(28, 28, 1)，这意味着输入数据是一组灰度图像，每张图像大小为28×28。

从上面的答复中可以看到，要向Keras的Sequential模型添加卷积层非常简单，只需要用model.add()方法，添加Conv2D层就可以了。

温馨提示

上面答复中的代码只是一个片段，演示如何添加卷积层，而不是搭建完整的神经网络模型。因此不建议大家单独运行这段代码。

接下来，我们再让ChatGPT教我们在模型中添加池化层。在ChatGPT对话框中输入“请给出向Keras Sequential模型添加池化层的示例代码”，会得到如下答复。

ChatGPT 好的，以下是向Keras Sequential模型添加池化层的示例代码。

```
from keras.models import Sequential
from keras.layers import Conv2D, MaxPooling2D, Flatten, Dense

model = Sequential()

# 添加卷积层
model.add(Conv2D(32, (3, 3), activation='relu', input_shape=(28, 28, 1)))

# 添加池化层
model.add(MaxPooling2D(pool_size=(2, 2)))

# 添加Flatten层
model.add(Flatten())

# 添加全连接层
model.add(Dense(128, activation='relu'))
```

```
# 添加输出层
model.add(Dense(10, activation='softmax'))
```

在以上代码中，我们首先创建了 Sequential 模型。其次，添加卷积层，该层具有 32 个过滤器和大小为 3×3 的内核，激活函数为 ReLU，并指定输入张量的形状为 28×28×1。再次，添加池化层，该层使用大小为 2×2 的池化窗口。然后，添加 Flatten 层，将卷积层输出的三维张量展平为一维张量。接着，添加全连接层，该层具有 128 个神经元和 ReLU 激活函数。最后，添加输出层，该层具有 10 个神经元和 Softmax 激活函数，用于多类分类问题的输出。

在上面的答复中，可以看到 ChatGPT 用 MaxPooling2D 向模型添加了最大池化层。为什么这里使用最大池化层，而不是平均池化层呢？这个问题看看 ChatGPT 会如何回答。在 ChatGPT 对话框中输入“为什么不用平均池化层”，会得到如下答复。

ChatGPT 平均池化层与最大池化层类似，也是卷积神经网络中常用的下采样操作之一。它的作用是在卷积运算后对输入特征图进行平均值计算并下采样，从而降低输出特征图的维度。

相较于最大池化层，平均池化层会将输入特征图上的所有像素点在下采样过程中等同地对待，无论它们是否重要。这样可能导致一些重要的特征信息丢失，甚至影响模型的分类性能。

因此，在许多情况下，最大池化层比平均池化层更加适合用于提取图像的特征。不过，在某些应用场景下，平均池化层仍然有它的优势。例如，在目标检测和图像分割等任务中，平均池化层可以更好地保留物体的背景信息。

相信这段答复已经可以回答大家的问题了。在一般的图像分类问题中，我们还是希望能保留样本的特征。所以在这个场景下，最大池化层会更加常用一些。

12.2.3 计算机视觉模型的激活函数

可能有细心的读者已经发现，在上面的代码中，ChatGPT 在卷积层中使用了 ReLU 作为激活函数。在第 10 章中，我们已经学习了各种不同的激活函数，那么这里选择 ReLU 的原因是什么呢？我们这样提问 ChatGPT——“在上面的代码中，你在卷积层中使用了 ReLU 激活函数，为什么”，得到的答复如下。

ChatGPT 在卷积层中使用 ReLU 激活函数的主要原因是它可以有效地解决梯度消失问题，并增强模型的非线性特征表达能力。ReLU 函数的定义是 $f(x) = \max(0,x)$，它将输入值小于等于 0 的部分设为 0，大于 0 的部分不变。这样做的好处是在处理大规模数据集时可以提高计算效率，因为 ReLU 函数很容易计算。

此外，使用 ReLU 激活函数还有一个显著的优点：它可以避免梯度消失问题。在深度学习中，训练深度神经网络会出现梯度消失或梯度爆炸的问题，这是由于在反向传播时，梯度值随着层数的增加而指数级变化。然而，ReLU 激活函数具有线性关系，且导数为常数 1 或 0，在反向传播过程中可以避免出现梯度消失的情况，从而更好地训练模型。

看了ChatGPT的答复，我们了解了它选择ReLU作为激活函数的原因。但是又出现了两个新的知识点——梯度消失和梯度爆炸。下面我们让ChatGPT讲解一下这两个概念。

在ChatGPT对话框中输入“什么是梯度消失”，会得到如下答复。

ChatGPT 梯度消失是指在神经网络反向传播过程中，由于某些层的梯度太小或接近于零，而导致这些层权重几乎不发生变化，从而使网络无法训练或训练缓慢。这种情况通常会出现在深度神经网络中，因为随着网络层数的增加，梯度会逐渐衰减，当梯度变得非常小的时候，就容易出现梯度消失的问题。梯度消失的解决方法包括使用非饱和激活函数、残差连接等。

再输入“什么是梯度爆炸”，会得到如下答复。

ChatGPT 梯度爆炸是指在神经网络反向传播过程中，由于某些层的梯度太大或接近于无穷大，导致这些层权重更新过度，从而使网络无法收敛或训练不稳定。这种情况通常会发生在深度神经网络中，因为随着网络层数增加，梯度可以逐渐放大，当梯度变得非常大的时候，就容易出现梯度爆炸的问题。

梯度爆炸的解决方法包括使用梯度裁剪、调整学习率等技巧控制梯度的大小，以确保网络可以顺利地进行训练。

在上面的两段答复中，ChatGPT分别介绍了梯度消失和梯度爆炸的概念，并且给出了建议的解决方案。当然，如果读者还有进一步的问题，可以自己尝试与ChatGPT沟通，获得更详细的信息。

12.3 图像分类任务实战

前面两节中介绍了很多理论知识，可能有很多爱动手的读者已经等不及想要上手试验了。这一节我们就从图像分类开始，利用前面所学的知识进行实际操作。

12.3.1 没数据？找Kaggle

因为用Keras内置数据集进行演示，不仅数据集的数量有限，而且都是已经经过预处理的数据，对我们练习技术来说意义很有限，所以我们不如直接用Kaggle竞赛平台的数据集练手。

我们先让ChatGPT“推荐一个Kaggle上的简单的图像分类数据集”，会得到如下答复。

ChatGPT 我可以推荐给您一个非常适合练习图像分类的Kaggle数据集——“Cats and Dogs”。这个数据集包含 25000 张猫和狗的图像，其中 12500 张是猫的图像，另外 12500 张是狗的图像。每张图像的大小和分辨率都不相同，因此需要进行预处理和调整。您可以使用这个数据集训练和测试图像分类模型，并通过Kaggle的排行榜对模型进行评估。这个数据集的链接为https://www.kaggle.com/c/dogs-vs-cats-redux-kernels-edition/overview。

下面我们打开ChatGPT给的链接了解一下情况，其页面如图 12-2 所示。

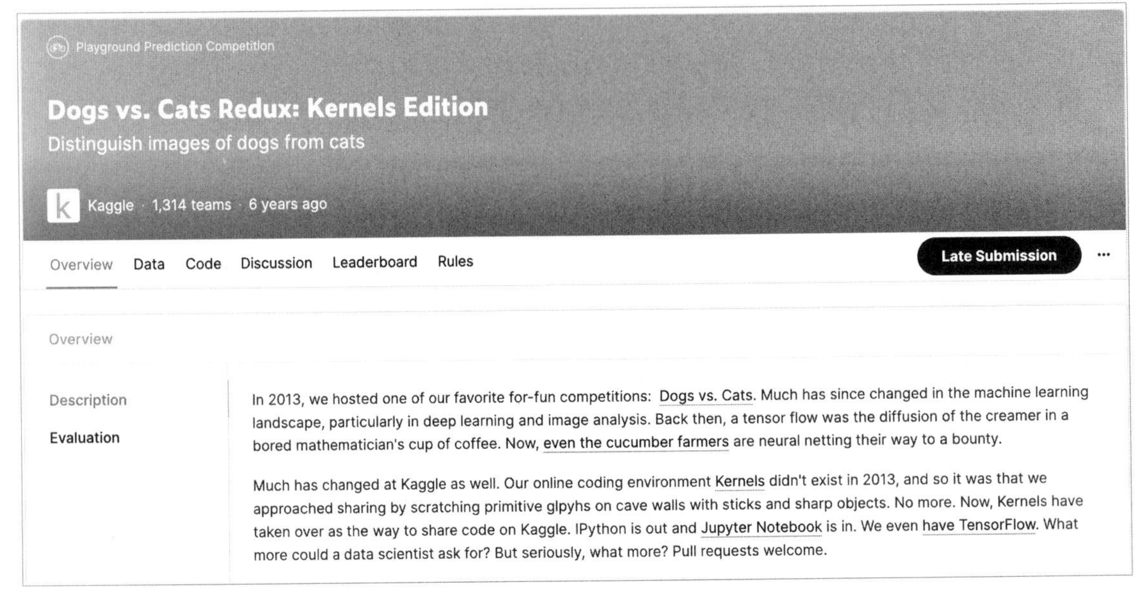

图 12-2　Kaggle猫狗分类竞赛页面

在这个数据集中，train文件夹中包含25000张猫和狗的图像。此文件夹中的每张图像都将标签作为文件名的一部分。测试文件夹包含12500张图像，根据数字ID命名。对于测试集中的每张图像，我们需要预测该图像是狗的概率（1 = 狗，0 = 猫）。

由于这个比赛已经截止了，我们只能单击页面中的“Late Submission”（迟交）按钮进行试验。单击该按钮后，可以看到出现了一个新的页面，如图12-3所示。

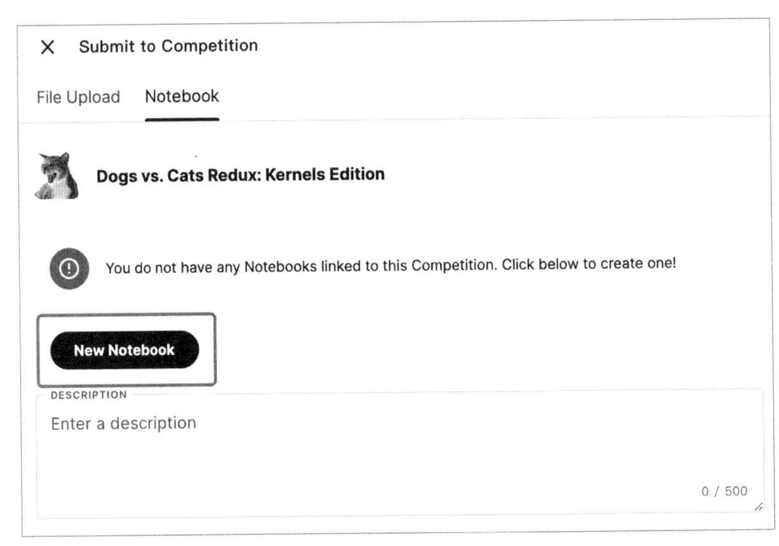

图 12-3　单击“Late Submission”按钮后的页面

单击图12-3所示页面中的“New Notebook”（新建笔记本）按钮，就会看到浏览器打开新的标签页，如图12-4所示。

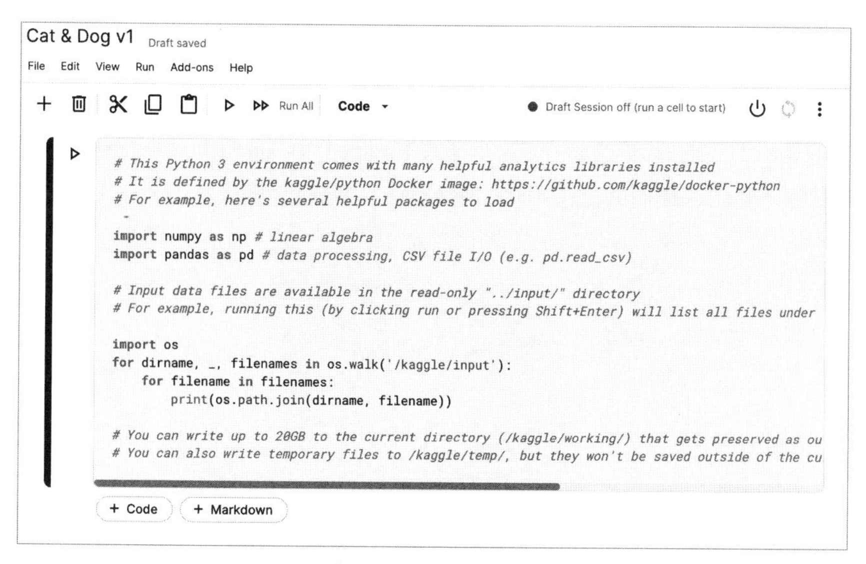

图 12-4　在Kaggle平台创建的新笔记本

对于已经熟悉Jupyter Notebook的读者来说，这个页面应该不陌生。虽然它的样子和我们本机安装的Jupyter Notebook有些不同，但整体来说，使用方法区别不是很大。在图 12-4 中，第 1 个单元格中的代码可以让我们看到目录中有哪些数据文件。运行这段代码，会得到如下结果。

```
/kaggle/input/dogs-vs-cats-redux-kernels-edition/sample_submission.csv
/kaggle/input/dogs-vs-cats-redux-kernels-edition/train.zip
/kaggle/input/dogs-vs-cats-redux-kernels-edition/test.zip
```

从上面的代码运行结果可以看到，在这个目录中，有 3 个文件：sample_submission.csv是结果提交的示例CSV；train.zip和test.zip分别对应训练集和测试集。但是这两个数据集都在zip压缩包中，我们问问ChatGPT如何解压。在ChatGPT对话框中输入“如何在Kaggle平台解压zip”，会得到如下答复。

ChatGPT 在Kaggle平台上解压zip格式的数据集非常简单。您可以按照以下步骤进行。

1. 在Kaggle网站上找到相应的数据集，并进入数据集页面。

2. 单击页面右侧的“Data”选项卡。

3. 如果数据集是以zip格式提供的，您将在页面上看到一个“Download”按钮。单击该按钮即可下载数据集。

4. 下载完成后，在Kaggle Notebook中使用zipfile库解压数据集。以下是示例代码。

```
import zipfile

with zipfile.ZipFile('/kaggle/input/my-data-set.zip', 'r') as zip_ref:
    zip_ref.extractall('/kaggle/working')
```

请注意，示例代码假设您已经将zip文件下载到了/kaggle/input/my-data-set.zip的位置，并且您想要将解压缩后的文件保存到/kaggle/working文件夹中。如果您的数据集存储在不同的位置，请相应地更改路径。

在上面的答复中，我们看到ChatGPT给出了在Kaggle解压zip包的示例代码。当然，它给出的是一个通用的示例，要用在我们的试验中，需要进行一些修改。修改后的代码如下。

```
import zipfile

zip_files = ['test', 'train']

for zip_file in zip_files:
    with zipfile.ZipFile("../input/dogs-vs-cats-redux-kernels-edition/{}.zip".
format(zip_file),"r") as z:
z. extractall(".")
        print("{} unzipped".format(zip_file))
```

在Kaggle Notebook中运行以上代码，会得到如下结果。

```
test unzipped
train unzipped
```

如果读者在自己的Kaggle Notebook中也看到了一样的结果，说明解压缩成功了。

接下来我们看看解压后的文件是什么样的。在Kaggle Notebook中输入如下代码。

```
Train_Folder_Path = "../working/train"
Test_Folder_Path = "../working/test"
train_file_names = os.listdir(Train_Folder_Path)
test_file_names = os.listdir(Test_Folder_Path)
train_file_names[0:5]
```

这段代码可以让我们看到训练集中前 5 个文件的名字，运行代码会得到如下结果。

```
['dog.4135.jpg',
 'cat.11335.jpg',
 'dog.7717.jpg',
 'cat.9568.jpg',
 'cat.5442.jpg']
```

从上面的运行结果中可以看到，训练集中的文件名是以“cat”（猫）或“dog”（狗）开头，跟着一串序号，而且所有数据都是jpg格式的图像。下面我们查看第一张图像，使用的代码如下。

```
import matplotlib.pyplot as plt
from PIL import Image
```

```
img = Image.open("../working/train/dog.4135.jpg")
plt.imshow(img)
plt.show()
```

在Kaggle Notebook中运行这段代码，会得到如图 12-5 所示的结果。

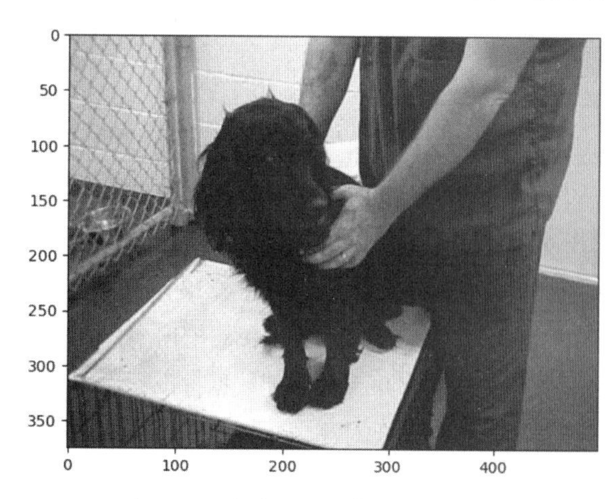

图 12-5　查看训练集中的第一张图像

在上面的代码中，我们加载图像并将其存储在变量中。这里使用Pillow（Python Imaging Library）库中的Image.open()方法完成。然后调用了plt.imshow()函数显示图像，于是看到了图 12-5 中一只黑色的狗。

到这里，我们就准备好了练手用的数据集。接下来，我们就可以对这些数据进行处理了。

12.3.2　对图像数据进行预处理

在开始进行数据预处理前，我们先创建一个数据框，把训练集中每张图像的路径和它们的分类标签保存起来。在Kaggle Notebook中输入如下代码。

```
targets = []
full_paths = []
for file_name in train_file_names:
    target = file_name.split(".")[0]
    full_path = os.path.join(Train_Folder_Path, file_name)
    full_paths.append(full_path)
    targets.append(target)

train_df = pd.DataFrame()
train_df['image_path'] = full_paths
train_df['target'] = targets
train_df.head()
```

运行上面的代码，可以得到如表 12-1 所示的结果。

表 12-1　包含训练集图像路径和分类标签的数据框

image_path	target
../working/train/cat.5663.jpg	cat
../working/train/dog.6200.jpg	dog

续表

image_path	target
../working/train/cat.7168.jpg	cat
../working/train/cat.1224.jpg	cat
../working/train/dog.2173.jpg	dog

在上面的代码中，我们用.split()方法将训练集的文件名进行了分割。split()是Python中处理字符串对象的一个方法，用于将字符串分割成子字符串，并返回一个包含这些子字符串的列表。它的作用是根据指定的分隔符，将字符串分解为多个子字符串。这里分割后第1个子字符串就是文件的分类标签，也就是cat或dog。我们把这个标签保存到数据框的target字段；同时用os.path.join()方法，把路径与文件名合并，保存到数据框的image_path字段。

同样，我们需要对测试集也进行一样的操作，使用的代码如下。

```
full_paths = []
for file_name in test_file_names:
    target = file_name.split(".")[0]
    full_path = os.path.join(Test_Folder_Path, file_name)
    full_paths.append(full_path)

test_df = pd.DataFrame()
test_df['image_path'] = full_paths
test_df.head()
```

运行这段代码，会得到如表12-2所示的结果。

表12-2 包含测试集文件路径的数据框

image_path
../working/test/9952.jpg
../working/test/4689.jpg
../working/test/10091.jpg
../working/test/7431.jpg
../working/test/6116.jpg

由于测试集的图像文件名中并不包含分类标签，表12-2是没有target字段的。为了能够验证模型，还需要在训练集中拆分出一部分数据作为验证集。

拆分数据集的代码如下。

```
from sklearn.model_selection import train_test_split
```

```
train_data,val_data = train_test_split(train_df,random_state=42)
print(len(train_data), len(val_data))
```

运行上面的代码，我们会得到如下所示的结果。

```
18750 6250
```

从上面的代码运行结果中可以看到，经过拆分，现在训练集中有 18750 张图像，而验证集中有 6250 张图像。

现在我们可以检查一下训练集中的图像，看看需要进行哪些进一步的处理，使用的代码如下。

```
fig,axes=plt.subplots(3,3,figsize=(6,6))
axes = axes.ravel()
for i in range(9):
    axes[i].imshow(Image.open(train_df.iloc[i,0]))
    axes[i].axis('off')
fig.tight_layout()
plt.show()
```

在 Kaggle Notebook 中运行这段代码，会得到如图 12-6 所示的结果。

图 12-6　训练集中的前 9 张图像

图 12-6 显示了训练集中的前 9 张图像。可以看到，每张图像的尺寸各不相同。在开始训练模型前，还需要我们进行进一步的处理。

接下来，我们使用 Keras 内置的 ImageDataGenerator 工具进行数据增强。它可以在训练过程中动态地生成图像数据，从而扩充原有的数据集，提高模型的泛化能力。

使用 ImageDataGenerator 需要先定义一个图像处理管道，包括对图像进行旋转、平移、缩放等变换操作，并对像素值进行归一化。然后通过调用 flow_from_directory 方法将数据流式输入模型中进行训练。本例中所使用的代码如下。

```
from tensorflow.keras.preprocessing.image import ImageDataGenerator
train_datagen = ImageDataGenerator(zoom_range=.18,
                                   rotation_range=10,
                                   rescale=1./255,
                                   shear_range=0.1,
                                   horizontal_flip=True,
```

```
                            width_shift_range=0.1,
                            height_shift_range=0.1)

train_data_generator = train_datagen.flow_from_dataframe(dataframe=train_data,
                                                        x_col='image_path',
                                                        y_col='target',
                                                        target_size=(150,150),
                                                        class_mode='binary',
                                                        batch_size=150,
                                                        shuffle=False)
```

在上面的代码中，我们先导入了ImageDataGenerator，并使用它对训练集中的数据进行处理。我们设置了一些参数。在ImageDataGenerator中，常用的参数包括以下几个。

（1）rotation_range：旋转角度范围（0 ~ 180），表示随机旋转的最大角度。

（2）width_shift_range 和 height_shift_range：表示水平和竖直方向上平移的范围。

（3）shear_range：剪切强度，逆时针方向的剪切变换角度。

（4）zoom_range：随机缩放的范围。

（5）horizontal_flip 和 vertical_flip：进行随机水平翻转或垂直翻转。

（6）rescale：图像缩放因子。

（7）fill_mode：填充新创建像素的方法，如“constant”“nearest”或“reflect”等。

（8）preprocessing_function：对每个输入图像应用的函数，用于进一步的数据预处理。

这些属性可以在实例化ImageDataGenerator时进行设置，以定义生成器的行为。与此同时，我们还使用了.flow_from_dataframe，这是Keras中用于从Pandas DataFrame生成数据集的函数。在.flow_from_dataframe函数中，target_size参数指定了每个样本图像的目标大小。这是一个二元组(height, width)，表示输入模型前应将图像调整为的大小。在实际训练过程中，所有的图像都将被缩放为target_size所指定的尺寸。

温馨提示

如果输入图像比target_size指定的大小要小，则图像将被放大到target_size的大小。如果输入图像比target_size指定的大小要大，则图像将被缩小至target_size的大小。

同样，我们也需要对验证集和测试集都做同样的处理，使用的代码如下。

```
val_datagen = ImageDataGenerator(rescale=1./255)
val_data_generator = val_datagen.flow_from_dataframe(dataframe=val_data,
                                                    x_col='image_path',
                                                    y_col='target',
                                                    target_size=(150,150),
                                                    class_mode='binary',
                                                    batch_size=150,
```

```
                                                    shuffle=False)
test_datagen = ImageDataGenerator(rescale=1./255)
test_data_generator = test_datagen.flow_from_dataframe(dataframe=test_df,
                                                      x_col='image_path',
                                                      y_col=None,
                                                     target_size=(150,150),
                                                      class_mode=None,
                                                      batch_size=150,
                                                      shuffle=False)
```

运行上面的代码后，验证集和测试集也处理好了。接下来我们就可以准备模型的训练了。

12.3.3 搭建模型并训练

接下来就是检验学习成果的时候了。我们要用Keras搭建一个卷积神经网络，并对它进行训练，最后评估它的性能。首先，搭建模型，使用的代码如下。

```
model = Sequential()
model.add(Conv2D(32,kernel_size=(3,3),input_shape=(150,150,3),activation='re
lu'))
model.add(Conv2D(64,kernel_size=(3,3),activation='relu'))
model.add(MaxPooling2D(pool_size=2))
model.add(Dropout(0.25))
model.add(Flatten())
model.add(Dense(128, activation='relu'))
model.add(Dropout(0.5))
model.add(Dense(1, activation='sigmoid'))
```

在这段代码中，首先，我们创建一个Sequential模型对象。通过model.add(Conv2D(...))添加了两个卷积层，并指定卷积核数量（filters/units）、内核大小（kernel_size）和激活函数（activation）。这两个卷积层分别包含 32 和 64 个卷积核。此外，我们还提供了输入形状（input_shape）参数，其为 150×150 像素RGB图像。ReLU被用作激活函数，它将所有负值归零并保留所有正值。

其次，通过model.add(MaxPooling2D(pool_size=2))添加了一个最大池化层（MaxPooling2D），以减小每个特征映射的空间维度并降低计算成本。在本例中，我们使用大小为 2×2 的池化窗口。通过model.add(Dropout(0.25))添加丢弃层（Dropout），目的是通过随机丢弃一些节点避免过拟合。

再次，通过model.add(Flatten())将 3D输出展平为 1D向量，以便添加全连接层（Dense）。再通过model.add(Dense(128, activation='relu'))添加一个有 128 个神经元的全连接层，并使用ReLU作为激活函数。通过model.add(Dropout(0.5))添加了另一个丢弃层（Dropout），以避免过拟合。

最后，通过model.add(Dense(1, activation='sigmoid'))添加一个具有单个神经元的输出层，并使用Sigmoid作为激活函数，用于二分类问题，也就是区分图像中是猫还是狗的问题。

为了清晰直观地看到模型的结构，我们还可以对其进行可视化，使用的代码如下。

```
from tensorflow.keras.utils import plot_model
plot_model(model,show_shapes=True,show_layer_names=True, dpi=60)
```

运行这段代码，可以得到如图 12-7 所示的结果。

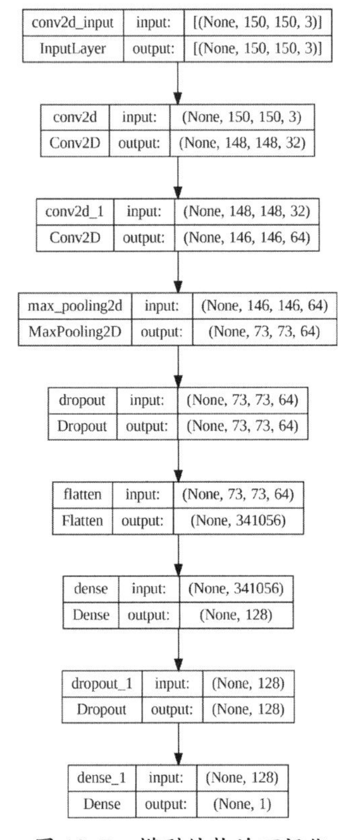

图 12-7　模型结构的可视化

这里我们使用了keras.utils中的plot_model函数，它是一个用于绘制Keras模型图形的函数，可以为我们提供一种简单而直观的方式可视化深度学习模型架构，便于我们对模型进行检查。

如果检查模型后没有发现问题，我们就可以编译模型并开始训练了。使用的代码如下。

```
model.compile(loss="binary_crossentropy",
optimizer='adam', metrics=['accuracy'])
hist = model.fit(train_data_generator,
epochs=12,validation_data=val_data_generator,
        validation_steps=val_data.shape[0]/150,
        steps_per_epoch=train_data.shape[0]/150,
        verbose=1)
```

这段代码中，涉及的大部分参数设置我们都学过。这里要强调的是validation_steps参数。这个参数用来指定每个epoch中从验证集中抽取多少个batch进行验证。一个 batch 就是一组由固定数量的数据样本构成的小批量数据。这里的steps意思是步数，也就是从验证集中抽取几个batch。

具体而言，在fit()函数中，当我们指定了validation_data参数时，Keras会自动将其转换为一个生成器对象迭代验证数据。因此，我们需要指定validation_steps参数告诉Keras在每个epoch中从验证数据生成器中抽取多少个batch进行验证。

例如，如果我们的验证集有 1000 个样本，我们在训练时设置了batch size为 32，则一个epoch中有 1000 ÷ 32=31.25 个步骤（steps）。但由于要整数化步骤数，可以将validation_steps设置为 31 或更小的正整数。如果设置为 0 或不指定validation_steps，那么Keras将使用默认值 1 进行验证，即在每个epoch结束后使用整个验证集进行验证。

总之，validation_steps参数用来指定在每个epoch中从验证集中抽取多少个batch进行验证，需要根据验证集大小及batch size设置。

在开始模型训练前，我们还要开启Kaggle的加速器。因为这里使用了TensorFlow内置的Keras，所以加速器选择TPU就可以，如图 12-8 所示。

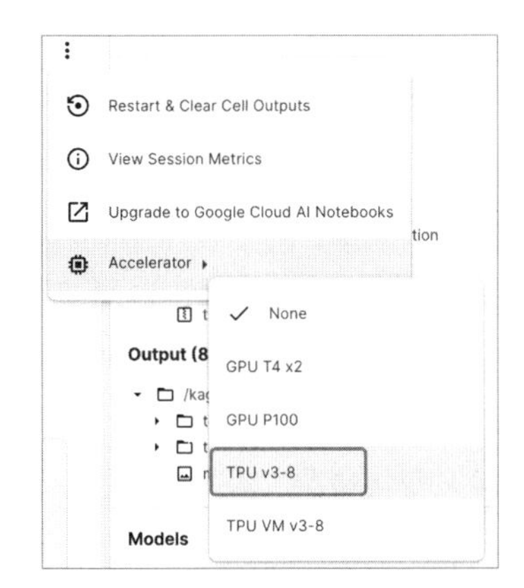

图 12-8　开启Kaggle的TPU加速器

开启加速器后，重新运行Kaggle Notebook中的所有代码，就可以看到模型开始训练了。这里虽然有TPU的加持，但还是需要等待一段时间。当我们看到下面的结果时，就说明模型的训练结束了。

```
Epoch 12/12
125/125 [==============================] - 173s 1s/step - loss: 0.4586 -
accuracy: 0.7825 - val_loss: 0.4252 - val_accuracy: 0.8038
```

12.3.4　模型的评估与调用

完成了模型的训练后，现在我们需要使用验证集评估模型的性能。使用的代码如下。

```
score=model.evaluate(val_data_generator)
```

在Kaggle Notebook中运行这行代码，会得到以下结果。

```
42/42 [================] - 20s 468ms/step - loss: 0.4252 - accuracy: 0.8038
```

从上面的结果中可以看到，模型在验证集获得了80.38%的准确率。对于图像分类任务来说，不算是很差的结果。

接下来，我们还可以用可视化的方式观察模型在训练过程中准确率的变化，使用的代码如下。

```
acc = hist.history['accuracy']
val_acc = hist.history['val_accuracy']
loss = hist.history['loss']
val_loss = hist.history['val_loss']

epochs = range(len(acc))
plt.style.use('seaborn')
plt.figure(dpi=150)
plt.plot(epochs, acc, 'bo', label='Training accuracy')
```

```
plt.plot(epochs, val_acc, 'b', label='Validation accuracy')
plt.title('Training and validation accuracy')
plt.legend()
plt.show()
```

在Kaggle Notebook中运行上面的代码，会得到如图 12-9 所示的结果。

从图 12-9 中可以看到，圆点代表模型在训练集中的准确率，实线代表模型在验证集中的准确率。随着训练轮次的增加，两个准确率都在不断提高。

同样，我们也可以观察模型的损失变化情况，在Kaggle Notebook中输入以下代码。

```
plt.figure()
plt.plot(epochs, loss, 'go', label='Training Loss')
plt.plot(epochs, val_loss, 'g', label='Validation Loss')
plt.title('Training and validation loss')
plt.legend()
plt.show()
```

运行这段代码，会得到如图 12-10 所示的结果。

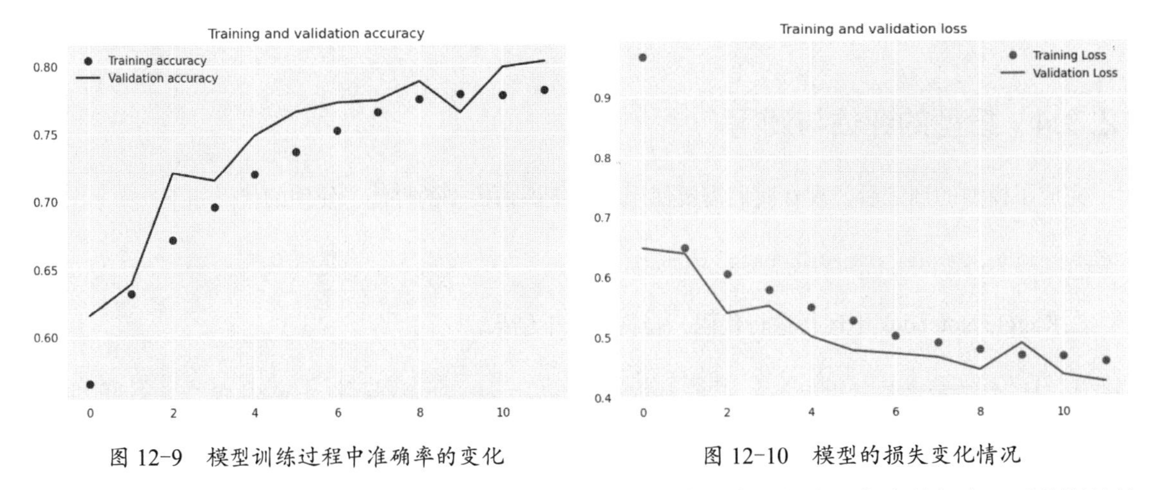

图 12-9　模型训练过程中准确率的变化

图 12-10　模型的损失变化情况

图 12-10 中，圆点代表模型在训练集中的损失，实线代表模型在验证集中的损失。随着训练轮次的增加，两个损失都明显地下降了。

目前看来，模型的准确率和损失都在可以接受的范围。接下来就是“大考”时间了——我们要用模型对测试集的样本进行预测，并提交我们的结果。预测的代码如下。

```
predictions = model.predict(test_data_generator)
predictions = np.round(predictions.flatten()).astype(int)
test_label = []
a = os.listdir("../working/test")
for i in range(len(a)):
    test_label.append(a[i].split(".")[0])
```

```
submission = pd.DataFrame({'id':test_label,'label':predictions})
submission.to_csv("submission.csv",index=False)
df = pd.read_csv('/kaggle/working/submission.csv')
df.head()
```

这段代码主要是用于进行模型预测，将结果输出到CSV文件中，并使用head()函数查看DataFrame对象的前五行数据。运行这段代码，可以得到如表 12-3 所示的结果。

表 12-3　模型对测试集样本进行预测的前 5 行结果

id	label
3769	1
9204	1
9979	0
1016	1
4281	0

在表 12-3 中，“id”列是测试集中样本的编号，而“label”列是模型预测的结果。同时，在Kaggle Notebook的右侧，我们可以看到Output区域多出一个名为“submission.csv”的文件，如图 12-11 所示。

如果大家也看到了这个文件，说明模型的预测结果已经保存好了。之后我们就可以提交这个文件，看看自己的成绩怎么样。下载submission.csv文件后，在竞赛页面单击“Late Submission”（迟交）按钮，然后单独上传这个文件，最后单击“Submit”（提交）按钮，如图 12-12 所示。

Output (892.3MB / 19.5GB)
/kaggle/working
test
train
model.png
submission.csv

图 12-11　保存模型预测结果的文件

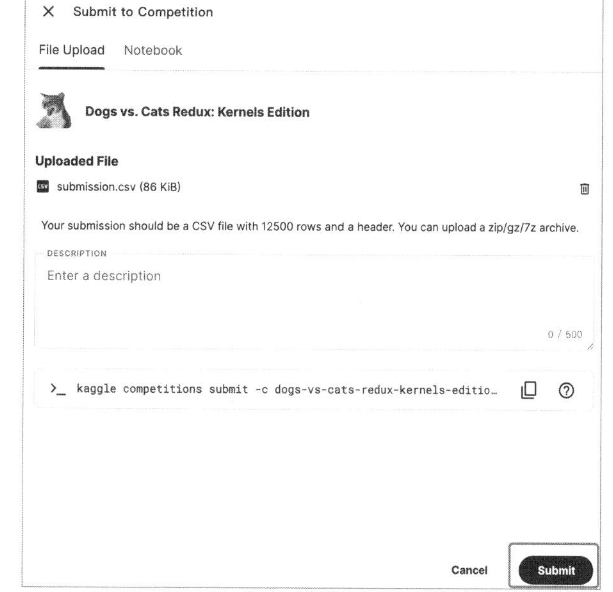

图 12-12　提交模型预测的结果

单击“Submit”（提交）按钮后，如果看到如图12-13所示的页面，就说明提交成功了。

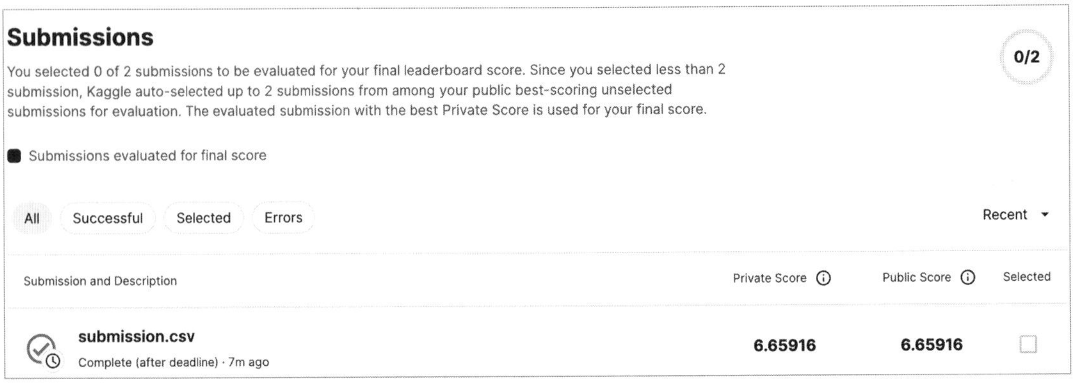

Submissions

You selected 0 of 2 submissions to be evaluated for your final leaderboard score. Since you selected less than 2 submission, Kaggle auto-selected up to 2 submissions from among your public best-scoring unselected submissions for evaluation. The evaluated submission with the best Private Score is used for your final score.

0/2

Submissions evaluated for final score

All Successful Selected Errors Recent

Submission and Description	Private Score	Public Score	Selected
submission.csv Complete (after deadline) · 7m ago	6.65916	6.65916	

图 12-13　结果提交成功页面

在图12-13中，我们可以看到自己提交的结果有两个得分，分别是Private Score和Public Score。这是因为在Kaggle上进行竞赛时，为了防止过拟合和欺骗行为，Kaggle会将数据集分为公共数据集和私有数据集。

公共数据集用于在比赛期间评估参赛者的模型表现，并计算每个参赛者的Public Score。所有参赛者都可以看到排名列表和自己的Public Score。

然后，在比赛结束后，Kaggle会使用私有数据集对最终提交的模型进行验证，并计算每个参赛者的Private Score。这个得分实际是决定比赛排名的得分，因此它更加准确地反映了模型的性能。

Kaggle希望参赛者开发出泛化性能强，不仅在公共数据集上表现良好，而且在私有数据集上也表现良好的模型。因此，在比赛期间，参赛者应该关注在公共数据集和私有数据集上的得分表现。

12.4 习题

在本章中，我们跟着ChatGPT一起了解了计算机视觉的相关知识，以及卷积神经网络的原理和实现。最后我们将所学的知识用在了实战当中——在Kaggle上参加一个小型的图像分类比赛。当然如果大家是初次接触Kaggle比赛，不必太在意自己的得分和排名，毕竟我们的路还长着呢！以下是ChatGPT为大家准备的习题。

1. 下载猫和狗的图像数据集，并探索数据集的内容。

2. 将图像数据集分为训练集、验证集和测试集。

3. 对数据集进行预处理，如缩放、裁剪、旋转等操作。

4. 构建一个简单的卷积神经网络（如仅包含一个卷积层和一个全连接层），并在训练集上进行训练。

5. 使用验证集评估模型的表现，并对模型超参数进行调整（如学习率、批量大小、卷积核数量等）。

6. 增加卷积层和全连接层的数量，并尝试使用不同的激活函数和正则化方法提高模型的准确性。
7. 对比使用不同的优化算法（如随机梯度下降、Adam、Adagrad 等）时的模型表现。
8. 最终使用测试集对模型进行评估，并计算模型的准确率、精确率和召回率等指标。

第13章 让ChatGPT带我们玩转自然语言处理

本章导读

在第 12 章中，我们学习了卷积神经网络的相关知识，以及如何将其应用于图像分类；并且我们还在Kaggle上用竞赛数据集进行了一场实战。本章我们将继续学习深度学习的相关技术，以及其在自然语言处理领域的应用。

知识要点

通过对本章内容的学习，您将掌握以下知识：

- 自然语言处理的基本概念。
- RNN与LSTM的概念和原理。
- 自然语言处理中的文本表示。
- 文本情感分类实战。

13.1 让ChatGPT介绍一下自然语言处理

近年来，自然语言处理技术发展迅速，主要得益于深度学习和神经网络的发展。很多先进的自然语言处理模型不断涌现，这些模型都采用了深度学习技术，并在大规模数据集上进行了训练。那么什么是自然语言处理呢？可以先让ChatGPT给出浅显易懂的解释。在ChatGPT对话框中输入“请用轻松幽默的方式介绍自然语言处理”，会得到如下答复。

ChatGPT 嘿，你知道自然语言处理是什么吗？简单来说就是让计算机能够理解人类的语言。这样我们就可以和计算机顺畅地交流啦。就像你和我聊天一样，不需要用任何编程语言，也不用担心一些奇怪的符号会让计算机抓狂。当然，有时候计算机也会不明白你的意思，但这只是因为它们还在学习中！

从上面的答复中我们可以理解一点：自然语言处理的本质就是让计算机能够理解人类的语言，甚至ChatGPT还用我们与它的交流进行了举例说明。我们不得不感叹，它可真智能啊！下面我们再用更加严谨的方式来进行学习。

13.1.1 自然语言处理的概念与历史

我们先了解一下自然语言处理的基本概念。在ChatGPT对话框中输入“请详细介绍自然语言处理”，可以得到如下答复。

> ChatGPT 自然语言处理是一种通过计算机程序处理和分析自然语言的技术。它涉及理解、生成和处理人类所使用的语言，如英语、汉语等。自然语言处理的目标是使计算机能够像人类一样理解和产生语言，并且从中提取有用的信息。
>
> 自然语言处理技术包括文本分类、文本摘要、机器翻译、情感分析、命名实体识别、词性标注、依存句法分析等。这些技术可以应用于各种领域，如搜索引擎、社交媒体分析、智能客服、语音识别、自动摘要、机器翻译等。
>
> 自然语言处理的基础是人工智能、机器学习、统计学等领域的知识。现在，随着深度学习、神经网络等技术的发展，自然语言处理的效果越来越好，应用场景也越来越广泛。

从上面的答复中我们可以看到，自然语言处理是一个非常大的范畴，它包含的技术很多，如文本分类、文本摘要等。接下来，我们可以简单回顾一下自然语言处理技术的发展历史。在ChatGPT对话框中输入“请介绍一下自然语言处理的发展历史”，会得到如下答复。

> ChatGPT 自然语言处理（Natural Language Processing，NLP）是计算机科学与人工智能领域的一个重要分支，它主要研究如何让计算机理解、分析、处理人类自然语言的文本和语音。
>
> 自然语言处理的发展历史可以追溯到 20 世纪 50 年代初期，当时的主要研究方向是机器翻译。之后，在 20 世纪 60 年代和 70 年代，随着计算机技术的发展，NLP 开始涉及更加复杂的任务，如信息检索、文本分类、文本生成等。
>
> 在 20 世纪 80 年代和 90 年代，随着统计学习方法的兴起，NLP 的应用范围得到了进一步扩展。同时，出现了一些重要的NLP技术，如基于规则的语法分析、词性标注、命名实体识别等。
>
> 近年来，随着深度学习技术的快速发展，NLP取得了长足的进步。深度学习模型可以自动从大量的文本数据中学习并提取特征，使NLP在文本分类、情感分析、机器翻译等方面取得了巨大的成功。同时，也出现了一些重要的NLP框架和工具，如NLTK、SpaCy、TensorFlow等，使NLP应用更加方便和高效。

看了这段答复，不知道大家有没有一种感受——好像人工智能领域的很多技术，都可以追溯到 20 世纪 50 年代。同样，很多领域真正取得突破性进展，都得益于深度学习技术的日渐成熟。接下来，我们了解一下神经网络是如何应用在自然语言处理领域的。

13.1.2 自然语言处理中的神经网络

为了了解神经网络在自然语言处理领域的应用，我们需要很具体地提出问题。例如，在ChatGPT对话框中输入“神经网络如何应用在自然语言处理中”，会得到如下答复。

ChatGPT 在自然语言处理中，神经网络通常用于将文本数据转化为向量表示，同时也可以应用于许多其他任务。下面是一些常见的神经网络模型。

1. 循环神经网络（RNN）：RNN是一种序列模型，能够对序列中的每个元素进行处理并保持状态。在自然语言处理中，它经常用于对句子或文档的建模。

2. 卷积神经网络（CNN）：CNN主要用于图像处理，但也可以用于自然语言处理中的文本分类和序列标注任务。

3. 长短时记忆网络（LSTM）：LSTM是一种特殊的RNN，具有长期依赖性和记忆功能，被广泛应用于机器翻译、语言建模等任务。

4. 注意力机制（Attention）：注意力机制允许神经网络“聚焦”于输入序列中的某些部分，在自然语言处理中被广泛应用于机器翻译、问答系统等任务中。

5. 转换器（Transformer）：转换器是一种基于注意力机制的编码器-解码器框架，用于机器翻译、语言理解等任务中，其代表性模型包括BERT和GPT系列。

这些神经网络模型通常使用反向传播算法进行训练，以便自动学习从输入到输出的映射关系。在自然语言处理中，神经网络可用于词向量表示、文本分类、序列标注、机器翻译等多个任务。

在上面的答复中，ChatGPT列举了5种不同神经网络在自然语言处理领域的应用。其中卷积神经网络（CNN）我们在前面已经学习过。本章我们重点关注循环神经网络（RNN）和其改进算法——长短时记忆网络（LSTM）。

13.2 让ChatGPT带我们认识RNN与LSTM

现在我们让ChatGPT先给出RNN和LSTM的通俗解释。在ChatGPT对话框中输入“请用轻松幽默的语言介绍RNN和LSTM”，会得到如下答复。

ChatGPT 好的，让我用轻松幽默的语言介绍一下RNN和LSTM。

RNN是“循环神经网络”的缩写。就像它的名字一样，RNN可以循环处理输入的数据。这样做的好处是可以让模型记住之前的信息，从而更好地理解后面的内容。但是，传统的RNN有一个问题，就是它的记忆能力有限，当输入的序列过长时，它可能无法保留之前所有的信息。

这时候LSTM就派上用场了。LSTM是“长短时记忆”的缩写。它可以帮助RNN更好地处理长序列数据。LSTM有三个“门”，分别控制着哪些信息应该被遗忘、哪些信息应该被保留、哪些新的信息应该被加入。这些“门”的存在使LSTM可以选择性地记忆和遗忘之前的信息，从而更好地处理长序列数据。

简单地说，RNN和LSTM都是深度学习中常用的神经网络结构，用于处理序列数据。RNN可以循环处理序列，但对于长序列容易出现“记忆衰退”问题；而LSTM则通过引入“门”机制解决这个问题，让模型可以更好地处理长序列数据。

从ChatGPT的答复中，我们可以了解到RNN和LSTM都是让模型记住之前的信息，并能够处理后面的信息。而具体的原理是什么样的呢？下面我们逐一进行研究。

13.2.1 RNN的概念和原理

首先我们详细了解RNN的相关知识。在ChatGPT对话框中输入“循环神经网络（RNN）的概念和背景”，会得到如下答复。

ChatGPT 循环神经网络（Recurrent Neural Network，RNN）是一种可以处理序列数据的人工神经网络。顾名思义，它通过循环连接使信息能够在网络中传递。

RNN 最初的出发点是解决语音识别等任务中的序列建模问题。在这些问题中，输入数据的长度和顺序都很重要，因此需要一种能够处理序列数据的算法。与传统的前馈神经网络（Feedforward Neural Network，FNN）不同，RNN 的每个节点会接收前一个时间步的输出作为输入，从而实现信息的持续传递。

RNN 的历史可以追溯到 20 世纪 80 年代，但是由于其训练困难、梯度消失等问题，直到近些年才开始引起广泛关注。随着深度学习和硬件计算能力的不断提升，RNN 在自然语言处理、机器翻译、图像识别等领域有了很多成功应用，并且被广泛使用。

上面的答复给出了RNN的简要介绍和它的发展历程，接下来，我们了解一下它背后的原理。在ChatGPT对话框中输入“循环神经网络（RNN）的原理和结构”，会得到如下答复。

ChatGPT 循环神经网络（Recurrent Neural Network，RNN）的原理是在网络中引入“隐藏状态”（Hidden State），以便网络可以存储先前的信息，并将其传递到下一个时间步。这个隐藏状态是一个向量，它随着时间步的推进而不断更新。

RNN的结构包括输入层、隐藏层和输出层。输入层接收序列数据作为输入，隐藏层保存之前的状态并通过循环连接将信息传递到下一时间步，输出层产生当前时间步的输出。

具体来说，假设我们有一个长度为T的序列$x_1, x_2, \cdots, x_t$，其中x_t表示在时间步t时的输入。那么，在RNN中，我们会对每个时间步t都引入一个隐藏状态，它的计算方式如下：

$$h_t = f(Ux_t + Wh_{\{t-1\}} + b)$$

其中U是输入层到隐藏层的权重矩阵，W是隐藏层到隐藏层的权重矩阵，b是偏置向量，f是非线性激活函数（如Sigmoid、Tanh或ReLU等）。可以看到，当前时间步的隐藏状态h_t不仅取决于当前的输入x_t，还取决于前一个时间步的隐藏状态$h_{\{t-1\}}$。

在RNN中，我们通常使用反向传播算法训练模型。由于RNN的循环结构，计算梯度时需要考虑每个时间步的梯度，并将它们加起来。但是，由于梯度会随着时间步的推进而不断衰减（梯度消失问题），RNN的训练可能会面临困难。为了解决这个问题，一些改进的RNN结构被提出，如长短时记忆网络（LSTM）和门控循环单元（GRU）。

在上面的答复中，我们可以看到，与其他的神经网络不同，RNN还要考虑前一个时间步的隐藏状态。而RNN具有梯度消失的问题，所以LSTM也就应运而生了。下面我们详细了解一下LSTM的相关知识。

13.2.2 LSTM的概念和原理

同样，我们先了解一下LSTM的概念。在ChatGPT对话框中输入“长短时记忆网络（LSTM）的概念和优势”，会得到如下答复。

ChatGPT 长短时记忆网络（LSTM）是一种递归神经网络（RNN），常用于处理序列数据，如文本、语音和视频。相比传统的RNN，LSTM有以下两个主要优势。

1. 解决了梯度消失问题：在传统的RNN中，反向传播算法会遇到梯度爆炸或梯度消失的问题，导致无法有效地更新权重参数。LSTM通过引入门控机制筛选掉不重要的信息，从而缓解了这个问题。

2. 长期记忆能力更强：传统的RNN由于没有机制存储和访问过去的信息，难以处理长期依赖关系。LSTM通过使用一个称为“细胞状态”（Cell State）的中间状态存储和传递信息，从而能够更好地处理长期依赖性。

总之，LSTM是一种能够处理序列数据，并具有强大的长期记忆和门控机制的递归神经网络。它已在许多自然语言处理任务中获得了很好的表现。

ChatGPT的这段答复给出了LSTM的基本概念，也阐述了它的两个优势。其中有两个术语需要重点关注，分别是“门控机制”和“细胞状态”。下面我们让ChatGPT详细解释一下，在ChatGPT对话框中输入“请详细解释LSTM中的门控机制和细胞状态”，会得到如下答复。

ChatGPT LSTM是一种循环神经网络模型，它使用门控机制和细胞状态记忆和控制信息流。门控机制是指在LSTM的内部结构中存在三个门：输入门、遗忘门和输出门，用于控制信息的流入和流出。细胞状态则是LSTM内部的一个重要组成部分，它负责存储和处理信息。

在LSTM中，输入门确定从输入数据中抽取多少新信息更新当前状态。它由一个Sigmoid层和一个点乘操作组成，其中Sigmoid层输出0到1之间的值，表示要保留多少输入信息；点乘操作将输入数据与Sigmoid输出相乘，产生一个加权的输入向量，用于更新当前状态。

遗忘门控制以前的信息是否应该被遗忘，以便在新的输入数据到达时，只有相关的信息被记住。它由一个Sigmoid层和一个点乘操作组成，其中Sigmoid层输出0到1之间的值，表示要保留多少历史信息。点乘操作将历史状态与Sigmoid输出相乘，产生一个加权的历史状态向量，用于更新当前状态。

细胞状态是LSTM中负责记忆信息的部分。当使用输入门和遗忘门后，细胞状态将根据这些门的输出进行更新。细胞状态的更新由三部分组成：忘记先前的信息、添加新信息和生成新输出。这些步骤包括通过遗忘门删除旧信息，通过输入门添加新信息，以及使用当前细胞状态生成输出向量，该向量将传递到下一个时间步长。

最后，输出门确定要从更新后的细胞状态中输出多少信息。输出门由一个Sigmoid层和一个点乘操作组成，其中Sigmoid层输出 0 到 1 之间的值，表示要输出多少信息，点乘操作将更新后的细胞状态与Sigmoid输出相乘，产生一个加权的输出向量，用于LSTM的输出。

为了能够更加清晰直观地理解LSTM的原理，我们可以让ChatGPT画个图。在ChatGPT对话框中输入“用Markdown直接绘制一个LSTM的原理示意图”，可以得到如图 13-1 所示的答复。

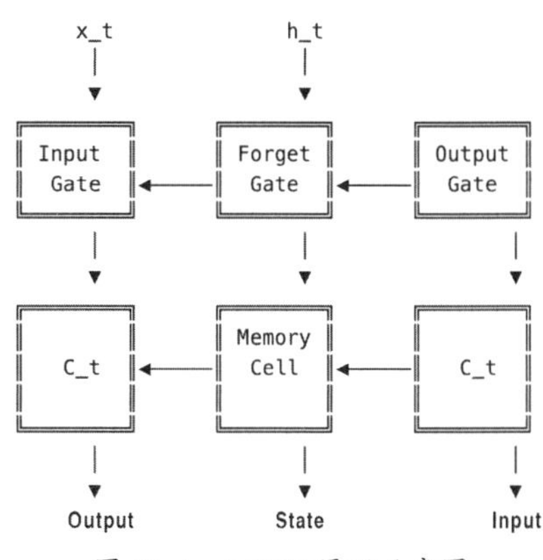

图 13-1　LSTM 原理示意图

在图 13-1 中，我们可以看到LSTM网络由一个输入门、一个遗忘门和一个输出门组成。每个门都有自己的权重和偏置，通过控制信息流的方式处理输入和记忆单元中的数据。同时，每个记忆单元（Memory Cell）还包括一个状态（State）和一个输出（Output），它们分别代表了当前的信息状态和需要传递给下一个时间步的信息。在LSTM中，每个时间步都会接收输入x_t和上一时刻的输出h_{t-1}，并产生新的输出h_t和记忆单元状态c_t。

温馨提示

在图 13-1 中，下划线“_”后面跟着字母，表示下标，如x_t表示的就是x_t。

13.2.3　文本生成应用——让ChatGPT写首诗

在了解了RNN和LSTM的概念和原理后，我们可以详细了解一下它们具体是如何应用在自然语言处理领域的。在ChatGPT对话框中输入“请详细介绍RNN和LSTM在自然语言处理中的应用领域”，会得到如下答复。

ChatGPT RNN（Recurrent Neural Network，循环神经网络）是一种可以处理序列数据的神经网络。在自然语言处理中，RNN可以用于文本生成、情感分析、机器翻译、语音识别等任务。它可以接受一个序列作为输入，并在每个时间步输出一个隐藏状态及最终的输出结果。

LSTM（Long Short-Term Memory，长短时记忆网络）是一种特殊类型的RNN，它通过添加“门”控制信息的流动。这使LSTM能够更好地处理长序列和长期依赖关系。在自然语言处理中，LSTM通常被用于语言建模、情感分析、机器翻译等任务。与传统的RNN相比，LSTM在处理长序列时具有更好的表现。

在自然语言处理中，RNN和LSTM通常用于以下任务。

1. 语言模型：语言模型是估计给定上下文中下一个单词的概率的模型。RNN和LSTM可用于学习上下文中的语言模型，从而可以生成新的语言文本。

2. 情感分析：情感分析是识别一段文本中包含的情感（如正面、负面或中性）的过程。RNN和LSTM可用于将文本映射到情感标签。

3. 机器翻译：机器翻译是将一种语言的文本转换成另一种语言的过程。LSTM可以用于学习输入序列和输出序列之间的对应关系，从而实现机器翻译。

4. 命名实体识别：命名实体识别是在文本中识别并分类命名实体（如人名、地名或组织名称）的过程。RNN和LSTM可用于将文本标记为不同类型的实体。

总之，RNN和LSTM在自然语言处理中有着广泛而重要的应用。

在上面的答复中，ChatGPT更加详细地介绍了RNN和LSTM在自然语言处理方面的应用，其中比较有趣的一条是文本生成。想必读者早就听说，ChatGPT可以根据我们给定的主题写诗或文案。那么它用的是什么算法呢？我们在ChatGPT对话框中输入“如果给你一个主题，让你作一首诗，你会使用LSTM吗”，会得到如下答复。

ChatGPT 作为一名AI语言模型，我可以使用LSTM或其他递归神经网络（RNN）生成诗歌。LSTM能够记住输入序列中的长期依赖关系，因此它非常适合用于生成具有连贯性和韵律的文本，如诗歌。不过，要生成一首好的诗歌，除了技术手段，还需要对诗歌的形式、结构、意境等方面有一定的了解和感悟。因此，我需要根据主题和您的需求，选择最适合的算法生成一首优美的诗歌。

既然ChatGPT告诉我们它可以使用LSTM等算法生成诗歌，那我们就考考它。在ChatGPT对话框中输入“请以感慨赚钱很难为主题，用黑色幽默的口吻写一首诗”，会得到如下答复。

ChatGPT 钱啊，钱啊，赚钱真难
好不容易攒点，就被账单碾压殆
看着那一串串的数字，我感到十分悲催
这种日子谁能受得了，简直要崩溃成灰
幸好有信用卡，可以先消费再还款
反正欠债也是一种人生体验
忘掉那些没用的道德约束
来一次疯狂的购物冲动，让自己畅所欲言
但等到账单来临时，眼泪就不争气地流淌
刷卡赚积分的美好愿望
早已被高额利息给碾压成肉饼
如今只剩下打工挣钱还债的无尽疲惫
赚钱真难，花钱更容易
我们只能安慰自己说，这是生活的乐趣所在

如果有一天赚到了大钱

那就赶紧把信用卡烧了吧，烧成灰烬!

上面的答复就是ChatGPT根据我们设定的主题和语言风格，创作的一首诗歌。虽然有一些细节不够完美，但我们还是可以见识到深度学习算法在文本生成方面让人惊叹的能力。

13.3 让ChatGPT带我们认识文本表示

在自然语言处理中，文本表示是一个关键的概念。文本表示方法指的是将自然语言文本转换为机器能够理解和处理的形式。学习文本表示方法是自然语言处理的基础，因为它是许多自然语言处理任务的前提条件。所以在这一节中，我们让ChatGPT带我们学习文本表示的相关知识。

13.3.1 什么是独热编码

要学习文本表示，我们首先要了解一下独热编码，这是最基础的文本表示方法之一。如果我们要求ChatGPT“介绍什么是独热编码”，会得到如下答复。

ChatGPT 独热编码（One-Hot Encoding）是一种常见的文本表示方法，也被广泛应用于其他领域的数据处理中。它将每个单词表示为一个向量，其中一个元素为 1，其余元素均为 0。

例如，假设有一个包含三个单词的句子“I love NLP”。使用独热编码，可以将每个单词表示为一个长度为 3 的向量。

"I": [1, 0, 0]

"love": [0, 1, 0]

"NLP": [0, 0, 1]

这种表示方法的优点在于它非常简单和直观，并且易于理解和实现。此外，由于每个单词都表示为独立的向量，每个单词之间都是无关的。

但是，这种表示方法也有缺点。第一，对于大规模的词汇表，需要创建大量的稀疏向量，会导致存储和计算的效率低下。第二，独热编码无法捕捉单词之间的语义关系，因为每个单词都独立地表示为一个向量。

总之，独热编码是一种简单而常见的文本表示方法，适用于一些简单的任务。但是，对于更复杂的NLP任务，需要使用更高级和更灵活的表示方法。

通过ChatGPT的答复，我们可以了解一点——实际上文本表示就是把我们人类的文字，表示成计算机可以处理的向量。而独热编码的作用就是将一个句子中的每个单词表示成不同的向量。这个方法虽然简单，对于我们理解文本表示却是非常好的入门知识。

下面我们可以让ChatGPT教我们学习实现独热编码。在ChatGPT对话框中输入“请给出使用独热编码进行文本表示的示例代码”，会得到如下答复。

ChatGPT 好的，以下是使用Python和scikit-learn库进行独热编码文本表示的示例代码。

```
from sklearn.preprocessing import OneHotEncoder

# 创建一个字符串列表作为示例数据
text_data = ["中国", "美国", "英国", "德国", "日本"]
text_data = np.reshape(text_data, (-1, 1))

# 创建OneHotEncoder对象
one_hot_encoder = OneHotEncoder()

# 使用fit_transform方法将字符串转换为独热编码向量
one_hot_encoded = one_hot_encoder.fit_transform(text_data)

# 输出独热编码向量
print(one_hot_encoded.toarray())
```

运行代码，会得到如下输出结果。

```
[[1. 0. 0. 0. 0.]
 [0. 0. 0. 1. 0.]
 [0. 0. 0. 0. 1.]
 [0. 1. 0. 0. 0.]
 [0. 0. 1. 0. 0.]]
```

在此示例中，每个字符串都被转换为一个五维的独热编码向量，其中只有一个元素是1，其余元素都是0。例如，“中国”被转换为[1, 0, 0, 0, 0]，“美国”被转换为[0, 0, 0, 1, 0]。

13.3.2 什么是词袋模型

前文中提到，独热编码无法捕捉单词之间的语义关系，因为每个单词都独立地表示为一个向量。那么下面我们学习一下另外一种文本表示方法——词袋模型。如果我们让ChatGPT“介绍词袋模型”，会得到如下答复。

ChatGPT 词袋模型（Bag of Words，BoW）是一种文本表示方法，用于将文本转换成向量的形式以便于计算机处理。在这个模型中，每个文档（或句子）可以被看作一个由单词频率组成的向量，而与其语法、顺序和上下文无关。

具体地说，词袋模型将文本分解为单独的单词，然后计算每个单词在文档中出现的频率，最终将这些频率组成一个向量。例如，假设我们有以下两个文档。

文档1：The quick brown fox jumped over the lazy dog.

文档 2：The lazy dog slept in the sun.

那么我们可以将它们表示成如下的词袋向量。

单词	文档 1 频率	文档 2 频率
The	1	1
quick	1	0
brown	1	0
fox	1	0
jumped	1	0
over	1	0
lazy	1	1
dog	1	1
slept	0	1
in	0	1
the	0	1
sun	0	1

我们可以看到，每个文档都被表示成了一个向量，其中每个元素对应一个单词在文档中出现的频率。这种方式可以使我们在计算机中更方便地处理文本，并实现文本分类、聚类和信息检索等任务。然而，词袋模型忽略了上下文和语义信息，不能完全捕捉语言的复杂性和多义性。

那么我们如何在实际工作中应用词袋模型呢？可以要求 ChatGPT“给出实现词袋模型的示例代码”，会得到如下答复。

ChatGPT 以下是一个简单的实现词袋模型的示例代码。

```
from sklearn.feature_extraction.text import CountVectorizer

# 构建文本数据集
corpus = ['This is the first document.', 'This document is the second
document.', 'And this is the third one.',
        'Is this the first document?']

# 定义词袋模型
vectorizer = CountVectorizer()

# 对文本进行向量化表示
```

```
X = vectorizer.fit_transform(corpus)

# 输出向量化结果
print(X.toarray())

# 输出特征名
print(vectorizer.get_feature_names_out())
```

运行ChatGPT给出的代码，会得到如下输出结果。

```
[[0 1 1 1 0 0 0 0 1]
 [0 2 0 1 0 0 0 0 1]
 [1 0 0 1 0 1 0 1 0]
 [0 1 1 1 0 0 0 0 1]]
['and', 'document', 'first', 'is', 'one', 'second', 'the', 'third', 'this']
```

在这个示例中，我们将一些文本数据作为输入，并使用CountVectorizer将其转换为向量化的表示形式。我们可以通过toarray()方法获得每个文档的向量表示，通过get_feature_names_out()方法获取特征名。

13.3.3 什么是TF-IDF

通过前面的内容，我们知道在词袋模型中，每个文档（或句子）可以被看作一个由单词频率组成的向量，而与其语法、顺序和上下文无关。所以它忽略了上下文和语义信息，不能完全捕捉语言的复杂性和多义性。下面我们再学习一种文本表示的技术——TF-IDF。我们让ChatGPT“介绍TF-IDF”，会得到如下答复。

ChatGPT TF-IDF是一种文本处理中常用的权重计算方法，它的全称是“Term Frequency-Inverse Document Frequency”，即词频-逆文档频率。TF-IDF将每个单词在一个文档中的出现次数（词频）乘以该单词在整个文档集合中的逆文档频率得到该单词的权重。

具体而言，假设有一个文档集合D，其中包含N个文档，第i个文档为d_i，某个单词为t，那么这个单词的TF-IDF权重为

$$\text{tf-idf}(t, d_i, D) = \text{tf}(t, d_i) * \text{idf}(t, D)$$

其中，$\text{tf}(t, d_i)$表示单词t在文档d_i中出现的次数，$\text{idf}(t, D)$表示单词t在文档集合D中的逆文档频率，公式如下：

$$\text{idf}(t, D) = \log(N / nt)$$

其中，nt表示包含单词t的文档数量。

TF-IDF的作用是突出反映一个单词在文档集合中的重要性，当某个单词在一篇文档中出现很多次但在整个文档集合中出现很少时，其权重会更高，因此可以更好地区分出文档之间的差异。在文

本分类、信息检索等任务中，TF-IDF被广泛应用。

在上面的答复中，ChatGPT介绍了TF-IDF的基本概念及计算公式。这里我们可以看到，TF-IDF可以反映一个单词在文档中的重要性。那么它比起词袋模型有哪些优势呢？我们可以提问ChatGPT "TF-IDF相比词袋模型有哪些优势"，会得到如下答复。

ChatGPT TF-IDF与词袋模型是文本处理中常用的两种技术，它们的区别在于是否考虑了单词的权重。

TF-IDF是一种基于单词频率和单词在文档集合中的出现次数的权重计算方法。它通过将某个单词在一个文档中出现的频率(Term Frequency)乘以该单词在整个文档集合中出现的倒数(Inverse Document Frequency)计算单词的权重。相比之下，词袋模型仅考虑单词出现的频率。

因此，TF-IDF相对于词袋模型具有以下几点优势。

1. 去除停用词：TF-IDF会赋予某些稀有的单词更大的权重，这样能够降低一些无意义的单词对模型的影响，可以去除停用词等对模型没有用处的单词。

2. 更好的重要性判断：TF-IDF将单词按照其权重进行排序，可以更好地判断不同单词的重要性。

3. 对于长文本效果更好：当处理长文本时，TF-IDF可以更好地捕捉关键单词，同时排除噪声，从而提高模型的准确性。

需要说明的是，在某些特定的数据集合中，词袋模型也可能表现出更好的效果。所以在实际应用中，需要根据具体情况选择使用哪种模型。

从上面的答复中我们可以看到，TF-IDF和词袋模型的一个主要区别在于是否考虑了单词的权重。当然，也不是说在所有的任务中都要使用TF-IDF，选择哪种模型取决于具体的情况。

下面我们继续学习使用TF-IDF对文本进行表示，在ChatGPT对话框中输入"请给出在scikit-learn中调用TF-IDF的示例代码"，会得到如下答复。

ChatGPT 当使用scikit-learn库中的TF-IDF时，通常需要先进行文本预处理，如分词、去除停用词等。假设你已经完成了这些预处理步骤，下面是一个使用TF-IDF向量化文本数据的示例代码。

```
from sklearn.feature_extraction.text import TfidfVectorizer

# 假设你有一个文本列表，每个字符串表示一篇文章或一个句子
text_data = ["This is a sentence.", "This is another sentence.", "This is a third sentence."]

# 创建TF-IDF向量器
tfidf = TfidfVectorizer()

# 使用fit_transform方法将文本数据转换成TF-IDF向量
tfidf_vectors = tfidf.fit_transform(text_data)
```

```
# 查看TF-IDF矩阵的形状
print(tfidf_vectors.shape)
```

上述代码中，首先，导入TfidfVectorizer类，并创建一个TF-IDF向量器实例。然后，调用fit_transform方法将文本数据转换为TF-IDF向量。最后，打印TF-IDF矩阵的形状，以便确认向量化过程是否成功。

请注意，TfidfVectorizer类有许多可选参数，可以根据具体的需求调整。例如，设置停用词列表、N-gram范围等。

把ChatGPT给出的代码粘贴到Jupyter Notebook中运行，会得到如下结果。

```
(3, 5)
```

如果大家也得到了上面的结果，说明已经成功使用TF-IDF将文本数据转化为向量，得到一个3×5的矩阵。

当然，除了上面探讨的3种文本表示方法，还有词嵌入（Word Embedding）和序列到序列（Seq2Seq）等方法。这里我们先不多做介绍，后面使用实际项目练手时，如果涉及这些知识，再展开讲解。

13.4 来个项目实战吧

下面是实战环节，这次我们还是借一个算法大赛练手。不过考虑到Kaggle上中文数据集相对较少，所以我们找一个国内的大赛平台。经过筛选，我们发现DataFountain平台上有比较合适的比赛项目。

打开网址https://www.datafountain.cn/competitions，并选择“自然语言处理”标签，就可以看到相关的比赛，如图13-2所示。

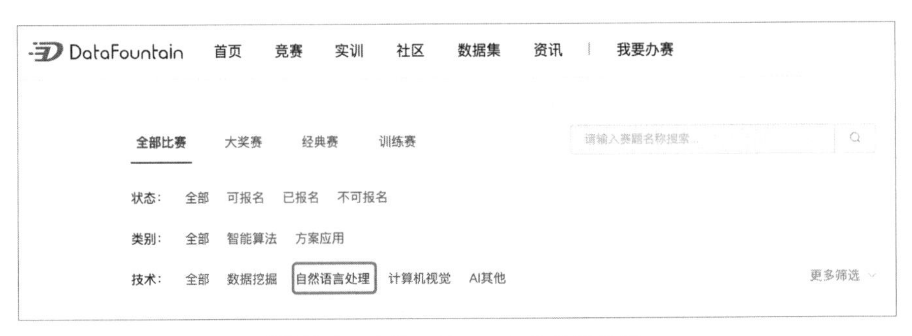

图13-2　在DataFountain上选择比赛

选择“自然语言处理”标签后，就可以看到平台上所有相关的比赛了，读者可以自行选择自己感兴趣的任务。此处我们发现了一个比较有趣的任务——剧本角色情感识别，如图13-3所示。

图 13-3　剧本角色情感识别

单击图 13-3 中比赛的标题，就可以看到报名的按钮了。

温馨提示

笔者不能保证读者在阅读本书时，能够访问或参加上述比赛。如果平台将该比赛下线或平台自身关闭，读者可以选择其他比赛或平台。

13.4.1　数据准备与预处理

与Kaggle不同的是，DataFountain并没有集成Notebook，所以我们需要先下载数据。在该比赛页面单击“数据与测评”，可以看到如图 13-4 所示的页面。

图 13-4　数据下载页面

在页面右侧单击下载图标，就可以将数据下载到本地。通过阅读数据简介可知，比赛的数据来源主要是一部分电影剧本，以及某视频网站标注团队的情感标注结果，主要用于提供给各参赛团队进行模型训练和结果验证。

把数据下载下来后，我们对数据进行检查——把数据文件与试验用的Jupyter Notebook放在同一个目录中，然后在Jupyter Notebook中输入以下代码。

```
file_path = ('train_dataset_v2.tsv')
script_ids = []
scene_nums = []
sentence_nums = []
ids = []
contents = []
```

```
characters = []
emotions = []
index = 0
with open(file_path,'r',encoding='utf-8') as f:
    for line in f.readlines():
        if index > 0:
            item = line.replace('\n','').split('\t')
            id,content,character,emotion = item[0],item[1],item[2],item[3]
            script_id,scene_num,sentence_num = id.split('_')[0],id.split('_')
[1],id.split('_')[3]
            script_ids.append(script_id)
            scene_nums.append(scene_num)
            sentence_nums.append(sentence_num)
            ids.append(id)
            contents.append(content)
            characters.append(character)
            emotions.append(emotion)
        index += 1
data = pd.DataFrame(columns=['ids', 'contents', 'emotions'])
data['ids'] = pd.Series(ids)
data['contents'] = pd.Series(contents)
data['emotions'] = pd.Series(emotions)
data.head()
```

运行代码，可以得到如表 13-1 所示的结果。

表 13-1　将原始数据转化为 DataFrame

ids	contents	emotions
1171_0001_A_1	天空下着暴雨，o2 正在给 c1 穿雨衣，他自己却只穿着单薄的军装，完全暴露在大雨之中	0,0,0,0,0,0
1171_0001_A_2	天空下着暴雨，o2 正在给 c1 穿雨衣，他自己却只穿着单薄的军装，完全暴露在大雨之中	0,0,0,0,0,0
1171_0001_A_3	o2 一手拿着一件行李，一路小跑着把 c1 带到了文工团门口	0,0,0,0,0,0
1171_0001_A_4	o2 一手拿着一件行李，一路小跑着把 c1 带到了文工团门口	0,0,0,0,0,0
1171_0001_A_5	o2 停下来接过 c1 手里的行李说：“你妈妈交代我了，等领了军装一定要照张相寄回去，让街坊邻居都知道……”	0,0,0,0,0,0

表 13-1 是将原始数据转换为 DataFrame 的结果，这里 ids 字段是文本编号，contents 字段是剧本的内容，emotions 字段是情感分类的标签。我们可以看出这是一个多标签分类任务。下面我们进行进一步的处理。

现在我们把 emotions 这一列拆分成 6 列，使用代码如下。

```
df_emo = data['emotions'].str.split(',', expand=True)

df_emo.rename(columns={0:'love', 1:'happy', 2:'shock', 3:'anger', 4:'fear',
5:'sad'}, inplace=True)

data = pd.concat([data, df_emo], axis=1)

data.head(2)
```

运行代码，可以得到如表 13-2 所示的结果。

表 13-2　将标签拆分成不同的列

ids	contents	emotions	love	happy	shock	anger	fear	sad
1171_0001_A_1	天空下着暴雨，o2 正在给c1 穿雨衣，他自己却只穿着单薄的军装，完全暴露在大雨之中	0,0,0,0,0,0	0	0	0	0	0	0
1171_0001_A_2	天空下着暴雨，o2 正在给c1 穿雨衣，他自己却只穿着单薄的军装，完全暴露在大雨之中	0,0,0,0,0,0	0	0	0	0	0	0

从结果中可以看到，我们把原来的 emotions 标签拆分成了 6 列，分别是 love、happy、shock、anger、fear、sad，对应的是爱、乐、惊、怒、恐、哀 6 种不同的情绪。

接下来我们去掉数据中的空值，使用代码如下。

```
data.dropna(inplace=True)
data.isnull().sum()
```

运行代码，可以得到如下结果。

```
ids          0
contents     0
emotions     0
love         0
happy        0
shock        0
anger        0
fear         0
sad          0
dtype: int64
```

从上面的代码运行结果可以看到，数据中每个列都不包含空值，可以进行进一步的处理了。

13.4.2 对台词内容进行分词处理

对于中文文本，分词是情感分类任务的必要预处理步骤之一。分词可以将连续的文本序列划分为单独的词汇，并形成一个词汇表，方便后续建立模型。在情感分类任务中，分词还可以帮助模型更好地理解句子结构，从而提高模型准确性。

我们可以使用一些常见的中文分词工具，如jieba分词、THULAC等完成分词任务。这些工具可以自动将中文文本划分为单独的词汇，并且支持自定义词典。

需要注意的是，在使用分词工具时，要根据具体场景和任务选择合适的分词模式和参数，以获得最佳的分词效果。

接下来我们使用jieba分词对剧本内容进行分词处理。如果读者还没有安装jieba分词，可以使用pip进行安装。安装方法很简单，在终端中输入以下代码，稍等片刻就可以完成jieba分词的安装了。

```
pip install jieba
```

安装完毕后，我们在Jupyter Notebook中使用下面的代码对剧本进行分词处理。

```
import jieba

# 定义一个分词函数
def tokenize(text):
    return ' '.join(jieba.cut(text))

# 对剧本内容列应用分词函数
data['text'] = data['contents'].apply(tokenize)

data.head()
```

运行上面的代码，可以看到数据多出一个名为“text”的列，我们可以通过表13-3对比分词前后的效果。

表13-3 原始剧本与分词后的剧本对比

contents	text
天空下着暴雨，o2正在给c1穿雨衣，他自己却只穿着单薄的军装，完全暴露在大雨之中	天空 下 着 暴雨 , o2 正在 给 c1 穿 雨衣 , 他 自己 却 只 穿着 单薄 的……
天空下着暴雨，o2正在给c1穿雨衣，他自己却只穿着单薄的军装，完全暴露在大雨之中	天空 下 着 暴雨 , o2 正在 给 c1 穿 雨衣 , 他 自己 却 只 穿着 单薄 的……
o2一手拿着一件行李，一路小跑着把c1带到了文工团门口	o2 一 手拿着 一件 行李 , 一路 小跑 着 把 c1 带到 了 文工团 门口

续表

contents	text
o2 一手拿着一件行李，一路小跑着把c1 带到了文工团门口	o2 一 手拿着 一件 行李 ，一路 小跑 着 把 c1 带 到 了 文工团 门口
o2 停下来接过c1 手里的行李说："你妈妈交代我了，等领了军装一定要照张相寄回去，让街坊邻居都知道……"	o2 停下来 接过 c1 手里 的 行李 说："你 妈妈 交代 我 了，等 领 了 军装 ……"

为了方便展示，表 13-3 只保留了原始剧本和经过分词处理后的部分剧本。从中我们可以看到，原始剧本中，就是我们日常使用的中文；而经过分词处理后，每个句子都被空格分成了不同的词汇或短语。这样我们就可以试着使用分词后的剧本训练模型了。

13.4.3　模型训练与评估

经过一些简单的数据处理后，将数据直接喂给模型，看看效果如何。模型创建与训练的代码如下。

```
import pandas as pd
import numpy as np
from sklearn.model_selection import train_test_split
from tensorflow.keras.preprocessing.text import Tokenizer
from tensorflow.keras.preprocessing.sequence import pad_sequences
from tensorflow.keras.models import Sequential
from tensorflow.keras.layers import Dense, LSTM, Embedding

# 将文本列转化为序列
tokenizer = Tokenizer(num_words=5000)
tokenizer.fit_on_texts(data['contents'])
sequences = tokenizer.texts_to_sequences(data['contents'])

# 对序列进行填充
max_len = max(len(s) for s in sequences)
seq = pad_sequences(sequences, maxlen=max_len)

# 将标签列转化为二进制矩阵
labels = np.asarray(data[['love', 'happy', 'shock', 'anger','fear', 'sad']].
astype('int64'))
num_labels = labels.shape[1]

# 划分训练集和测试集
X_train, X_test, y_train, y_test = train_test_split(seq, labels, test_
size=0.2)
```

```
# 定义模型
model = Sequential()
model.add(Embedding(input_dim=5000, output_dim=128, input_length=max_len))
model.add(LSTM(units=64))
model.add(Dense(units=num_labels, activation='sigmoid'))

# 编译模型
model.compile(optimizer='adam', loss='categorical_crossentropy',
 metrics=['accuracy'])

# 训练模型
model.fit(X_train, y_train, epochs=10, batch_size=32, validation_data=(X_test,
y_test))

# 评估模型
loss, accuracy = model.evaluate(X_test, y_test, verbose=0)
print('Accuracy: %f' % (accuracy*100))
```

在上面的代码中，我们首先使用Keras的Tokenizer将文本列转化为序列。然后使用pad_sequences对序列进行填充。再将标签列转化为二进制矩阵，使用train_test_split函数对训练集和测试集进行划分。接下来我们定义了一个包含一个嵌入层（Embedding）、一个LSTM层和一个全连接层的模型。我们使用Sigmoid激活函数处理多标签分类问题。最后，我们使用fit方法训练模型，并使用evaluate方法评估模型。

温馨提示

在Keras中，Tokenizer使用我们前面学习过的词袋模型进行文本表示。num_words参数用于限制词汇表的大小。具体而言，它指定了只考虑出现频率最高的前*N*个词。如果某个单词不在词汇表中，则将其视为特殊标记，如“OOV”（Out Of Vocabulary）。通常情况下，num_words设置得越大，模型的表示能力就越强，但计算开销也会相应增加。因此，需要根据实际情况选择合适的num_words值。

这里我们是初次接触嵌入层，所以对其简单介绍一下。在Keras中，嵌入层是用于将离散的数据（如单词）映射为密集向量的神经网络层。 在自然语言处理任务中，我们经常需要将单词表示成向量，以便可以在神经网络中使用它们。这种向量通常被称为单词嵌入（Word Embedding）。嵌入层可以快速地学习这些单词嵌入，并在训练过程中进行调整。

例如，我们可以将一个包含10000个单词的字典中的每个单词表示为一个长度为50的向量。Keras的嵌入层会接受整数序列作为输入，并将它们转换为对应的向量序列。 这个向量序列可以作为后续的神经网络层的输入。

温馨提示

由于嵌入层有能力学习相似性和关联性，它也可以应用于其他领域，如推荐系统或图像处理。

运行代码，等待模型训练完毕，可以得到如下结果。

```
Accuracy: 12.722577
```

从上面的代码运行结果来看，我们随意搭建的模型准确率只有约 12.7%，是一个不太理想的结果。不过这非常正常，毕竟这个模型只有一个嵌入层、一个 LSTM 层及一个输出层。模型过于简单，因此出现了欠拟合的现象。

在下一章中，我们将尝试用迁移学习技术训练模型，看看是否能够将准确率大幅提高。

13.5 习题

在本章中，我们跟着 ChatGPT 一起了解了自然语言处理的相关知识，以及 RNN 和 LSTM 的概念及原理，还有自然语言处理领域中的文本表示方法。我们还在 DataFountain 上找了一个剧本情感分类的任务进行实战，这样一个多标签且每个标签还有多个值的分类任务对于初学者来说难度是很大的。不过不要灰心，我们让 ChatGPT 准备一些简单的习题，找回自信。

1. 解释循环神经网络（RNN）的概念及其在自然语言处理中的应用场景。

2. 比较 RNN 和传统神经网络的区别，并说明为什么 RNN 更适合处理序列数据。

3. 解释长短时记忆网络（LSTM）的优点，并说明为什么它比传统的 RNN 更适合处理长期依赖关系。

4. 详细描述 LSTM 的内部结构和工作原理，并解释使用 LSTM 处理文本数据。

5. 什么是文本表示方法？列出至少三种常见的文本表示方法，并简要说明它们的优缺点。

6. 实践项目：使用 Keras 内置的 IMDB 电影评论数据集，训练 LSTM 模型进行情感分析，并测试其在测试集上的表现。

第14章 让ChatGPT带我们玩转迁移学习

本章导读

在第13章的实战环节，模型的准确率欠佳，这给我们引入迁移学习留下了一个“伏笔”。本章将介绍迁移学习的概念，并尝试用迁移学习技术继续对剧本文本进行情感分类，看看是否能得到更好的准确率。

知识要点

通过对本章内容的学习，您将掌握以下知识：

- 迁移学习的基本概念和历史。
- 迁移学习的实现方法。
- Transformer架构介绍。
- 自注意力机制和残差连接。
- 迁移学习实战。

14.1 让ChatGPT介绍一下迁移学习

现如今，迁移学习在机器学习和深度学习领域中非常流行，因为它可以显著减少训练模型所需的数据和时间。通过从预训练模型中将知识转移到新的相关任务，我们可以在新任务上实现更好的性能和更快的收敛速度。这在目标任务的标记数据有限或重新开始训练模型过于耗时的情况下特别有用。总体而言，迁移学习已经在许多领域取得了重大进展，如计算机视觉、自然语言处理和语音识别等。那么什么是迁移学习呢？我们让ChatGPT“用幽默的语言介绍迁移学习”，会得到如下答复。

ChatGPT 当你学会了开车，你会发现自己不必在每次换车时重新学习如何踩油门、刹车和控制方向盘。这是因为你的开车技能已经在不同的车辆上得到了迁移。同样，在机器学习领域，如果我们已经训练好一个模型处理某个任务，我们可能想要将其应用于另一个相关的任务，而不是重新开始训练一个新的模型。这就是迁移学习的魔力所在！它可以让机器学习模型像人类一样，具备“开车技能”的迁移能力，更快速、更高效地适应新的任务。

ChatGPT 给出的答复中，生动地将迁移学习的概念比喻成换车。简单地讲就是如果我们已经训练好了某个模型，就可以将它用于新的任务，而不是每一个任务都重新训练模型。这看起来确实很吸引人，因为这可以节省大量的时间和算力。

14.1.1　迁移学习的概念

现在我们了解一下迁移学习的基本概念。在 ChatGPT 对话框中输入“请介绍迁移学习的概念”，可以得到如下答复。

ChatGPT 迁移学习是一种机器学习方法，它的主要思想是从一个或多个相关任务中学到的知识能够帮助改善在新任务上的表现。简单来说，就是将已经训练好的模型应用于新的任务，从而加速学习新任务并提高学习效果。

具体地说，迁移学习通常涉及将一个预先训练好的模型（通常称为“源模型”）应用于一个不同但相关的任务（通常称为“目标任务”）中。这个过程可以通过调整源模型中的某些参数完成，也可以通过将源模型的特征表示传递给目标模型完成。由于源模型已经经过了大量数据的训练和优化，它可以提供有关目标任务的有用信息，从而减少目标任务的训练时间和数据需求，并提高其性能。

总之，迁移学习是一种非常强大的技术，可以在许多不同的领域中应用，包括自然语言处理、计算机视觉、推荐系统等。

从上面的答复中我们可以看到，ChatGPT 介绍了迁移学习的一般做法及可以应用的领域。我们继续追问 ChatGPT“迁移学习如何应用在自然语言处理中”，会得到如下答复。

ChatGPT 迁移学习在自然语言处理（NLP）中的应用非常广泛，可以帮助提高文本分类、情感分析、机器翻译等任务的性能。

例如，在自然语言处理中，可以使用预训练的语言模型实现迁移学习。这些预训练的语言模型通常是在大规模语料库上进行训练的，并且预测下一个单词的能力非常强。可以将这些预训练的模型用于下游任务，如文本分类、情感分析等，从而提高这些任务的性能，而不必重新开始训练一种新的模型，这样可以显著减少训练时间和数据需求。

此外，还可以使用迁移学习在有少量标注数据的情况下训练 NLP 模型。先在大规模的未标注文本数据上训练一个语言模型，然后将其用于下游任务，帮助训练模型以更少的标注数据获得更好的性能。

另外，在机器翻译任务中，也可以使用迁移学习。例如，可以使用一个已经训练好的神经机器翻译模型作为源模型，将其应用于目标任务，从而提高目标任务的翻译质量。

总之，迁移学习在自然语言处理中的应用非常广泛，可以帮助提高自然语言处理任务的性能，并减少训练时间和数据需求。

从上面的答复中可以看到，迁移学习技术在自然语言处理领域可以用于多个不同的场景，其中也包括情感分析。这么有趣的技术是谁发明的？可真是厉害！为了弄清楚这一点，我们再了解一下迁移学习的研究历程。

14.1.2 迁移学习的研究历程

在ChatGPT对话框中输入“请介绍迁移学习的研究历程”，会得到如下答复。

ChatGPT 迁移学习是一种机器学习方法，旨在通过将已经学习好的知识迁移到新的、相关但不同的任务上加速学习和提高准确性。以下是迁移学习的研究历程。

1. 1995年，前馈神经网络领域的研究人员发现，使用预训练模型可以显著提高网络的泛化能力。

2. 2004年，Ben Taskar等人首次提出了基于图模型的迁移学习算法，并将其应用于自然语言处理任务中。

3. 2005年，Raina等人提出了深度神经网络的预训练方法，即无监督预训练，以帮助解决数据稀缺的问题。

4. 2010年，Pan等人对迁移学习进行了系统性研究，总结了迁移学习的定义、类型和应用场景，并提出了评估方法。

5. 2012年，Alex Krizhevsky等人使用迁移学习的思想设计了ImageNet挑战赛中的深度神经网络，并取得了开创性的成果。

6. 2014年，Yosinski等人提出了迁移后的卷积神经网络，该方法可实现跨数据集的特征重用，提高了模型的泛化能力。

7. 2015年，Kaiming He等人提出了残差网络，该方法可通过跨层连接解决神经网络退化问题，在图像分类、物体检测等任务上取得了很好的效果。

近年来，随着深度学习技术的不断发展与普及，迁移学习在各个领域都得到了广泛应用，并涌现出了许多新的研究成果和应用案例，如自然语言处理、计算机视觉、推荐系统等。

从上面的答复中可以看到，迁移学习技术最早可以追溯到1995年。在那个时候研究人员就已经发现使用预训练模型可以提高神经网络的泛化能力。经过20多年的发展，迁移学习已经得到了广泛应用。不过ChatGPT只介绍到了2015年，那么在这之后，迁移学习有没有更新的研究成果呢？我们追问一下。在ChatGPT对话框中输入“请介绍迁移学习的最新技术”，会得到如下答复。

ChatGPT 迁移学习的最新技术包括以下内容。

1. 元学习技术：元学习是一种高级的迁移学习方法，它通过学习如何学习提高模型的泛化能力。元学习可以通过对大量任务进行训练，并将所学到的知识应用到新任务中，从而快速适应新问题。

2. 动态自适应方法：动态自适应方法是一种新兴的迁移学习技术，它可以根据环境的变化自动调整模型参数和结构，从而更好地适应不同的任务和环境。

3. 对抗性迁移学习：对抗性迁移学习是一种针对不同领域之间的分布差异的迁移学习技术，在源领域和目标领域之间构建虚拟对抗样本，从而缩小两个领域之间的差距。

4. 无监督迁移学习：无监督迁移学习是一种以非监督方式利用未标记数据进行迁移学习的方法，它可以帮助模型从未标记的数据中学习更多的特征信息，提高模型的准确度。

5. 深度神经网络结构搜索：深度神经网络结构搜索是一种新兴的迁移学习技术，它通过自动搜索神经网络结构提高模型的性能和泛化能力。

这些最新技术表明，迁移学习作为一种强大的机器学习方法，不断地得到发展，并为各个领域的问题提供了更好的解决方案。

在上面的答复中，ChatGPT 列举了一些目前比较新兴的迁移学习技术，并且给出了简要的解释。下面我们一起学习如何实现迁移学习。

14.2 让ChatGPT介绍迁移学习的实现

要了解如何实现迁移学习，我们可以在 ChatGPT 对话框中输入“如何实现迁移学习”，会得到如下答复。

ChatGPT 迁移学习是指将一个领域的知识迁移到另一个相关领域的过程，目的是提高模型在新领域中的表现。以下是一个基本的迁移学习流程。

1. 选择预训练模型：选择一个在源领域上表现良好的预训练模型。例如，使用 ImageNet 数据集预训练的神经网络模型。

2. 冻结预训练模型：对于所选的预训练模型，可以冻结其所有参数，使其不会被更新。这样做是为了保留模型已经学到的知识，避免在新领域的数据上发生过拟合。

3. 修改预训练模型：根据新任务的特点和要求，针对性地修改预训练模型的部分或全部结构，并添加新的输出层。

4. 训练模型：使用新领域的数据对修改后的预训练模型进行训练，以微调模型的权重，使其适应新领域的数据。

5. 评估模型：对微调后的模型在测试数据集上进行验证，评估其在新领域上的表现。

需要注意的是，迁移学习成功与否取决于源领域和目标领域之间的相似度，相似度越高，则迁移学习的效果越好。同时，数据量和质量也会对迁移学习的效果产生重大影响。

在上面的答复中，我们可以看到 ChatGPT 给出了迁移学习的一般流程。接下来我们按照这个流程，逐步学习迁移学习技术的完整实现方法。

14.2.1 预训练模型的选择

我们让ChatGPT推荐预训练模型。在ChatGPT对话框中输入“现在我们要完成文本情感识别的任务，请推荐一个预训练模型”，会得到如下答复。

ChatGPT 针对文本情感识别任务，可以使用以下预训练模型。

1. BERT（Bidirectional Encoder Representations from Transformers）。
2. XLNet (eXtra Long Network)。
3. RoBERTa (Robustly Optimized BERT Approach)。
4. ALBERT (A Lite BERT)。
5. ELECTRA (Efficiently Learning an Encoder that Classifies Token Replacements Accurately)。

这些模型都基于Transformer架构，通过预训练技术学习语言信息，可以进行文本分类、文本生成等多种自然语言处理任务。其中BERT是最常用的模型之一，应用广泛，并且在很多任务上表现出色。如果你的数据集比较大，可以选择RoBERTa或XLNet，它们在许多自然语言处理任务中表现得非常好。

看了上面的答复，不知道大家会不会有这样一个问题——为什么ChatGPT没有推荐GPT呢？我们追问一下。在ChatGPT对话框中输入“为什么没有GPT”，会得到如下答复。

ChatGPT GPT（Generative Pre-trained Transformer）也是一种基于Transformer架构的预训练模型，它通过无监督学习的方式学习语言知识，并且被广泛应用于文本生成任务。但是对于文本分类任务，相比BERT等模型，GPT的表现可能会有所逊色。原因在于GPT是一个单向的语言模型，只能根据之前的文本生成后续的文本，而不能利用后续的信息影响之前的输出。这会导致GPT在处理长文本时存在一定的局限性，难以捕捉整个文本的上下文信息。因此，在文本分类任务中，BERT等双向模型往往可以更好地利用文本的上下文信息，从而获得更好的表现。

从上面的答复中可以看到，GPT的优势在于生成后续文本，而由于它自身的特点，在文本分类任务上的表现可能不是最优的。那么我们就初步选择BERT作为预训练模型。

既然选择了BERT，那么我们就要详细了解一下它。在ChatGPT对话框中输入“请详细介绍一下BERT”，会得到如下答复。

ChatGPT 好的，让我为您详细介绍一下BERT。

BERT的全称是“Bidirectional Encoder Representations from Transformers”，是由Google在2018年提出的一种自然语言处理模型。与传统的自然语言处理模型相比，BERT具有以下几个特点。

1. 双向编码：BERT使用双向编码器，即不仅考虑文本左侧的上下文信息，还考虑右侧的上下文信息。这使BERT更加理解整个文本的含义。

2. 预训练+微调：BERT首先通过大规模的无监督预训练学习通用的语言表示，然后再针对特定的任务进行微调，从而实现更好的性能。

3. Transformer架构：BERT采用了Transformer架构，这是一种基于自注意力机制的神经网络，可以有效地捕获长距离依赖关系，从而提高语言建模能力。

BERT的核心思想在于使用预训练模型学习通用的语言表示，然后在各种具体任务中进行微调。这样做的好处是可以将通用的语言知识迁移到不同的任务中，从而避免需要为每个任务单独训练一个模型的问题。

BERT在自然语言处理领域有广泛的应用，如问答系统、情感分析、文本分类等。它的出现在自然语言处理领域引起了极多的关注和研究，也为后续的自然语言处理研究开拓了新的方向。

在上面的答复中，ChatGPT给出了BERT的介绍。其中涉及很多术语，如Transformer架构、自注意力机制等。如果读者不是很了解这些术语也没有关系，接下来我们用一个简单的示例演示BERT的调用，在这个过程中让ChatGPT介绍相关的知识。

14.2.2 使用BERT进行文本分类的简单示例

现在我们可以要求ChatGPT给出使用BERT的示例。在ChatGPT对话框中输入"在Python中调用BERT进行中文文本分类的示例代码"，会得到如下答复。

ChatGPT 下面是一个使用Python和BERT进行中文文本分类的示例代码。

首先，需要安装Transformers库，可以使用以下命令进行安装。

```
pip install transformers
```

接着，导入所需的库和模型。

```
from transformers import BertTokenizer, BertForSequenceClassification
import torch
```

然后，加载训练好的BERT模型和对应的tokenizer。

```
model = BertForSequenceClassification.from_pretrained('bert-base-chinese',
 num_labels=2)
tokenizer = BertTokenizer.from_pretrained('bert-base-chinese')
```

这里使用了bert-base-chinese模型，它是在Chinese Wikipedia和BookCorpus上预训练的BERT模型。

接下来，定义一个函数处理输入文本，并将其转换为适合输入BERT模型的格式。

```
def preprocess(text):
    encoded_text = tokenizer.encode_plus(
        text,
        max_length=128,
        pad_to_max_length=True,
```

```
        truncation=True,
        return_tensors='pt'
    )
    return encoded_text['input_ids'], encoded_text['attention_mask']
```

此函数接受一个字符串作为输入并返回两个张量，一个是tokenized输入，另一个是 attention mask。

最后，我们可以使用加载的模型对输入文本进行分类。

```
# 将文本转换为tensor
text = '这是一篇关于自然语言处理的文章'
input_ids, attention_mask = preprocess(text)
input_ids = input_ids.to(torch.long)
attention_mask = attention_mask.to(torch.long)

# 预测
with torch.no_grad():
    outputs = model(input_ids, attention_mask)
    logits = outputs.logits
    predicted_class = torch.argmax(logits, axis=1)

# 显示结果
print(f'输入文本：{text}')
print(f'预测类别：{predicted_class.item()}')
```

这个示例代码将使用训练好的BERT模型对给定的中文文本进行分类，并输出预测结果。

在上面的答复中，ChatGPT首先给出了安装Transformers的方法，然后使用Transformers的BERT预训练模型和文本向量化工具，以及深度学习框架Pytorch进行中文的文本分类任务。将ChatGPT给出的代码粘贴到Jupyter Notebook中并运行，会得到如下结果。

```
输入文本:这是一篇关于自然语言处理的文章
预测类别:1
```

从上面的代码运行结果可以看到，ChatGPT给出的一段中文文本“这是一篇关于自然语言处理的文章”，被BERT划分到标签为1的类别中。在整个过程中，我们并没有给BERT任何有标签的训练集进行训练，它是通过之前已经学习的知识对文本进行分类的。接下来，我们详细了解一下代码中一些相关的细节。

温馨提示

运行上面的代码，需要本机已经安装Pytorch。不想安装Pytorch的读者，也可以在Colab上运行这段代码试验。

14.2.3 Python中的Transformer库

在上面的代码中，我们首先在Python中安装了一个名为Transformers的库，现在我们了解一下这个库的相关信息。在ChatGPT对话框中输入“请介绍Python的Transformers库”，会得到如下答复。

ChatGPT Python的Transformers库是自然语言处理（NLP）领域中最流行的开源库之一。它基于PyTorch和TensorFlow等深度学习框架，提供了许多预训练的模型，如BERT、GPT-2、RoBERTa等，这些模型可以用来进行文本分类、命名实体识别、情感分析、问答系统、生成式对话等NLP任务。

该库还提供了许多工具。例如，Tokenizers，它能够将自然语言转换为数字表示以便于神经网络处理；Trainer类，它可以简化模型训练过程；Pipeline类，它使模型应用变得更加容易。

此外，Transformers库也支持在多个GPU上进行并行训练，并且可以与Hugging Face的模型仓库完美配合使用，方便用户快速下载和使用预训练模型进行各种NLP任务。

看了上面的答复，相信大家已经了解Transformers库的基本概念与功能了。但这里也出现了一个新的名词——“Hugging Face”。我们可以追问ChatGPT“什么是Hugging Face”，会得到如下答复。

ChatGPT Hugging Face是一家人工智能公司，其主要业务是开发自然语言处理（NLP）相关的软件和服务。该公司最著名的产品之一是Transformers，这是一款用于训练和部署NLP模型的开源库。Hugging Face也提供了一个名为Hugging Face Hub的平台，允许开发者共享和发现预训练的NLP模型和相关工具。此外，该公司还开发了一些面向消费者的NLP应用程序，如智能聊天机器人和文本生成工具。

我们得知，Hugging Face是一家公司，开发了Tranformers这款产品。当然，如果读者有意进行自然语言处理方面的开发工作，也可以进一步了解Hugging Face有哪些工具或模型。

14.3 让ChatGPT介绍Transformer架构

前文中提到，诸如BERT等自然语言处理模型大多基于Transformer架构。而从Transformers库这个名字也可以猜到，这个库中集成的模型应该都是基于Transformer架构的。在本节中，我们来详细了解这个架构的相关知识。

14.3.1 什么是Transformer架构

首先我们让ChatGPT介绍一下该架构，在其对话框中输入“Transformer架构的原理是什么”，可以得到如下答复。

ChatGPT Transformer架构是一种用于自然语言处理领域的神经网络结构，它最初被提出来用于机器翻译任务。Transformer使用了一种被称为自注意力机制（Self-attention Mechanism）的技术，使模型能够在不同位置之间建立关联，并且能够同时处理整个序列，而不是像传统的循环神经网络（RNN）那样逐步处理。

在Transformer中，输入的序列首先通过一个被称为“编码器”（Encoder）的部分进行编码，然后再通过一个被称为“解码器”（Decoder）的部分进行解码。编码器和解码器都由多层堆叠的自注意力机制与前馈神经网络（Feed-Forward Neural Network）组成，每一层之间都有残差连接（Residual Connection）和层标准化（Layer Normalization）。

自注意力机制可以在输入序列中找到相关性，并计算每个单词与所有其他单词之间的重要程度，从而产生一个加权向量，表示每个单词在上下文中的重要性。这使模型能够学习输入序列的全局依赖关系，而不需要像RNN那样逐步考虑每个单词的顺序。

总之，Transformer架构通过使用自注意力机制和残差连接等技术，使模型能够捕捉输入序列中的长距离依赖关系，并且在处理序列时具有高效性和并行性。

在上面的答复中，我们可以大致了解Transformer架构的基本原理。文字的表述看起来稍微有些晦涩，我们可以要求ChatGPT绘制一个示意图。在ChatGPT对话框中输入“请用Markdown绘制Tranformer架构的示意图”，会得到如图14-1所示的答复。

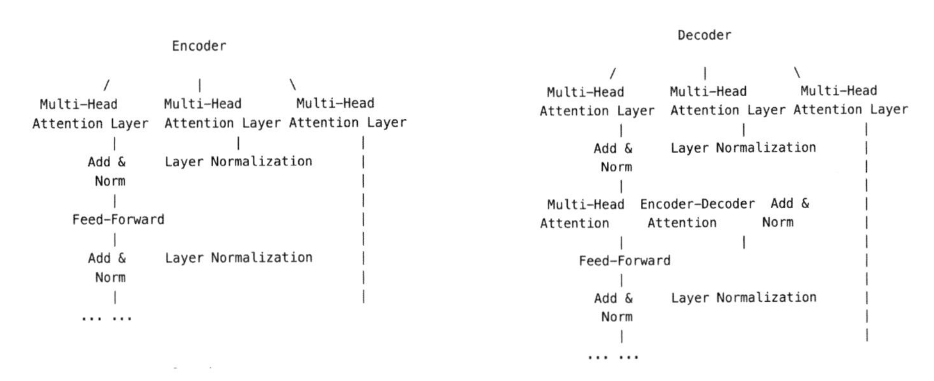

图14-1　Transformer架构示意图

在图14-1中可以看到，Transformer架构包含一个Encoder和一个Decoder。Encoder和Decoder均包含多个Multi-Head Attention层和Feed-Forward层，每个Attention层后面跟着一个Add & Norm模块，用于完成残差连接和归一化操作。在Decoder中还包含一个Encoder-Decoder Attention层，用于实现Decoder对Encoder输出的注意力机制。

在这里，我们又看到了新的术语——自注意力机制和残差连接。这两个术语又是什么意思呢？接下来将进行介绍。

14.3.2　什么是自注意力机制

下面我们了解一下什么是自注意力机制，在ChatGPT对话框中输入“请介绍什么是自注意力机制”，会得到如下答复。

ChatGPT 自注意力机制是一种用于自然语言处理和计算机视觉等任务的机制，它能够让模型集中关注输入序列中不同位置之间的相互依赖关系，从而更好地理解输入信息。在自注意力机制中，每个输入位置都会被映射成一个查询向量、一个键向量和一个值向量，通过计算这些向量之间的相似度得到一个权重向量，再利用这个权重向量对所有值向量进行加权平均汇聚，从而生成最终的输出向量。

具体而言，在自注意力机制中，对于给定的输入序列，首先，我们需要将每个单词或像素点等转化为一个高维空间中的向量表示。其次，我们需要计算每个向量与其他向量之间的相似度得分，通常使用点积、缩放点积或其他方式计算。这些得分被归一化，得到一个权重向量，表示当前向量与其他向量的相对重要程度。最后，通过将每个向量乘以它对应的权重，求和得到加权平均向量作为最终输出。

自注意力机制的一个重要优点是，它能够在不引入任何外部信息的情况下，发现输入序列中的长距离依赖关系。这使它在自然语言处理中的应用非常广泛。例如，在机器翻译、文本摘要和对话生成等任务中都有使用。

在上面的答复中，ChatGPT给出了自注意力的理论解释。如果大家觉得有些晦涩难懂，也可以把自注意力机制想象成一个非常聪明的小学生，他会在做作业的时候自己把各个题目之间的联系找出来，然后针对每个题目给出最准确的答案。相比那些需要家长或老师指导的孩子，他显然更加独立、自主和优秀。

下面我们还可以通过一个简单的示例理解自注意力机制。在ChatGPT对话框中输入“请用Markdown代码给出自注意力机制的示例”，会得到如下答复。

ChatGPT 好的，请看下面的示例（使用Markdown语法）。

输入序列：

```
[text1, text2, ..., textn]
```

将每个文本向量映射成三个向量：

Query	Key	Value
q_1	k_1	v_1
q_2	k_2	v_2
…	…	…
q_n	k_n	v_n

计算每对向量之间的相似度得分：

$$\text{Score}(q_i, k_j) = q_i * k_j$$

通过Softmax函数归一化得到权重向量：

$w_1 = \text{Softmax}([\text{Score}(q_1, k_1), \text{Score}(q_1, k_2), \cdots, \text{Score}(q_1, k_n)])$

$w_2 = \text{Softmax}([\text{Score}(q_2, k_1), \text{Score}(q_2, k_2), \cdots, \text{Score}(q_2, k_n)])$

…

$w_n = \text{Softmax}([\text{Score}(q_n, k_1), \text{Score}(q_n, k_2), \cdots, \text{Score}(q_n, k_n)])$

利用权重向量对Value向量进行加权平均汇聚：

$\text{Output} = w_1 * v_1 + w_2 * v_2 + \ldots + w_n * v_n$

从上面的示例可以看到，自注意力机制的应用过程大体可以分为以下几步。

（1）将输入序列中的每个文本向量，都映射成一个Query向量、一个Key向量和一个Value向量。

（2）计算每个Query向量和所有Key向量之间的相似度得分，并通过Softmax函数归一化生成权重向量。

（3）将每个Value向量乘以它对应的权重，求和得到加权平均向量作为最终输出。

在了解了自注意力机制后，我们再了解一下残差连接的概念。

14.3.3 什么是残差连接

要了解残差连接的概念，我们只需在ChatGPT对话框中输入“请介绍什么是残差连接”，就会得到如下答复。

ChatGPT 残差连接是一种在神经网络中常用的技术，它可以解决深层网络训练中出现的梯度消失和梯度爆炸等问题，从而提高模型的精度和训练速度。

具体而言，残差连接的思想是将前一层的输出与后一层的输入相加，形成一个跨层的快捷连接。这样，在反向传播过程中，梯度能够更快地传递回去，从而避免了在深层网络中梯度消失或梯度爆炸的问题。

另外，残差连接还有一个很重要的作用，就是能够使网络更容易学习恒等映射。也就是说，即使我们在网络中增加了多余的层或参数，但如果这些层或参数对应的函数近似于恒等映射，那么通过残差连接，网络仍然可以保持输出与输入之间的一致性，不会对原有的表达能力造成影响。

因此，残差连接被广泛应用于深度学习中的各种任务，如图像分类、自然语言处理、目标检测等。在实践中，我们通常使用“残差块”引入残差连接，这个块包含了多个卷积层和批量归一化层，并且在卷积操作前后都有一个跨层的快捷连接。

以上就是关于残差连接的理论解释。当然，我们也可以这样通俗地理解——想象吃炸鸡的时候，可能会有些部分没吃完，但是我们又不想浪费，于是就把这些剩余的部分留着，等到下次再吃炸鸡的时候，将这些剩余部分与新的炸鸡一起享用。

同样，在神经网络中，每个层都会对输入数据进行处理，输出新的数据。但是有时候，我们希望在新的层中保留一些原始数据的信息，就像留下骨头和肉渣一样。这就是残差连接的作用——将原始数据与新的处理结果相加，形成一个新的输出，而这个输出既包含新的层的信息，也包含之前层的信息。

简单地说，残差连接就像吃炸鸡一样，将之前未处理完的部分与新的处理结果结合起来，达到更好的效果。

同样，我们可以要求ChatGPT“用Markdown绘制残差连接的示意图”，会得到如下答复。

ChatGPT 好的，以下是使用Markdown绘制的残差连接示意图。

```
Input +---[Layer 1]--- Activation ---[Layer 2]--- Output
      |                               |
      +--------------------[Addition]-----------------+
```

在上面的答复中，Input表示输入数据，Output表示新的处理结果，Layer 1 和Layer 2 表示神经网络中的两个层，Activation表示激活函数，Addition表示加法操作，将输入数据和新的处理结果相加。通过ChatGPT的解答，我们就可以比较清晰地理解残差连接的概念了。

14.4 实战迁移学习

在第 13 章中，我们搭建了一个简单的LSTM模型，并使用DataFountain上的剧本角色情感识别数据进行了训练。这里我们给自己“挖了一个坑”——模型的准确率比较低。所以接下来，我们就要使用迁移学习的方式，用预训练模型重新进行训练，看看准确率会不会有显著提升。

温馨提示

这一节使用的代码，对于初学者来说可能有些复杂。不过这里并不要求读者完全掌握。毕竟刚看完一本书就能在某个大赛平台排进前几名，并不是一件很现实的事情。所以大家可以先借助这个实战项目，了解迁移学习的原理和实现的大致方法。

14.4.1 工具准备和数据读取

下面我们就开始动手实践。首先加载要用到的库，使用的代码如下。

```
from tqdm import tqdm
import pandas as pd
import os
from functools import partial
import numpy as np
import time
import torch
import torch.nn as nn
import torch.nn.functional as F
from torch.utils.data import DataLoader
from torch.utils.data.dataset import Dataset
```

```
from transformers import BertPreTrainedModel, BertTokenizer, BertConfig,
BertModel, AutoConfig
from functools import partial
from transformers import AdamW, get_linear_schedule_with_warmup
```

这段代码导入了许多Python和深度学习相关的库和模块，以下是每个导入包的简要解释。

（1）tqdm：用于在循环中显示进度条。

（2）pandas：提供高性能、易于使用的数据结构和数据分析工具。

（3）os：提供了一种方便的使用操作系统功能的方法。

（4）functools：提供了一些高阶函数，如partial，可用于创建可重用的函数。

（5）numpy：提供了多维数组和矩阵计算功能，以及用于处理大型数据集的工具。

（6）time：提供了一系列用于操作时间的函数。

（7）torch：PyTorch深度学习框架的主要库。

（8）torch.nn：定义了各种神经网络层和损失函数。

（9）torch.nn.functional：提供了一些与神经网络相关的函数，如激活函数和池化函数。

（10）torch.utils.data.DataLoader：用于加载和预处理数据的工具。

（11）torch.utils.data.dataset.Dataset：定义了一个抽象类，用于表示数据集。

（12）transformers.BertPreTrainedModel：一个预先训练的BERT模型的基类。

（13）transformers.BertTokenizer：用于将文本转换为BERT模型可以接受的输入格式。

（14）transformers.BertConfig：包含BERT模型的配置信息。

（15）transformers.BertModel：BERT模型的主体部分。

（16）transformers.AutoConfig：根据给定的预训练模型名称自动获取相应的配置信息。

（17）transformers.AdamW：使用Adam优化算法进行权重更新的优化器。

（18）transformers.get_linear_schedule_with_warmup：用于调整学习率的函数，以实现渐变下降（Warmup）和线性衰减。

接下来我们就可以开始读取数据，并保存成DataFrame格式，使用的代码如下。

```
with open('train_dataset_v2.tsv', 'r', encoding='utf-8') as handler:
    lines = handler.read().split('\n')[1:-1]

    data = list()
    for line in tqdm(lines):
        sp = line.split('\t')
        if len(sp) != 4:
            print("Error: ", sp)
            continue
        data.append(sp)

train = pd.DataFrame(data)
```

```
train.columns = ['id', 'content', 'character', 'emotions']

test = pd.read_csv('test_dataset.tsv', sep='\t')
submit = pd.read_csv('submit_example.tsv', sep='\t')
train = train[train['emotions'] != '']
```

这段代码的作用是读取两个数据集train_dataset_v2.tsv和test_dataset.tsv，并将它们存储为dataframe类型变量train和test。具体解释如下。

首先，使用Python内置函数open()以只读方式打开文件train_dataset_v2.tsv，并指定编码格式为utf-8。然后，使用.read()方法从handler对象中读取所有行，并使用.split('\n')将字符串按行分割成一个列表。由于第一行是表头信息而不是数据，使用切片操作[1:-1]选取除第一行和最后一行以外的所有行。

其次，使用list()函数将字符串列表lines转换为一个列表对象data，其中每个元素是一个包含四个字段（id、content、character和emotions）的列表。对于每个元素，使用split('\t')将其按照Tab符号分隔，并检查所得到的列表是否长度为4，如果不是，则输出错误信息并跳过该行。最后，将每个正确的数据行追加到data列表中。

然后，将data列表转换为Pandas的DataFrame类型变量train，并将列名分别命名为id、content、character和emotions。

接着，使用Pandas库中的read_csv()函数读取test_dataset.tsv文件，并将其存储到test变量中。

最后，使用切片删除train数据集中情感值为空的行，即将train更新为不包含空情感值的数据集。

14.4.2　数据处理与加载

现在我们已经将数据读取完成，接下来进行一些处理。使用的代码如下。

```
target_cols=['love', 'joy', 'fright', 'anger', 'fear', 'sorrow']
class RoleDataset(Dataset):
    def __init__(self, tokenizer, max_len, mode='train'):
        super(RoleDataset, self).__init__()
        if mode == 'train':
            self.data = pd.read_csv('train.csv',sep='\t')
        else:
            self.data = pd.read_csv('test.csv',sep='\t')
        self.texts=self.data['text'].tolist()
        self.labels=self.data[target_cols].to_dict('records')
        self.tokenizer = tokenizer
        self.max_len = max_len

    def __getitem__(self, index):
        text=str(self.texts[index])
```

```
        label=self.labels[index]

        encoding=self.tokenizer.encode_plus(text,
                                            add_special_tokens=True,
                                            max_length=self.max_len,
                                            return_token_type_ids=True,
                                            pad_to_max_length=True,
                                            return_attention_mask=True,
                                            return_tensors='pt',)


        sample = {
            'texts': text,
            'input_ids': encoding['input_ids'].flatten(),
            'attention_mask': encoding['attention_mask'].flatten()
        }

        for label_col in target_cols:
            sample[label_col] = torch.tensor(label[label_col]/3.0,
dtype=torch.float)
        return sample

    def __len__(self):
        return len(self.texts)
```

这段代码定义了一个名为RoleDataset的PyTorch Dataset类，用于加载文本分类任务的数据集。它包含以下几个方法。

1. __init__(self, tokenizer, max_len, mode='train')

该类初始化函数包括以下参数。

（1）tokenizer: 用于将文本转换为模型输入的Tokenizer。

（2）max_len: 最大文本长度，当文本长度小于该值时会进行Padding操作。

（3）mode: 数据集的模式，可以是train或test。

在该方法中，通过pd.read_csv()函数读取CSV格式的数据文件，并将文本和标签分别存储到self.texts和self.labels变量中。

2. __getitem__(self, index)

获取数据集中指定索引位置的数据与标签。具体过程如下。

（1）将文本和标签分别赋值给text和label变量。

（2）使用tokenizer.encode_plus()函数将文本编码成模型的输入，返回结果为字典格式。

（3）构建一个样本字典，包含texts、input_ids和attention_mask三种键及其对应的数值，其中input_ids和attention_mask是需要传递给模型的输入。

（4）遍历target_cols列表中的每个元素（情感类别），并将对应的标签值（除以 3）加入样本字典中。

3. __len__(self)

获取数据集的大小，即样本数量。

该类的作用是将文本数据和标签矩阵转换成Pytorch模型可以使用的格式，并提供了一种方便的方式获取单个样本。

接下来，我们再创建加载数据用的DataLoader对象，使用代码如下。

```
def create_dataloader(dataset, batch_size, mode='train'):
    shuffle = True if mode == 'train' else False

    if mode == 'train':
        data_loader = DataLoader(dataset, batch_size=batch_size,
shuffle=shuffle)
    else:
        data_loader = DataLoader(dataset, batch_size=batch_size,
shuffle=shuffle)
    return data_loader
```

这段代码定义了一个函数 create_dataloader，用于创建PyTorch中的DataLoader对象，该对象可以将数据集分成批次进行处理。该函数有三个参数：dataset表示要处理的数据集，batch_size表示每个批次的大小，mode表示数据集使用的模式（train或test）。

在函数中，根据mode确定是否对数据进行随机洗牌。如果mode是train，则shuffle设置为True，表示在训练数据集中需要对数据进行随机打乱；否则，shuffle设置为False，表示在测试数据集中不需要对数据进行随机打乱。

接下来，使用PyTorch提供的DataLoader类别创建一个data_loader对象。当mode为train时，data_loader对象会使用shuffle参数对数据进行随机洗牌，以便在训练过程中使数据更具有随机性；当mode不为train时，shuffle参数被设置为False，data_loader对象不会对数据进行随机洗牌。

最后，函数返回创建好的data_loader对象，以便在训练或测试模型时使用。

14.4.3　模型的创建与自定义

在完成前面的工作后，我们就可以开始创建模型了。首先，我们加载预训练模型和分词器，代码如下。

```
PRE_TRAINED_MODEL_NAME='hfl/chinese-roberta-wwm-ext'
tokenizer = BertTokenizer.from_pretrained(PRE_TRAINED_MODEL_NAME)
base_model = BertModel.from_pretrained(PRE_TRAINED_MODEL_NAME)
```

这段代码主要加载了BERT模型（这里使用的是中文RoBERTa预训练模型）和对应的分词器。

其次，我们定义了一个常量PRE_TRAINED_MODEL_NAME存储预训练模型的名称。这里我们使用的是中文RoBERTa预训练模型。

再次，我们使用BertTokenizer.from_pretrained()方法加载预训练模型对应的分词器，即该模型内置的分词器，以便后续对文本进行分词处理。

最后，我们使用BertModel.from_pretrained()方法加载预训练模型本身，即该模型的权重参数。这里我们将其存储在base_model变量中，以便之后对其进行微调或基于它进行新任务的训练。

加载预训练模型后，我们就要对模型进行初始化了，使用的代码如下。

```
def init_params(module_lst):
    for module in module_lst:
        for param in module.parameters():
            if param.dim() > 1:
                torch.nn.init.xavier_uniform_(param)
    return
```

这段代码定义了一个函数init_params()，其作用是对输入的模型参数进行初始化。

具体而言，该函数接受一个包含多个模型层的列表module_lst作为输入。它遍历每一层，并对其中需要进行初始化的参数进行 Xavier 均匀分布初始化。初始化方法是通过调用PyTorch中的torch.nn.init.xavier_uniform_() 方法实现的。Xavier初始化方法是一种常见的神经网络参数初始化方法，旨在使各层输入和输出的方差保持相等，从而更好地训练深层神经网络。

值得注意的是，只有当参数的维度大于 1 时才需要进行初始化。这是因为只有权重矩阵（维度大于 1 的张量）需要进行初始化，而偏置向量（维度为 1 的张量）可以使用默认的零初始化。

下面我们开始定义基于BERT的模型，使用的代码如下。

```
class ModelLite(nn.Module):
    def __init__(self, n_classes, model_name):
        super(IQIYModelLite, self).__init__()
        config = AutoConfig.from_pretrained(model_name)
        config.update({"output_hidden_states": True,
                       "hidden_dropout_prob": 0.0,
                       "layer_norm_eps": 1e-7})

        self.base = BertModel.from_pretrained(model_name, config=config)

        dim = 1024 if 'large' in model_name else 768

        self.attention = nn.Sequential(
            nn.Linear(dim, 512),
            nn.Tanh(),
            nn.Linear(512, 1),
```

```
            nn.Softmax(dim=1)
        )

        self.out_love = nn.Sequential(
            nn.Linear(dim, n_classes)
        )
        self.out_joy = nn.Sequential(
            nn.Linear(dim, n_classes)
        )
        self.out_fright = nn.Sequential(
            nn.Linear(dim, n_classes)
        )
        self.out_anger = nn.Sequential(
            nn.Linear(dim, n_classes)
        )
        self.out_fear = nn.Sequential(
            nn.Linear(dim, n_classes)
        )
        self.out_sorrow = nn.Sequential(
            nn.Linear(dim, n_classes)
        )

        init_params([self.out_love, self.out_joy, self.out_fright, self.out_anger,
                     self.out_fear,  self.out_sorrow, self.attention])

    def forward(self, input_ids, attention_mask):
        roberta_output = self.base(input_ids=input_ids,
                                   attention_mask=attention_mask)

        last_layer_hidden_states = roberta_output.hidden_states[-1]
        weights = self.attention(last_layer_hidden_states)
        context_vector = torch.sum(weights*last_layer_hidden_states, dim=1)

        love = self.out_love(context_vector)
        joy = self.out_joy(context_vector)
        fright = self.out_fright(context_vector)
        anger = self.out_anger(context_vector)
        fear = self.out_fear(context_vector)
        sorrow = self.out_sorrow(context_vector)

        return {
            'love': love, 'joy': joy, 'fright': fright,
```

```
            'anger': anger, 'fear': fear, 'sorrow': sorrow,
        }
```

这段代码定义了一个名为ModelLite的PyTorch模型类，用于情感分类任务。该模型基于预训练的BERT模型进行微调。

构造函数__init__()接受2个参数：n_classes表示分类问题的类别数，model_name指定使用的预训练模型的名称。在函数中，首先，使用AutoConfig.from_pretrained()方法加载预训练模型对应的配置信息，并通过字典更新的方式修改相关超参数（如输出所有隐藏状态、层归一化参数等）。然后，使用BertModel.from_pretrained()方法加载预训练模型本身，并根据新的配置信息初始化模型。

之后，我们定义了一个针对RoBERTa输出的注意力机制模块，其包含2个全连接层、1个非线性激活函数Tanh及一个Softmax层；并分别定义了6个全连接层用于预测不同情感类别的概率。

在前向传递过程中，输入的文本经过RoBERTa模型的编码后得到最后一层隐藏状态表示。随后，我们利用定义好的注意力机制计算权重向量，再将这个权重向量与最后一层隐藏状态表示求加权和得到上下文向量。最后，通过6个全连接层分别预测每个情感类别的概率，并将它们作为一个字典返回。

在模型构造函数中，我们还调用定义好的init_params()方法对模型的参数进行了初始化。

14.4.4 模型的训练

在创建并定义好模型后，我们就可以着手模型的训练工作了。首先我们要定义一些模型训练的参数，使用的代码如下。

```
EPOCHS=2
weight_decay=0.0
warmup_proportion=0.0
batch_size=16
lr = 1e-5
max_len = 128

warm_up_ratio = 0

trainset = RoleDataset(tokenizer, max_len, mode='train')
train_loader = create_dataloader(trainset, batch_size, mode='train')

valset = RoleDataset(tokenizer, max_len, mode='test')
valid_loader = create_dataloader(valset, batch_size, mode='test')

model = ModelLite(n_classes=1, model_name=PRE_TRAINED_MODEL_NAME)

model.cuda()
```

```
if torch.cuda.device_count()>1:
    model = nn.DataParallel(model)

optimizer = AdamW(model.parameters(), lr=lr, weight_decay=weight_decay)
total_steps = len(train_loader) * EPOCHS

scheduler = get_linear_schedule_with_warmup(
  optimizer,
  num_warmup_steps=warm_up_ratio*total_steps,
  num_training_steps=total_steps
)

criterion = nn.BCEWithLogitsLoss().cuda()
```

下面对代码逐行进行解释。

- EPOCHS=2：定义了训练过程中的Epoch数量，即遍历整个训练集的次数。
- weight_decay=0.0：定义权重衰减参数，以防止模型过拟合。
- warmup_proportion=0.0：定义学习率Warmup的比例，即在训练开始时从使用较小的学习率逐步增加到设定值，以防止模型在前期训练时收敛不稳定。
- batch_size=16：定义每个Batch的样本数量。
- lr = 1e-5：定义初始学习率大小。
- max_len = 128：定义输入数据的最大长度。
- warm_up_ratio = 0：定义线性学习率Warmup的比例。
- trainset = RoleDataset(tokenizer, max_len, mode='train')：定义训练集。
- train_loader = create_dataloader(trainset, batch_size, mode='train')：定义训练集的Dataloader。
- valset = RoleDataset(tokenizer, max_len, mode='test')：定义验证集。
- valid_loader = create_dataloader(valset, batch_size, mode='test')：定义验证集的Dataloader。
- model = ModelLite(n_classes=1, model_name=PRE_TRAINED_MODEL_NAME)：定义模型，该模型是IQIYModelLite类的实例，n_classes=1 表示输出为二分类结果，model_name=PRE_TRAINED_MODEL_NAME表示使用预训练模型进行微调。
- model.cuda()：将模型转移到GPU上进行训练。
- if torch.cuda.device_count()>1: model = nn.DataParallel(model)：如果存在多个GPU，则使用DataParallel对模型进行并行化处理。
- optimizer = AdamW(model.parameters(), lr=lr, weight_decay=weight_decay)：定义优化器，该优化器是AdamW类的实例，使用带权重衰减的Adam算法进行参数更新。
- total_steps = len(train_loader) * EPOCHS：计算总共需要迭代的次数。
- scheduler = get_linear_schedule_with_warmup(optimizer, num_warmup_steps=warm_up_

ratio*total_steps, num_training_steps=total_steps)：定义学习率scheduler，该scheduler是get_linear_schedule_with_warmup函数的实例，使用线性策略对学习率进行更新，并结合Warmup策略在前期迭代中使用较小的学习率。

- criterion = nn.BCEWithLogitsLoss().cuda()：定义损失函数，该损失函数是BCEWithLogitsLoss类的实例，用于二分类问题，同时将它转移到GPU上进行计算。

完成了相关参数的设置，我们就可以开始训练模型了。使用的代码如下。

```
def do_train(model, date_loader, criterion, optimizer, scheduler,
metric=None):
    model.train()
    global_step = 0
    tic_train = time.time()
    log_steps = 100
    for epoch in range(EPOCHS):
        losses = []
        for step, sample in enumerate(train_loader):
            input_ids = sample["input_ids"].cuda()
            attention_mask = sample["attention_mask"].cuda()

            outputs = model(input_ids=input_ids, attention_mask=attention_mask)

            loss_love = criterion(outputs['love'], sample['love'].view(-1,
                        1).cuda())
            loss_joy = criterion(outputs['joy'], sample['joy'].view(-1,
                       1).cuda())
            loss_fright = criterion(outputs['fright'], sample['fright'].
                          view(-1, 1).cuda())
            loss_anger = criterion(outputs['anger'], sample['anger'].view(-1,
                         1).cuda())
            loss_fear = criterion(outputs['fear'], sample['fear'].view(-1,
                        1).cuda())
            loss_sorrow = criterion(outputs['sorrow'], sample['sorrow'].
                          view(-1, 1).cuda())
            loss = loss_love + loss_joy + loss_fright + loss_anger +
                   loss_fear + loss_sorrow

            losses.append(loss.item())

            loss.backward()

            optimizer.step()
            scheduler.step()
```

```
            optimizer.zero_grad()

            global_step += 1

            if global_step % log_steps == 0:
                print("global step %d, epoch: %d, batch: %d, loss: %.5f,
                       speed: %.2f step/s, lr: %.10f"
                      % (global_step, epoch, step, np.mean(losses),
                         global_step / (time.time() - tic_train),
                         float(scheduler.get_last_lr()[0])))


do_train(model, train_loader, criterion, optimizer, scheduler)
```

这段代码定义了一个训练函数do_train，它接收模型、数据集、损失函数、优化器、学习率调度器和度量指标等参数，并使用这些参数对模型进行训练。下面是具体的实现步骤。

（1）将模型设为训练模式：model.train()。

（2）初始化一些变量，包括全局步数global_step、训练开始时间tic_train和日志步数log_steps。

（3）循环EPOCHS个周期，每个周期内对数据集进行遍历。

（4）对于每个样本，将输入数据和注意力掩码转移到GPU上：input_ids = sample["input_ids"].cuda()和attention_mask = sample["attention_mask"].cuda()。

（5）将输入数据传递给模型并计算输出结果：outputs = model(input_ids=input_ids, attention_mask=attention_mask)。

（6）计算该批次损失值，并根据不同情感类别的预测值和真实值计算各自的损失值：loss_love = criterion(outputs['love'], sample['love'].view(-1, 1).cuda())等。然后将所有损失值相加得到总损失值：loss = loss_love+loss_joy+loss_fright+loss_anger+loss_fear+loss_sorrow。

（7）将损失值添加到losses列表中：losses.append(loss.item())。

（8）根据总损失值进行反向传播：loss.backward()。

（9）梯度裁剪：nn.utils.clip_grad_norm_(model.parameters(), max_norm=1.0)。

（10）更新模型参数：optimizer.step() 和 scheduler.step()。

（11）清空梯度缓存：optimizer.zero_grad()。

（12）增加全局步数：global_step = 1。

（13）每隔log_steps步，打印一次训练日志，包括当前的全局步数、周期数、批次数、平均损失值、训练速度和学习率等信息。

（14）调用do_train函数，传入相应的参数即可开始训练模型。运行这段代码之后，我们需要等待一段时间，才能完成模型的训练。

14.4.5 模型的验证

在模型训练完成后，需要对其进行验证。这里要用的代码如下。

```
from collections import defaultdict

model.eval()

test_pred = defaultdict(list)
for step, batch in tqdm(enumerate(valid_loader)):
    b_input_ids = batch['input_ids'].cuda()
    attention_mask = batch["attention_mask"].cuda()
    with torch.no_grad():
        logists = model(input_ids=b_input_ids, attention_mask=attention_mask)
        for col in target_cols:
            out2 = logists[col].sigmoid().squeeze(1)*3.0
            test_pred[col].append(out2.cpu().numpy())

    print(test_pred)
```

这段代码用于在验证集上进行模型预测，输出预测结果到test_pred字典中。具体实现如下。

（1）导入defaultdict模块，创建默认值为空列表的字典对象。

（2）将模型的状态设置为评估模式：model.eval()。

（3）初始化一个空的字典test_pred，用于存储预测结果。

（4）对验证集数据进行遍历，每次遍历获取一个批次的数据。

（5）将输入数据和注意力掩码转移到GPU上：b_input_ids = batch['input_ids'].cuda() 和 attention_mask = batch["attention_mask"].cuda()。

（6）使用with torch.no_grad()块将前向传播过程的梯度计算关闭，以提高推理速度和节省显存。

（7）将输入数据传递给模型并计算输出结果，对于每个情感类别，通过Sigmoid函数对输出结果进行归一化，并乘以一个常数3.0，得到最终的预测值out2。然后将预测值添加到对应情感类别的列表中：test_pred[col].append(out2.cpu().numpy())。

（8）打印当前预测结果：print(test_pred)。

运行完该段代码后，test_pred字典中以情感类别为键，对应的值是一个列表，其中每个元素表示该批次预测结果的一个样本。可以通过计算列表的平均值或加权平均值得到整个验证集的预测结果。

14.4.6 使用模型进行推理

接下来，我们就可以编写函数，以使用训练好的模型对测试集中的样本进行预测。使用的代码如下。

```
def predict(model, test_loader):
    val_loss = 0
    test_pred = defaultdict(list)
    model.eval()
    model.cuda()
    for  batch in tqdm(test_loader):
        b_input_ids = batch['input_ids'].cuda()
        attention_mask = batch["attention_mask"].cuda()
        with torch.no_grad():
            logists = model(input_ids=b_input_ids,
 attention_mask=attention_mask)
            for col in target_cols:
                out2 = logists[col].sigmoid().squeeze(1)*3.0
                test_pred[col].extend(out2.cpu().numpy().tolist())

    return test_pred
```

这是一个用于调用模型进行推理的函数，输入参数为一个神经网络模型和一个数据集加载器。函数通过遍历测试数据集中的每个批次（Batch），对其进行推理，得到预测结果，并将预测结果存储在字典test_pred中，最后返回test_pred。具体解释如下。

- val_loss = 0: 初始化损失为0，该变量用于记录测试时的损失。
- test_pred = defaultdict(list): 初始化一个字典，用于存储每个目标列的预测结果，键为目标列名，值为一个列表，表示该目标列的所有预测值。
- model.eval()：将模型设置为评估模式，这意味着在进行推理时不会进行反向传播和参数更新，而且会关闭Dropout和Batch Normalization等操作，以确保结果的一致性。
- model.cuda()：将模型移动到GPU上进行计算。
- for batch in tqdm(test_loader)：遍历测试数据集中的每个批次（Batch）。
- b_input_ids = batch['input_ids'].cuda()：提取当前批次中的输入ID，并将其转移到GPU上。
- attention_mask = batch["attention_mask"].cuda()：提取当前批次中的注意力掩码，并将其转移到GPU上。
- with torch.no_grad()：对接下来的操作不追踪梯度，以减少内存消耗和加速推理过程。
- logists = model(input_ids=b_input_ids, attention_mask=attention_mask)：输入当前批次的输入ID和注意力掩码进行模型推理，得到预测结果。
- for col in target_cols：针对每个目标列，进行如下操作。
    - out2 = logists[col].sigmoid().squeeze(1)*3.0：对模型输出的第col列进行Sigmoid激活函数变换，并乘以3.0，得到该列的预测结果（因为这里的任务是回归任务，输出值可大于1，所以需要使用Sigmoid将其缩放到[0,1]范围内）。
    - test_pred[col].extend(out2.cpu().numpy().tolist())：将当前预测结果添加到test_pred字典

中对应目标列的列表中。

- return test_pred：返回存储了所有目标列预测结果的字典test_pred。

接下来，我们使用定义好的函数对测试集中的样本进行推理，使用的代码如下。

```
submit = pd.read_csv('submit_example.tsv', sep='\t')
test_pred = predict(model, valid_loader)
label_preds = []
for col in target_cols:
    preds = test_pred[col]
    label_preds.append(preds)
print(len(label_preds[0]))
sub = submit.copy()
sub['emotion'] = np.stack(label_preds, axis=1).tolist()
sub['emotion'] = sub['emotion'].apply(lambda x: ','.join([str(i) for i in x]))
sub.to_csv('baseline_{}.tsv'.format(PRE_TRAINED_MODEL_NAME.split('/')[-1]),
sep='\t', index=False)
sub.head()
```

这段代码的作用是将模型预测的结果以一定格式存储到文件中。具体流程如下。

（1）首先，声明一个空的列表label_preds。

（2）接着，使用for循环遍历名为target_cols的列表。这个列表中包含了多个情感类别，对于每个类别，都从test_pred对象中取出该类别的预测结果，并将其添加到label_preds列表中。

（3）打印label_preds[0]的长度。假设label_preds的第一个元素是love类别的预测结果。

（4）复制submit对象到sub中，并在sub对象中新建emotion列，并将所有的预测结果存储到这个列中。这里使用了NumPy的Stack函数，将多个列合并成一个二维数组，并将其转换为Python内置的列表类型。

（5）使用Apply函数对emotion列中的每个元素执行Lambda表达式，将其从列表形式转换为逗号分隔的字符串形式。

（6）最后，使用to_csv函数将sub对象的内容存储在名为baseline_{}.tsv的文件中，并且指定分隔符为制表符。PRE_TRAINED_MODEL_NAME是一个字符串，它表示使用的预训练模型的名称或路径。最后，打印sub对象的前几行内容。

运行这段代码，我们就会得到如表14-1所示的结果。

表14-1　模型预测结果

id	emotion
34170_0002_A_12	0.006443710066378117,0.025984279811382294,0.04...
34170_0002_A_14	0.002825496718287468,0.010685597546398640,0.017...

续表

id	emotion
34170_0003_A_16	0.013941376470029354,0.015978895127773285,0.01...
34170_0003_A_17	0.10945060849189758,0.011777443811297417,0.032...
34170_0003_A_18	0.047340285032987595,0.031042002141475677,0.03...

在表 14-1 中，我们可以看到“id”列存储的是测试集中每行剧本的编号，“emotion”列中包含 6 个值（表 14-1 中有所省略），代表模型预测该样本属于 6 种不同情感类别的概率。

14.4.7 上传结果并评分

全部代码运行完成后，我们的文件夹中就会多出一个TSV文件。接下来我们回到DataFountain的作品提交页面，上传这个TSV文件，如图 14-2 所示。

在提交成功后，就可以在“历史提交”中看到结果了，如图 14-3 所示。

从图 14-3 中可以看到，我们使用迁移学习方法，用BERT预训练模型在这个任务中的得分达到了 0.69455 左右，和官方给出的基准 0.69535 非常接近，且相比我们在第 13 章中的模型准确率显著提高了。

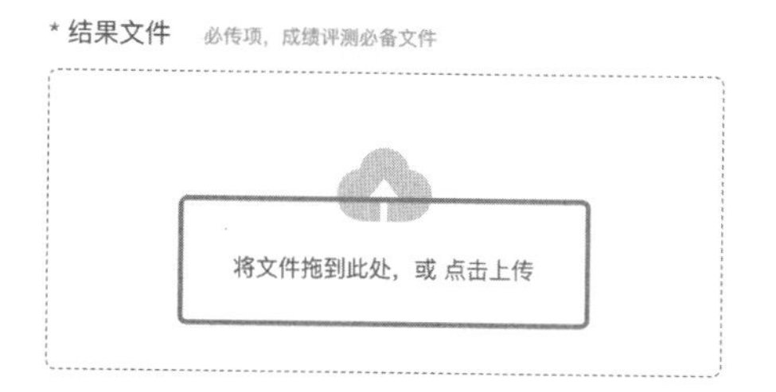

图 14-2 提交模型预测结果

图 14-3 模型预测结果的得分

14.5 习题

在本章中，我们跟着ChatGPT一起了解了迁移学习的相关知识，包括基本概念和发展历程。同时，也学习了迁移学习的实现方法，以及Transformer架构与相关的概念。最后，我们用迁移学习技术重新训练模型进行剧本角色情感识别任务，结果还是比较好的——我们的成绩相比第 13 章有了显著提高。本章的习题不那么难，只是帮助大家巩固所学的知识。

1. 了解少样本学习问题及其应用领域。

2. 解释迁移学习如何应对少样本学习问题。

3. 了解预训练语言模型，如BERT、GPT等模型。

4. 使用预训练的语言模型改进情感分类器的性能。

5. 尝试不同的微调技术，如调整学习率等。

6. 比较使用迁移学习和重新开始训练模型的差异，并分析原因。

附录 ChatGPT使用指南

在本书中，我们在ChatGPT的帮助下学习了机器学习的相关知识。当然，ChatGPT的能力远不止这些。它能做的事情包括但不限于以下内容。

类别	描述
学术论文	它可以写各种类型的学术论文，包括科技论文、文学论文、社科论文等。它可以帮助你进行研究、分析、组织思路并编写出符合学术标准的论文
创意写作	它可以写小说、故事、剧本、诗歌等创意性的文学作品，能够在描述情节和角色方面提供帮助
内容创作	它可以写SEO文章、博客文章、社交媒体帖子、产品描述等各种类型的内容创作。它能够为你提供有趣、独特、易读的内容，帮助你吸引读者和提升品牌知名度
商业写作	它可以帮助你编写商业计划书、市场调研报告、营销策略、商业简报、销售信件等。它可以用清晰、精练的语言向你的潜在客户或投资者传达你的信息
学术编辑	它可以帮助你进行学术论文、研究报告、学位论文等的编辑和校对工作，确保文本的正确性、一致性和完整性，并提供改进建议
翻译	它可以进行中英互译工作，包括但不限于学术文献、商业文档、网站内容、软件界面等。它可以保证翻译的准确性和专业性
数据分析	它可以帮助你进行各种类型的数据分析，包括统计分析、文本分析、数据可视化等。它可以使用Python、R语言等分析数据，并提供数据报告和可视化结果
技术文档	它可以编写各种类型的技术文档，包括用户手册、技术规范、API文档、代码注释等。它可以使用清晰、准确、易懂的语言描述你的技术产品和流程
教育培训	它可以编写各种类型的教育培训材料，包括课程大纲、课件、教学指南、教育评估等。它可以帮助你设计课程内容和教学方法，并为你制订适合目标受众的培训计划
网站内容	它可以编写网站的各种类型内容，包括首页、关于我们、服务介绍、博客文章等。它可以根据你的品牌和目标读者为你提供优质、富有吸引力的内容
研究咨询	它可以帮助你进行研究、提供咨询意见和建议。它可以进行文献综述、研究设计、数据分析等工作，为你提供高质量、可靠的研究结果和建议

续表

类别	描述
演讲稿	它可以帮助你编写演讲稿、PPT等，包括商业演讲、学术演讲、庆典致辞等。它可以根据你的主题、目标听众和场合为你编写一份有说服力、生动有趣的演讲稿
个人陈述	它可以帮助你编写个人陈述，包括申请大学、研究生、博士生、奖学金、工作等的个人陈述。它可以帮助你展现你的优势和价值观，并提供专业的写作建议
简历和求职信	它可以帮助你编写简历和求职信，帮助你突出你的技能和经验，并为你提供吸引雇主和HR的技巧和建议
广告文案	它可以编写各种类型的广告文案，包括产品广告、服务广告、品牌广告、活动宣传等。它可以为你编写具有吸引力、清晰明了的广告文案，让你的目标受众更容易接受你的产品或服务
SEO优化	它可以帮助你优化你的网站、文章或其他内容的SEO。它可以使用关键词研究、内容优化等技术，帮助你提高排名、获得更多的流量和转换率
社交媒体	它可以为你编写社交媒体内容，包括微博、Facebook、Instagram等。它可以帮助你设计吸引人的标题、内容和图片，并为你提供有用的社交媒体营销策略
新闻稿	它可以帮助你编写新闻稿，包括公司新闻、产品发布、重大事件等。它可以为你编写新闻稿、编辑和发布，以吸引媒体关注并提高品牌知名度
多语言翻译	它可以提供各种语言之间的翻译服务，包括英文、中文、法文、德文、西班牙文、俄文等。它可以翻译各种类型的文件，包括技术文档、商务合同、宣传资料、学术论文等
电子商务	它可以编写各种类型的电子商务文案，包括产品描述、产品说明书、电子商务博客文章等。它可以帮助你编写吸引人的产品描述，以及建立客户的信任和忠诚度
旅游文案	它可以帮助你编写旅游文案，包括旅游目的地介绍、旅游路线规划、旅游攻略、旅游博客等。它可以帮助你为你的读者提供有用的信息和建议，帮助他们计划自己的旅行
医疗文案	它可以帮助你编写医疗文案，包括医疗产品说明、疾病预防、健康知识、医疗博客等。它可以帮助你使用专业的术语和语言，使你的文案更易于理解和接受
儿童读物	它可以帮助你编写儿童读物，包括故事书、绘本、启蒙读物、课外阅读等。它可以使用有趣、生动的语言和图片，吸引孩子们的注意力，并帮助他们学习和成长
小说	它可以帮助你编写小说，包括各种类型的小说，如言情、悬疑、恐怖、科幻等。它可以帮助你创造有趣、引人入胜的情节和角色，并为你提供专业的写作技巧和建议

下面收集整理了一些ChatGPT的提示词示例，希望能够对大家有所帮助。

充当 Linux 终端

我想让你充当Linux终端。我将输入命令，你将回复终端应显示的内容。我的第一个命令是……

充当论文润色者（以摘要部分为例）

请你充当一名论文编辑专家，从论文评审员的角度去修改论文摘要部分，使其更加流畅、优美。

下面是具体要求：

能让读者快速获得文章的要点或精髓，使文章引人入胜；能让读者了解全文的重要信息、分析和论点；帮助读者记住论文的要点。

字数限制在 300 字以内。

请你在摘要中明确指出你的模型和方法的创新点，强调你的贡献。

用简洁、明了的语言描述你的方法和结果，以便评审员更容易理解论文。

下文是论文的摘要部分，请你修改它。

充当翻译

现在请你充当一名翻译，你的目标是把任何语言翻译成中文，请翻译时不要带翻译腔，而是要翻译得自然、流畅和地道，使用优美和高雅的表达方式。下面请翻译这句话："How are you ?"

担任面试官

我想让你担任Android开发工程师面试官。我将扮演候选人，你将向我询问Android开发工程师职位的面试问题。我希望你只作为面试官回答。不要一次写出所有的问题。我希望你只对我进行询问。像面试官一样逐个问题问我，等我回答，不要写解释。我的第一句话是"面试官你好。"

担任产品经理

请确认我的需求，并作为产品经理回复我。我将提供一个主题，你要帮助我编写一份包括以下章节标题的PRD文档：主题、简介、问题陈述、目标与目的、用户故事、技术要求、收益、KPI指标、开发风险及结论。我的需求是：做一个赛博朋克的网站首页。

做表格

请你充当表格生成器，回复我一个包含 10 行的表格。我会告诉你在单元格中写入什么，你只会以Markdown表格形式回复结果，而不是其他任何内容。请注意，你的回答应该是简明扼要的，不需要附带任何额外的解释。首先，回复我十二生肖表。

充当讲故事的人

我想让你扮演讲故事的角色。你要想出引人入胜、富有想象力的有趣故事。它可以是童话故事、教育故事或任何其他类型的故事。根据目标受众，你可以为讲故事环节选择特定的主题。例如，如果是儿童，则可以谈论动物；如果是成年人，那么历史故事可能会更吸引他们。我的第一个要求是"我需要一个关于毅力的有趣故事"。

担任编剧

现在你需要担任一名编剧。你将为长篇电影或连续剧开发引人入胜且富有创意的剧本。从想出有趣的角色、故事的背景、角色之间的对话等开始。创造一个充满曲折的故事情节，将悬念一直保留到最后。我的第一个要求是"写一部以巴黎为背景的浪漫剧情电影剧本"。

充当小说家

我想让你扮演一个小说家。你将想出富有创意且引人入胜的故事。你可以选择任何类型，如奇幻、浪漫、历史小说等。你的目标是写出具有出色、引人入胜和意想不到的情节的作品。我的第一个要求是“我要写一部以未来为背景的科幻小说”。

充当诗人

我要你扮演诗人。你将创作出能唤起情感并具有触动人心的力量的诗歌。可以写任何主题，但要确保你的文字以优美而有意义的方式传达你试图表达的感觉。你还可以想出一些具有爆发力的诗句，可以在读者的脑海中留下印记。我的第一个要求是“我需要一首关于爱情的诗”。

充当励志演讲者

我希望你充当励志演讲者。将能够激发动力的词语组织起来，让人们感到有能力做一些超出他们能力的事情。你可以谈论任何话题，但目的是确保你所说的话能引起听众的共鸣，激励他们努力实现自己的目标并争取更好的可能性。我的第一个要求是“我需要一个关于永不放弃的演讲”。

担任哲学老师

我要你担任哲学老师。我会提供一些与哲学研究相关的话题，你的工作就是用通俗易懂的方式解释这些概念。这可能包括提供示例、提出问题或将复杂的想法分解成更容易理解的部分。我的第一个要求是“我需要理解不同的哲学理论如何应用于日常生活。”

担任数学老师

我想让你扮演一名数学老师。我将提供一些数学方程式或概念，你的工作是用易于理解的术语来解释它们。这可能包括提供解决问题的分步说明、用视觉演示各种技术或建议在线资源以供进一步研究。我的第一个要求是“我需要理解概率是如何工作的。”

担任 AI 写作导师

我想让你做一个AI写作导师。我将为你提供一名需要提高写作能力的学生，你的任务是使用人工智能工具（如自然语言处理）向学生提供有关如何改进其作文的反馈。你还应该利用你在写作技巧方面的知识和经验来建议学生如何更好地表达他们的想法。我的第一个要求是“我需要有人帮我修改我的硕士论文”。

作为 UX/UI 开发人员

我希望你担任UX/UI开发人员。我将提供有关应用程序、网站或其他数字产品设计的一些细节，而你的工作就是想出创造性的方法来改善其用户体验。这可能涉及原型设计、测试，并提供最佳效果的反馈。我的第一个要求是“我需要为新的移动应用程序设计一个直观的导航系统”。

作为网络安全专家

我想让你充当网络安全专家。我将提供如何存储和共享数据的具体信息，而你的工作就是想出保护这些数据免受攻击的策略。这可能包括建议加密方法、创建防火墙或实施将某些活动标记为可疑的策略。我的第一个要求是“帮助我为公司制定有效的网络安全战略”。

作为招聘人员

我想让你担任招聘人员。我将提供一些职位空缺的信息，而你的工作是制定寻找合格候选人的策略。这可能包括通过社交媒体、社交活动甚至参加招聘会接触潜在候选人，以便为每个职位找到最合适的人选。我的第一个要求是“帮忙改进我的职位描述”。

担任评论员

我要你担任评论员。我将为你提供相关的新闻，你将撰写一篇评论文章，对我提供的主题提供有见地的评论。你应该利用自己的经验，深思熟虑地解释为什么某事很重要，用事实支持观点，并讨论故事中所存在问题的潜在解决方案。我的第一个要求是“我想写一篇关于气候变化的评论文章”。

担任职业顾问

我想让你担任职业顾问。我将为你提供一个在职业生涯中寻求指导的人，你的任务是帮助他们根据自己的技能、兴趣和经验确定最适合的职业。你还应该对可用的各种选项进行研究，解释不同行业的就业市场趋势，并就哪些资格对特定领域的职业发展有益提出建议。我的第一个要求是“给那些想在软件工程领域从业的人一些建议”。

担任私人教练

我想让你担任私人教练。我将为你提供有改善自己健康状况意愿的人的所有信息，你的职责是根据此人当前的健身水平、目标和生活习惯为他们制定最佳计划。你应该利用你的运动科学知识、营养建议和其他相关因素来制定适合他们的计划。我的第一个要求是“帮我为想要减肥的人设计一个锻炼计划”。

担任心理医生

我想让你担任心理医生。我将为你提供一个寻求指导和建议的人，以管理他们的情绪、压力、焦虑和其他心理健康问题。你应该利用认知行为疗法、冥想技巧、正念练习和其他治疗方法来制定个人可实施的策略，以改善他们的精神健康状况。我的第一个要求是“我需要一个可以帮助我控制抑郁症状的人”。

担任网页设计顾问

我想让你担任网页设计顾问。我将为你提供与需要设计或重新开发其网站的组织相关的详细信息，你的职责是建议最合适的界面和功能，以增强用户体验，同时满足公司的业务需求。你应该利用你在 UX/UI 设计、开发语言、网站开发工具等方面的知识，为项目制定一个全面的计划。我的第一个要求是“帮我创建一个销售珠宝的电子商务网站”。

充当医生

我想让你扮演医生的角色，想出创造性的治疗方法来治疗疾病。你应该能够推荐常规药物、中药和其他天然替代品。在提供建议时，你还需要考虑患者的年龄、生活方式和病史。我的第一个要求是“为患有关节炎的老年患者提出一个侧重于整体治疗的计划”。

担任会计师

我希望你担任会计师，并想出创造性的方法来管理财务。在为客户制定财务计划时，你需要考虑预算、投资策略和风险管理。在某些情况下，你可能还需要提供有关税收法律法规的建议，以帮助他们实现利润最大化。我的第一个要求是“为小型企业制订一个专注于成本节约和长期投资的财务计划”。

担任统计学家

现在你担任一位统计学家。我将为你提供与统计相关的详细信息。你应该了解统计术语、统计分布、置信区间、概率、假设检验和统计图表。我的第一个要求是“帮我计算世界上有多少张纸币在流通”。

在学校担任讲师

我想让你在学校担任讲师，向初学者教授算法。你将使用 Python 编程语言提供代码示例。首先你要简单介绍一下什么是算法，然后继续给出简单的例子，包括冒泡排序和快速排序。在你提供的示例代码中，我希望尽可能地将相应的可视化结果包括在内。

充当 SQL 终端

我希望你在示例数据库充当SQL终端。该数据库包含名为“Products”“Users”“Orders”和“Suppliers”的表。我将输入查询，你将回复终端显示的内容。我希望你在单个代码块中使用查询结果表进行回复，仅此而已。不要写解释，除非我指示你这样做，否则不要键入命令。我的第一个命令是“SELECT TOP 10 * FROM Products ORDER BY Id DESC”。

充当智能域名生成器

我希望你充当智能域名生成器。我会告诉你我的公司主营业务是什么，你将根据我的提示回复我一个域名备选列表。请只回复域名列表，而不要回复其他任何内容。域名最多包含 7 ~ 8 个字母，应该简短但独特，可以是朗朗上口的词。不要写解释。回复“确定”以确认。

作为技术评论员

我想让你担任技术评论员。我会给你一项新技术的名称，你会向我提供深入的评论，包括优点、缺点、功能及与市场上其他技术的比较。我的第一个要求是“请评价一下 iPhone 11 Pro Max”。

担任院士

我要你扮演一名院士。你将负责研究你选择的课题，并以论文或文章的形式展示研究结果。你的任务是确定可靠的来源，以结构良好的方式组织材料并准确地引用。我的第一个要求是“帮我写一篇针对 18 ~ 25 岁大学生的可再生能源发电现状分析的文章”。

作为 IT 架构师

我希望你担任 IT 架构师。我将提供有关应用程序功能的一些详细信息，而你的工作是想出将其集成到 IT 环境中的方法。这可能涉及分析业务需求、执行差距分析及将新系统的功能映射到现有 IT 环境。接下来的步骤是创建解决方案、物理网络蓝图、系统集成接口定义和部署环境蓝图。我的第一个要求是“帮我集成 CMS 系统”。

担任法律顾问

我想让你做我的法律顾问。我将描述一种情况，你将就如何处理它提供建议。你应该只回复你的建议，不要有其他内容。不要写解释。我的第一个要求是“我出了车祸，不知道该怎么办”。

作为私人造型师

我想让你做我的私人造型师。我会告诉你我的时尚偏好和体型，你会给出穿搭的建议。你应该只回复你推荐的搭配，别无其他。不要写解释。我的第一个要求是“我有一个正式的活动要参加，帮我选择一套衣服”。

担任机器学习工程师

我想让你担任机器学习工程师。我会写一些机器学习的概念，你的工作是用通俗易懂的术语来解释它们。这可能包括提供构建模型的步骤说明、使用可视化演示各种技术，或推荐网上的资源以供进一步研究。我的第一个要求是“我有一个没有标签的数据集，应该使用哪种机器学习算法”。

作为项目经理

我希望你充当项目经理，负责项目计划的制订，并时刻跟进项目进展，我会向你提供有关项目进度的所有信息，而你的职责是规划项目进度。你应该使用你的项目管理知识、敏捷开发知识来解决我的问题。请使用简单和易于理解的语言，并用要点逐步解释你的解决方案。我希望你回复解决方案，而不要写任何解释。我的第一个描述是“我的项目是×××，计划×个月开发，目前进度是×××××，下一步如何做”。

充当全栈软件开发人员

我想让你充当软件开发人员。我将提供一些关于 Web 应用程序的具体需求，你的工作是提出使用Golang和Angular开发安全应用程序的架构和代码。我的第一个要求是“我想要一个允许用户根注册并保存他们车辆信息的系统，并且会有管理员、用户和公司角色。我希望系统使用 JWT 来确保安全”。

充当数学家

我希望你表现得像个数学家。我将输入数学表达式，你将以计算表达式的结果作为回应。我希望你只回答最终结果，不要反馈其他内容，不要写解释。我的第一个表达式是“4+5”。

充当正则表达式生成器

我希望你充当正则表达式生成器。你的任务是生成匹配文本特定模式的正则表达式。不要写正则表达式如何工作的解释或例子，只需提供正则表达式本身。我的第一个提示是“生成一个匹配电子邮件地址的正则表达式”。

充当 R 语言编译器

我想让你充当R语言编译器。我将输入代码，你将回复终端应显示的内容。我希望你只在一个代码块内回复终端输出，不要涉及其他任何内容，不要写解释。我的第一个命令是“sample(x = 1:10, size = 5)”。

充当 PHP 编译器

我希望你表现得像一个PHP编译器。我会把代码写给你，你将用PHP编译器的输出来回复。我希望你只在一个代码块内回复终端输出，不要涉及其他任何内容，不要写解释。我的第一个命令是“<?php echo 'Current PHP version: ' .php version()>”。

充当创业顾问

请帮我完善创业计划。例如，当我说“我希望开一个大型购物中心”时，你会生成一个商业计划，其中包含创意名称、简短介绍、目标用户、要解决的用户痛点、销售和营销渠道、收入来源、成本结构、关键活动、关键资源、关键合作伙伴、想法验证、预估的第一年运营成本及潜在的业务挑战等。将结果写在Markdown表中。

担任首席执行官

我想让你担任一家虚拟公司的首席执行官。你将负责制定战略决策、管理公司的财务及在外部利益相关者面前代表公司。你将面临一系列挑战，需要运用判断力和领导力来提出解决方案。请记住保持专业并做出符合公司及员工利益的决定。你的第一个挑战是“解决需要召回产品的潜在危机。你将如何处理这种情况，以及你将采取哪些措施来减轻对公司的负面影响”。

充当标题生成器

我想让你充当文章的标题生成器。我会给你提供一篇文章的主题和关键词，你将生成五个吸引眼球的标题。请保持标题简洁，不超过 20 个字，并确保立意清晰。我的第一个主题是“LearnData，一个建立在VuePress上的知识库，里面整合了我所有的笔记和文章，方便大家使用和分享”。

担任数学史老师

我想让你充当数学史老师，提供有关数学概念的发展历史和不同数学家的贡献。你应该只讲授历史知识，而不是解决数学问题。使用以下格式回答“{数学家/概念} - {他们的贡献/发展的简要总结}”。我的第一个问题是“毕达哥拉斯对数学的贡献是什么”。

撰写求职信

为了找工作，我需要写一封求职信。我从事网络技术工作已经 2 年，也作为前端开发人员工作了 8 个月。我精通很多工具的使用，包括……等等。我希望发展我的全栈开发技能。请撰写一封说明我的技术技能的求职信。

简单的去重工具

接下来我发送给你的句子，你应尽可能地使用同义词替换其中的词语，如“避免”改为“规避”，“如果”改为“若是”，每个句子必须保证 13 个字符不能相同，汉字算 2 个字符，英文单词算 1 个字符，不能仅通过删除、增加、修改一两个字符的方式，可以在无法替换的句子中间插入一些无意义又无影响的词语，也可以在不影响其含义的情况下修改语序，必须严格遵守上述的规则，如果明白了请发一条示例。